数字时代信息资源管理丛书　总主编　刘

大数据治理前沿

理论与实践

安小米　等　著

中国人民大学出版社

·北京·

前　言

　　随着国家大数据战略的深入推进，大数据治理受到学术界的广泛关注。近 10 年间，以"大数据治理"为题的研究在数量上呈现出明显的上升趋势，大数据治理逐渐成为各界学者共同关注的前沿议题，但迄今为止学界仍缺乏从信息资源管理学科的视角开展的大数据治理研究。

　　本书首次从信息资源管理学科与相关学科综合集成协同创新的视角，系统研究了大数据治理领域的基础性、前沿性和战略性议题，主要涵盖以下方面：大数据治理的核心概念及概念特征的界定；大数据治理的多学科研究视角及其共识构建；大数据治理框架体系及其构成要素，包括大数据治理政策文本及研究现状、大数据治理标准化文件及研究现状、大数据治理技术赋能方法及研究现状。本书归纳了信息资源管理协同创新视角下大数据治理发展和应用的综合治理模式、运行模型、评估体系与评估方法，分析了大数据治理发展及其应用实践的典型案例，讨论了信息资源管理学科在大数据治理前沿领域的机遇和挑战、在大数据治理学术前沿领域的引领方向和在面向国家战略发展需求和多利益相关方实践需求方面的学科群协同创新。

　　本书编写组成员的具体分工如下：第 1 章，安小米；第 2 章，安小米、齐宇；第 3 章，安小米、沈荣；第 4 章，郭明军、黄婕；第 5 章，白献阳、邝苗苗；第 6 章，黄婕、王丽丽；第 7 章，马广惠、郭明军；第 8 章，白文琳；第 9 章，白文琳、宋姗姗、刘桓鑫、安小米；第 10 章，安小米；附录，魏玮、安小米。安小米负责书稿的策划及统稿和定稿工作，白文琳负责书稿的整合、编辑和审校工作，许济沧负责书稿的编排和图表绘制工作，郭明军、马广惠和白献阳参与了书稿的审校工作，宋懿、张晖、张红卫和胡菊芳参与了相关资料收集与校稿工作。

　　本书引用和修正了安小米团队前期公开发表和未公开发表的研究成果，这些成果得到了国家社会科学基金重大项目"我国政府数据治理与利用能力研究"（批准号：20&ZD161）和中国人民大学科学研究基金重大项目"政府大数据治理与综合利用的标准化协同管理体系构建与应用研究"（批准号：21XNL019）的资助；本书受到中国人民大学 2022 年度"北京高校'双一流'建设资金"的支持，在此一并表示感谢。本书第 9 章基于研究开展的调研活动得到了北京市大数据中心和北京市城市管理综合行政执法局科技信息中心的大力支持，引用其最佳实践经验时得到了其授权同意，在此对两个机构给予的帮助表示感谢。

　　本书遵循学术共同体可持续发展的理念，旨在从信息资源管理协同创新、信息资源管理学科与相关学科协同创新发展角度，对大数据治理前沿理论与实践研究作出贡献。受研究者的学科视角、知识背景和实践调查的局限，书中存在缺陷和问题在所难免，恳请广大读者批评指正。

目 录

第1章 绪 论 ………………………………………………………… 001

  1.1 研究背景 ……………………………………………………… 001

  1.2 研究目的及意义 ……………………………………………… 004

  1.3 研究问题 ……………………………………………………… 005

  1.4 研究基础、研究方法与研究反思 …………………………… 005

  1.5 研究过程与本书结构 ………………………………………… 008

第2章 大数据治理的挑战、机遇和风险 ……………………………… 011

  2.1 引言 …………………………………………………………… 011

  2.2 大数据治理的挑战 …………………………………………… 011

  2.3 大数据治理带来的重要机遇 ………………………………… 022

  2.4 大数据治理存在的若干风险 ………………………………… 024

  2.5 小结 …………………………………………………………… 026

第3章 大数据治理的多学科视角 …………………………………… 033

  3.1 引言 …………………………………………………………… 033

  3.2 数据治理与大数据治理 ……………………………………… 033

  3.3 多学科视角下的大数据治理概念解构 ……………………… 038

  3.4 大数据治理核心概念解析与焦点议题 ……………………… 042

  3.5 小结 …………………………………………………………… 044

第4章 大数据治理的框架构成及要素关系 ………………………… 049

  4.1 引言 …………………………………………………………… 049

  4.2 大数据治理的框架构成及要素识别 ………………………… 050

4.3 贵州省大数据治理实践 ………………………………………… 063

4.4 大数据治理的框架要素及其关系 ……………………………… 073

4.5 小结 ……………………………………………………………… 080

第5章 大数据治理的政策要素 ………………………………… 087

5.1 引言 ……………………………………………………………… 087

5.2 大数据治理的政策要素识别 …………………………………… 087

5.3 政府大数据治理政策研究 ……………………………………… 098

5.4 小结 ……………………………………………………………… 119

第6章 大数据治理的标准化建设 ……………………………… 127

6.1 引言 ……………………………………………………………… 127

6.2 大数据治理标准化建设现状 …………………………………… 127

6.3 大数据治理标准体系 …………………………………………… 155

6.4 大数据治理标准化工作方向与建议 …………………………… 157

6.5 小结 ……………………………………………………………… 159

第7章 大数据治理的技术赋能方法及其实现路径 …………… 163

7.1 引言 ……………………………………………………………… 163

7.2 大数据治理技术赋能的视角 …………………………………… 163

7.3 大数据治理的技术实现路径 …………………………………… 168

7.4 大数据治理技术赋能方法的实现路径 ………………………… 168

7.5 小结 ……………………………………………………………… 175

第8章 大数据治理的应用及理论发展 ………………………… 179

8.1 引言 ……………………………………………………………… 179

8.2 大数据治理应用及理论基础 …………………………………… 180

8.3 大数据综合治理模式、模型、机制与评估 ………………… 194

8.4 小结 ……………………………………………………………… 213

第9章 大数据治理的发展及应用实践 ………………………… 219

9.1 引言 ……………………………………………………………… 219

9.2 案例分析框架 …………………………………………………… 219

9.3 案例研究分析 …………………………………………………… 221

9.4 案例研究结果评析 ……………………………………………… 239

9.5 小结 …………………………………………………………… 244

第 10 章 结论与建议 ……………………………………………… 245

10.1 信息资源管理协同创新视角下的大数据治理 ……………… 245

10.2 本书的主要贡献与未来研究方向 …………………………… 245

10.3 本书的主要局限与未来研究建议 …………………………… 250

附录 …………………………………………………………………… 253

01 / 第1章
绪 论

1.1 研究背景

  本书从信息资源管理协同创新、信息资源管理学科与相关学科协同创新发展的视角，对大数据治理前沿理论与实践进行系统研究。信息资源（information resources）在《图书馆·情报与文献学名词》中是指"可供人们直接或间接开发与利用的信息集合的总称"（2019，01.021）。在本书中，信息资源有狭义和广义之分，狭义的信息资源通常用单数（resource），指信息内容的来源和信息本身；广义的信息资源通常用复数（resources），指信息活动及其支持要素和工具（包括信息载体及内容、信息管理与服务机构、进行信息处理与存储及传递等信息活动的技术设备、信息环境、具有与信息相关技能的人才、信息活动必要的资金等）。而关于资源，国际标准 ISO 22300：2021 将其定义为组织机构运行和实现其目标的时候能够利用的所有资产。关于资产，国际标准 ISO/IEC 27002：2022 将其定义为任何对组织机构有价值的东西。在《图书馆·情报与文献学名词》中，信息资源管理的定义是"为达到预定目标，运用现代化的管理手段和管理方法来研究信息资源产生及发展规律，并依据这些规律对信息资源进行组织、规划、协调、配置和控制的活动"（2019，01.030）。本书以资源基础观（resource-based view，RBV）理论为指导开展对信息资源管理和基于信息资源管理的研究。RBV 的基本理论观点包括资源是确保组织卓越的长期绩效及竞争优势的使能工具（enablers），是为组织机构使用资产创造、生产、提供产品及服务提供可重复行动模式的能力（Barney，2001；Barney et al.，2011；Kraaijenbrink et al.，2010）。本书基于赖茂生教授对信息资源管理特征的认知，对其进行了适应性改进：第一，信息资源管理是对人类信息活动过程的综合性、全方位统筹、控制和协调；第二，信息资源管理关注与信息活动过程相关的信息与人、社会和技术的关系及其治理与管理；第三，信息资源管理是基于数据、数据驱动和数据赋能的新一代信息技术应用所引发的信息理论与管理理论相结合的产物，是信息实践数字转型（从信息处理数据化、数字化到数智化阶段）对信息资源集成管理、数智化管理和协同创新管理产生的一种新概念和新理论。

不同学科视角下，数据的定义存在差异，呈现出不同利益相关方对数据客体对象及特征的不同认知，如国际标准 ISO 9000：2015《质量管理体系 基础和术语》中数据的定义是"关于客体的事实"；国际标准 ISO/IEC 2382：2015《信息技术 术语》中数据的定义是"以规范化的方式交流、诠释或可重新诠释的信息表征"；国际标准 ISO 30300：2020《信息与文献 文件管理 核心概念和术语》中数据的定义是"一组字符或符号，其意义被赋予或可以被赋予"；《智慧城市系统 术语》中数据的定义是"可以通过人工或自动化手段处理的，以规范化方式呈现的客观事实"；《图书馆·情报与文献学名词》中数据的定义是"数字、字母与符号的集合。系客观事物与主观思维的具体表达，不限于数值。经常指可由计算机处理的信息单元"（2019，01.016）。本书基于信息资源管理学科与相关学科协同创新发展视角，结合质量管理领域、文件档案管理领域和图书情报领域对数据客体对象本质特征的共性思考，考虑信息技术领域对数据能力和数据工具功能性特征的理解，将数据定义为"关于客体对象的事实，其意义可以通过人工或自动化手段处理并以规范化方式呈现，被赋予或可以被赋予"。

本书中信息与数据的联系是，前者是有意义的，后者是可被赋予意义的。信息存在狭义和广义两个定义，在《图书馆·情报与文献学名词》中，狭义的信息指"用来消除随机不确定性的东西"（2019，01.018）；广义的信息指"客观事物存在、运动和变化的方式、特征、规律及其表现形式"（2019，01.018）。

关于大数据，国际标准中最权威的是 ISO/IEC 20546：2019《信息技术 大数据 概述与术语》对大数据的定义："具有体量巨大（volume）、来源多样（variety）、生成极快（velocity）且多变（variability）等特征并且需要可扩展技术进行高效存储、处理、管理和分析的海量数据集（extensive datasets）。"《图书馆·情报与文献学名词》对大数据的定义是"具有数据量巨大、变化速度快、类型多样和价值密度低等主要特征的数据。它是一种具有重要战略意义的信息资源。大数据是随着数据生产方式的变化发展而出现的，无法使用传统流程或工具进行分析。大数据的重要应用领域之一是发现规律和预测未来"（2019，01.024）。印第安纳大学伯明顿分校艾克比亚（Hamid R.

Ekbia）教授 2018 年在中国人民大学大数据治理前沿讲座中提出，除了具有多 V 特征，大数据还具有预兆性、反常性、个体性、成效性、片面性、实践性、预测性、政治性、争议性、隐私性、多价性、多态性、戏谑性特征（马广惠，魏玮，安小米，2019）。大数据对不同个体、组织、产业和国家具有不同的重要性，如何开发和利用大数据价值以满足多类型用户在多种场景下的多样化需求，最大化实现其价值，解决其需求的复杂性和服务的不确定性，是当前大数据治理研究最关注的问题。本书的撰写考虑了以下国内外大数据治理实践研究需求：数据治理、数据驱动、数据赋能、数据创新成为全球趋势，也成为数字经济、数字社会、数字政府和数字生态可持续发展的战略资源要素，数据质量（有用）、数据共享开放与再用（可用）、数据互操作（易用）和数据安全与隐私（善用）成为数据治理议题中全球关注的焦点（安小米，许济沧，黄婕，等，2021；安小米，王丽丽，许济沧，等，2021；黄婕，安小米，许济沧，等，2021），但数据治理研究中对数据利用不确定性的认知尚待关注，大数据利用的供给力、服务力和保障力建设尚待研究，大数据治理复杂性议题面临全球共同挑战。

在全球范围内，数据治理、公共数据共享开放、运用大数据完善社会治理、提升公共服务能力和推动数字经济发展和技术创新正成为趋势。数据治理已被列入多个国家和地区的竞争性战略及行动计划，如美国发布的《信息作为战略资源管理》（2016）、《联邦数据战略：一致性框架》（2019）、《联邦数据战略：2020 行动计划》（2019）、《联邦数据战略：2021 行动计划》（2021）；澳大利亚发布的《数据和数字战略方向 2022—2025》（2021）、《数据战略 2023—2025》（2022）；英国发布的《国家数据战略》（2020）、《英国数字战略》（2022）；加拿大发布的《联邦公共服务数据战略路线图》（2018）、《数字运行战略规划 2021—2024》（2021）、《加拿大数据治理标准化路线图》（2021）；欧盟发布的《欧洲数据战略》（2020）、《欧洲数据治理法案》（2022）等。

在我国，2015 年国务院发布的《促进大数据发展行动纲要》（国发〔2015〕50 号）首次将大数据发展列入国家战略，随后政府部门及相关研究机构先后出台了大数据发展及应用的相关政策和行动计划及规划，如《关于运用大数据加强对市场主体服务和监管的若干意见》（2015）、《关于促进和规范健康医疗大数据应用发展的指导意见》（2016）、《大数据产业发展规划（2016—2020 年）》（2016）、《大数据标准化白皮书（2020 版）》（2020）、《数据治理标准化白皮书（2021 年）》（2021）等。面向未来，大数据治理在国家治理能力和治理体系现代化中的作用将会越发突出，2021 年 3 月发布的《中华人民共和国国民经济和社会发展第十四个五年规划和 2035 年远景目标纲要》，在第五篇"加快数字化发展 建设数字中国"中明确提出要"激活数据要素潜能，推进网络强国建设，加快建设数字经济、数字社会、数字政府，以数字化转型整体驱动生产方式、生活方式和治理方式变革"，并在"推进数据跨部门、跨层级、跨地区汇聚融合和深度利用""鼓励第三方深化对公共数据的挖掘利用""建立健全数据要素市场规则"等方面阐明了数据治理的战略意图和目标。2021 年 12 月国家发展和改革委员会发布《"十四五"推进国家政务信息化规划》，数据治理思想和议题渗透至基本原则、主要目标、主要任务及保障措施，如数据要素资源体系建设列入重大任务和重点工程，该文件提出了加强数据治理，强化国家数据治理协同，健全数据治理制度体系，推进数据标准规范体系建设，提高数据质量，建立完善数据管理国家标准体系和数据治理能力评估体系，探索多元主体协同治理机制，提升数据资源开发利用水平，强化数据安全保障等数据治理相关内容。2021 年 12 月国务院发布的《"十四五"数字经济发展规划》指出，数据要素是数字经济深化发展的核心引擎，数据的爆发增长、海量集聚蕴藏了巨大价值，为智能化发展带来了新的机遇，应该坚持应用牵引、数据赋能。坚持以数字化发展为导向，充分发挥我国海量数据、广阔市场空间和丰富应用场景优势，充分释放数据要素价值，激活数据要素潜能，以数据流促进生产、分配、流通、消费各个环节高效贯通，推动数据技术产品、应用范式、商业模式和体制机制协同创新，推进技术、模式、业态和制度创新。适应不同类型数据特点，以实际应用需求为导向，探索建立多样化的数据开放利用机制。同时，积极借鉴国际规则和经验，探索建立数据和利用治理规则。

1.2 研究目的及意义

本书是国家社会科学基金重大项目"我国政府数据治理与利用能力研究"（批准号：20&ZD161）和中国人民大学科学研究基金重大项目"政府大数据治理与综合利用的标准化协同管理体系构建与应用研究"（批准号：21XNL019）的科研项目研究成果，编写目的为促进信息资源管理学科与相关学科协同创新发展，从构建学科群学术共同体愿景出发，促进信息资源管理学科与相关交叉学科方法综合集成和融合创新，为相关领域开展大数据治理前沿理论与实践研究提供概念共识、政策、标准、技术、发展与应用研究的方法论指导，便于持续跟踪相关研究，持续改进信息资源管理相关理论与实践，对更好地发挥信息资源作为数字国家战略资产、数字政府业务要素、数字经济生产要素和数字社会基础设施要素的作用具有理论与实践的指导意义和学术价值。

1.3 研究问题

本书从信息资源管理学科与相关学科协同创新发展的视角提出并回答了以下大数据治理研究问题：

（1）大数据治理的核心概念及关系、客体对象及特征、利益相关方需求以及应用场景是如何发展的？信息资源管理协同创新视角下大数据治理共识该如何构建和实现？

（2）大数据治理面临的主要机遇、挑战和风险是什么？大数据治理与信息资源管理该如何实现协同创新发展？推进理论创新、制度创新、技术创新、模式和应用创新的需求有哪些？

（3）大数据治理的框架构成及要素关系是如何发展的？覆盖多视角、多动议、多层次、多用途、多路径、多维度的大数据治理体系是如何发展的？如何从信息资源管理协同创新的视角，构建覆盖全面认知、全过程、全要素的大数据治理框架体系？

（4）大数据治理的政策研究与政策文本是如何发展的？如何从信息资源管理协同创新的视角建立健全我国大数据治理政策体系和制度体系？

（5）大数据治理的标准化研究与标准化文件是如何发展的？如何从信息资源管理协同创新的视角建立健全我国大数据治理标准体系？

（6）大数据治理技术是怎样实现技术赋能的？如何从信息资源管理协同创新的视角建立健全我国大数据治理技术体系？

（7）大数据治理的模式、模型、评估体系和评估方法是如何发展的？如何从信息资源管理协同创新的视角开展理论创新、制度创新、技术创新、模式创新、运行机制创新和应用创新？

（8）大数据治理发展及应用的典型案例是怎样的？在信息资源管理协同创新的视角下，相关实践是如何实现理论创新、制度创新、技术创新、模式创新、运行机制创新和应用创新的？

1.4 研究基础、研究方法与研究反思

本书的撰写参考了安小米研究团队前期承担的以下科研项目的研究成果和 2017 年至今安小米为博士研究生开设的"大数据治理前沿"课程的教学和科研成果：

（1）安小米主持的国家社会科学基金重大项目"我国政府数据治理与利用能力研

究"；

（2）安小米主持的中国人民大学科学研究基金重大项目"政府大数据治理与综合利用的标准化协同管理体系构建与应用研究"；

（3）安小米主持并完成的国家社会科学基金重大项目"国家数字档案资源整合与服务机制研究"；

（4）安小米主持并完成的国家发展改革委重大研究课题"信息化（大数据）提升政府治理能力"子课题"大数据背景下政府数据资源的可持续管理与利用机制研究"；

（5）安小米主持并完成的国家网信办重大课题"建立健全国家数据资源管理体制机制研究"；

（6）安小米主持并完成的北京市经济和信息化委员会项目"政务信息资源公益性开发和再利用管理研究"；

（7）安小米主持并完成的北京市信息资源管理中心项目"政务信息资源资产化管理与个人信息保护研究"；

（8）安小米主持并完成的北京市社会科学基金项目"网络环境中的个人信息安全保护研究：以北京市为例"；

（9）安小米联合主持的深圳市经济贸易和信息化委员会项目"深圳市政府数据开放行动计划"和"深圳市促进大数据发展行动计划"；

（10）安小米主持的山东省计算中心（国家超级计算济南中心）项目"政府数据共享和开放体系研究"；

（11）安小米主持并完成的中国人民大学科学研究基金项目"基于大数据的智慧城市服务关键技术研究及典型应用"子课题"智慧城市大数据集成技术与信息资源整合方法研究"；

（12）安小米参与洪学海教授主持的国家自然科学基金项目重点培育项目"面向政府决策的大数据共享与治理机制"；

（13）安小米参与洪学海教授主持的国家自然科学基金重大研究计划培育项目"面向政府大数据资源治理与共享的数据质量管理标准研究"；

（14）安小米参与中国工程院咨询研究项目中李国杰院士主持的子课题"智能城市信息环境建设与大数据"。

同时，本书的撰写参考了安小米研究团队开展的以下实地调查研究成果：

2014年4月至2018年12月，对我国政府数据资源管理相关现状开展实地调查，包括对148个机构的实地调查和对300多人的访谈，遍及15个省、自治区和直辖市

（广东省、福建省、安徽省、陕西省、江苏省、云南省、浙江省、贵州省、湖北省、海南省、四川省、宁夏回族自治区、北京市、天津市、上海市），16 个地级市（广州、深圳、杭州、珠海、济南、武汉、西安、昆明、曲靖、贵阳、南京、沈阳、青岛、银川、成都、中山），12 个区（北京市朝阳区、北京市东城区、北京市西城区、上海市闵行区、广州市番禺区、西安市莲湖区、宁波市海曙区、曲靖市麒麟区、中山市南区、西咸新区、深圳市南山区、雄安新区）。

2020 年 4 月至 2022 年 3 月，对我国政府和企业大数据资源管理相关现状开展实地调查，包括对 86 个机构的实地调查和对 100 多人的访谈，遍及 6 个省和直辖市（山东省、浙江省、江苏省、广东省、上海市、北京市）和 7 个地级市（杭州、成都、南京、南通、青岛、济南、深圳）。

本书的研究内容、研究方法和研究思考如表 1-1 所示。

表 1-1　研究内容、研究方法和研究思考

章	研究内容	研究方法	研究思考
第 1 章	绪论	文献调查、政策调查、实地调查	信息资源管理协同创新视角下对大数据治理研究问题的思考
第 2 章	大数据治理的挑战、机遇和风险	文献调查、政策调查、实地调查	信息资源管理协同创新视角下对大数据治理挑战、机遇和风险研究的思考
第 3 章	大数据治理的多学科视角	文献调查	信息资源管理协同创新视角下对大数据治理研究视角的思考
第 4 章	大数据治理的框架构成及要素关系	文献调查	信息资源管理协同创新视角下对大数据治理框架研究的思考
第 5 章	大数据治理的政策要素	文献调查、政策文件调查	信息资源管理协同创新视角下对大数据治理政策要素研究的思考
第 6 章	大数据治理的标准化建设	文献调查、标准化文件调查	信息资源管理协同创新视角下对大数据治理标准化研究的思考
第 7 章	大数据治理的技术赋能方法及其实现路径	文献调查、代表性案例研究	信息资源管理协同创新视角下对大数据治理技术研究的思考
第 8 章	大数据治理的应用及理论发展	文献调查、代表性案例研究	信息资源管理协同创新视角下对大数据治理应用及理论发展的思考
第 9 章	大数据治理的发展及应用实践	案例研究、田野调查	信息资源管理协同创新视角下对大数据治理发展及应用实践研究的思考
第 10 章	结论与建议	研究设计持续改进	对信息资源管理协同创新未来相关研究的思考

续表

章	研究内容	研究方法	研究思考
附录	大数据治理：术语制修订规则	ISO 704：2009《术语工作 原则和方法》IEC 63235：2021《智慧城市系统 概念构建方法论》	对大数据治理概念及概念体系构建方法论和原则的建议
	大数据治理：核心概念及术语规范（建议稿）	ISO 704：2009《术语制定原则与概念体系构建方法》	对大数据治理核心概念及术语和定义的建议
	大数据治理：核心概念及术语分类表	ISO 704：2009《术语制定原则与概念体系构建方法》	大数据治理核心概念及术语的分类

1.5 研究过程与本书结构

本书的研究过程主要分为五个阶段，研究技术路线与各章的逻辑结构关系如图 1-1 所示。

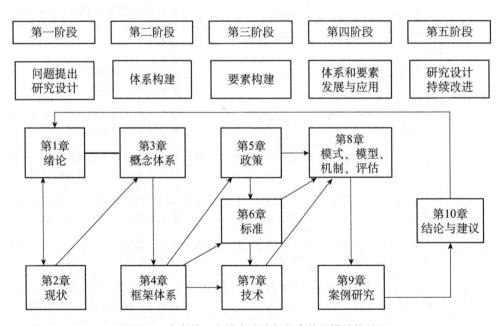

图 1-1 本书的研究技术路线与各章的逻辑结构关系

（1）第一阶段：问题提出、研究设计，详见第 1 章和第 2 章的内容。

（2）第二阶段：体系构建的过程与结果，详见第 3 章和第 4 章的内容。

（3）第三阶段：要素构建的过程与结果，详见第 5 章、第 6 章和第 7 章的内容。

（4）第四阶段：体系和要素发展与应用，详见第 8 章和第 9 章的内容。

（5）第五阶段：研究设计持续改进，详见第 10 章的内容。

参考文献

[1] 安小米. 数字信息资源整合与服务术语. 北京：中国标准出版社，2018.

[2] 安小米，王丽丽，许济沧，等. 我国政府数据治理与利用能力框架构建研究. 图书情报知识，2021，38（5）.

[3] 安小米. 信息资源管理术语及概念体系. 北京：中国标准出版社，2016.

[4] 安小米，许济沧，黄婕，等. 政府数据治理与利用能力研究：现状、问题与建议. 图书情报知识，2021，38（5）.

[5] 安小米，许济沧，王丽丽，等. 国际标准中的数据治理：概念、视角及其标准化协同路径. 中国图书馆学报，2021，47（5）.

[6] 单志广，房毓菲，王娜. 大数据治理：形势对策与实践. 北京：科学出版社，2016.

[7] 刁生富，刁宏宇，吴选红. 重估：大数据与治理创新. 北京：电子工业出版社，2018.

[8] 黄婕，安小米，许济沧，等. 基于国际标准的"数据利用"核心概念及概念体系研究. 图书情报知识，2021，38（5）.

[9] 赖茂生，任浩森，夏牧. 我国现行信息资源管理的政策和法律研究. 科技与法律，1997（1）.

[10] 李璠，刘锦森，柯丹，等. 商业银行大数据治理研究与实践. 北京：机械工业出版社，2020.

[11] 李泉，兰蓝. 医疗健康大数据治理. 北京：经济管理出版社，2021.

[12] 刘驰，胡柏青，谢一，等. 大数据治理与安全：从理论到开源实践. 北京：机械工业出版社，2017.

[13] 刘运席. 大数据治理与服务. 北京：电子工业出版社，2021.

[14] 马广惠，魏玮，安小米. 大数据议题批判性反思. 电子政务，2019（5）.

[15] 全国科学技术名词审定委员会. 图书馆·情报与文献学名词. 北京：科学出版社，2019.

[16] 桑尼尔·索雷斯. 大数据治理. 北京：清华大学出版社，2014.

[17] 王宏志，李默涵. 大数据治理：理论与方法. 北京：电子工业出版社，2021.

[18] 曾凯，高亮，王新颖. 大数据治理及数据仓库模型设计. 成都：电子科技大学出版社，2017.

[19] 张绍华，潘蓉，宗宇伟. 大数据治理与服务. 上海：上海科学技术出版社，2016.

［20］Barney J B . Resource-based theories of competitive advantage：a ten-year retrospective on the resource-based view. Journal of Management，2001，27（6）.

［21］Barney J B，Ketchen D J，Wright M. The future of resource-based theory：revitalization or decline?. Journal of Management，2011，37（5）.

［22］Kraaijenbrink J，Spender J C，Groen A J. The resource-based view：a review and assessment of its critiques. Mpra Paper，2010，36（1）.

第2章
大数据治理的挑战、机遇和风险

2.1 引言

随着我国数据要素市场的培育工作加速推进，数据价值日益受到广泛关注，大数据治理在政府、企业、社会等多领域发挥的重要作用也得到了前所未有的重视，其蕴藏的巨大应用潜力和发展空间亟待开发。当前，在具体工作实践中，大数据治理还存在诸多挑战。本章立足我国大数据治理现状，通过对大数据治理现状研究的系统性文献综述，剖析大数据治理面临的挑战及其成因、大数据治理面临的机遇及风险，旨在从信息资源管理协同创新的视角多维度明晰我国大数据治理的现状，为大数据治理前沿理论与实践研究提供依据。

2.2 大数据治理的挑战

2.2.1 大数据治理认知面临多样化挑战

数据作为战略资源，是未来提高竞争力和生产力的关键要素，大数据时代的来临将深刻影响世界的方方面面，这要求大数据治理主体顺应时代的发展趋势，树立正确的大数据治理意识（张义祯，2014）。当前研究者对大数据治理的认知呈现多样化，在思维、观念、主动性等方面均有较大的提升空间。

当前大数据治理意识薄弱具有普遍性，徐琳（2015）表示，缺乏数据意识体现在我国大数据治理的各个主体上，治理主体未充分认识数据的价值，对数据收集和挖掘的意识不足，由此带来了数据应用乏力等问题。张瑞敏和王建新（2020）在研究中指出，目前我国数据意识较为薄弱是受到了传统治理理念的影响。一方面，重视人文精神是中国传统文化的根本特征，以儒家为内核，以道家、佛家、法家为重要补充的传统文化均重视向内自省，强调发挥人的主观性、能动性和独立性，因此在判断事物发展变化时更依赖个体主观价值判断，而忽略了对客观事实的挖掘。此外，中国传统科学与哲学肯定直觉思维，其具有轻逻辑、少论证的特点，不利于数据思维的培养。另一方面，由于农业社会的生产力落后、技术工具欠缺，人们在研究和决策时更多依靠的是历史事实和生活经验，而非数据量化，这也造就了当今经验主义的思维惯性。同时，人的意识是在长期实践中形成的，具有稳定性特征，所以与数据收集、数据制度和数据人才等方面相比，大数据治理意识很难在短时间内作出即时性变化，因此需要治理主体的持续关注。

"理念是行动的先导。"不恰当的思维观念引发了诸多阻碍大数据治理的不合理举措。在决策支持方面，工作人员受传统行政文化的影响，惯用直觉思维，缺少基于数据决策的习惯，个体或群体经验仍为决策的主要依据。在共享开放方面，许多政府部门受传统的保密观念影响，虽拥有大量数据但不愿与其他部门共享，更不愿开放数据。还有一些部门将数据视为权力和利益的象征，未采取数据开放的实质性举措。以上种种均会带来大量数据资源的浪费。

由于大数据属于新兴事物，人们对大数据的认识还存在一些困惑。从本体论层面出发，大数据的出现引起了人们世界观的革命。数据的本质是什么？世界是否会被彻底数据化？数据与物质、精神的关系如何？从价值论层面出发，大数据将原来仅表示事物关系的符号转化为具有更高价值的数据财富，进而带来了新的大数据价值观，这其中涉及很多论题，如数据财富的本质是什么？如何更好地发掘大数据的价值？以上种种都是大数据引发的思考，有待解答和回应（黄欣荣，2015）。从认识论层面出发，大数据与传统认识论存在很多冲突。确定性与不确定性之间的冲突是其面临的首要挑战。面对复杂、多源、异构的大数据，需要逐步放弃目前仍占中心地位的确定性思想，容忍不确定性（陈艳和李君亮，2017）。大数据的混杂性使它更重视事物之间的关联而非因果，这进一步引发了学界关于相关性和因果性两种分析方法的争辩。Ekbia 等（2015）表明，大数据的实践和理论进一步扩展了"大数据是拯救现象还是拯救显相"这一辩题，这其中主要涉及因果关系和相关关系的争辩。维克托·迈尔-舍恩伯格和肯尼斯·库克耶（2013）提到，在大数据面前应强调相关性，忽略因果性。对于这一观点，很多学者持反对意见，认为忽略因果性会使大数据出现理性问题，单纯没有解释的结论是不可靠的。作为解释世界的方法，相关性分析方法和因果性分析方法均发挥着重要作用，因此，未来应辩证地处理好二者的关系，进而最大化地发挥它们的作用。"大数据是生成还是预测"的话题也同样被广泛争论，大数据虽然使预测被广泛接受，但预测的不正常运行将带来混乱（Ekbia et al.，2015）。

大数据在和各行业结合应用时也会产生很多新的理论问题，李国杰（2012）提到了与社会科学有关的大数据问题，他认为相关理论研究才刚刚开始，迫切需要计算机科学领域的学者和社会科学领域的学者密切合作，共同开拓新的领域，解决新的理论问题，进而不断完善与大数据相关的认识论。

2.2.2　大数据治理目标面临操作化挑战

目前，现有研究对大数据治理的目标有着不同的认识，表2-1列举了代表性研究对大数据治理目标的具体界定。本部分应用SMART分析方法，从目标是否明确具体（specific）、可测评（measurable）、可实现（achievable）以及是否具有相关性（relevant）和时限性（time-based）5个层面分析了当前大数据治理目标存在的问题。

表2-1　大数据治理目标的代表性观点

序号	治理目标	作者，年份
1	大数据治理被定义为一组新兴的流程、方法、技术和实践，这些流程、方法、技术和实践能够快速发现、收集、处理、分析、存储和防御性处理大量和快速的结构化和非结构化数据流，并具有安全性、隐私性和成本效率。	Malik P，2013
2	数据治理体现了对数据相关法律规则、透明度和个人与信息系统问责制的控制和授权，以实现业务目标。	Malik P，2013
3	大数据治理是不同的人群或组织机构在大数据时代，为了应对大数据带来的种种不安、困难与威胁而运用不同的技术工具对大数据进行管理、整合、分析并挖掘其价值的行为。	梁芷铭，2015
4	大数据治理是对组织的大数据管理和利用进行评估、指导和监督的体系框架，通过制定战略方针、建立组织架构、明确责任分工等，实现大数据的风险可控、安全合规、绩效提升和价值创造，并提供不断创新的大数据服务。	张绍华等，2015
5	政府大数据治理的根本目的是发挥政府大数据的价值，服务经济发展、提升公共服务、提高管理水平，形成政府大数据的价值链。	范灵俊等，2016
6	全球数据治理是对数据进行全局性、综合性的治理，所要达成的是一种整体善治的目标。	蔡翠红和王远志，2020
7	数据治理是价值和风险二者之间的权衡，治理的目的在于充分挖掘数据的价值，同时尽量减少相关的成本和风险。	梁正和吴培熠，2021

从目标是否明确具体来看，当前学界对大数据治理目标的认识较为统一，主要围绕两个关键词——"价值""风险"，即围绕主体治理目标，控制风险、创造价值，实现二者的平衡。但是目标、价值和风险的平衡点及判断依据尚待明确，如对于传统要素而言，数据要素的权益界定问题更为复杂，同时在交易和定价方面也存在客观困难（黄益平，2021）。

从目标是否可测评来看，当前大数据治理的目标较为宏观，如蔡翠红和王远志（2020）对全球数据治理的界定表述中的"全局性""综合性""整体善治"均从宏观视角描绘了大数据治理的美好蓝图。而如何实现上述目标、如何衡量目标的完成程度尚需清晰的能力框架构建和具体的测评指标汇聚。但曹慧民（2020）指出，当前缺乏与政府数据治理绩效相关的规范学术定义，在现实实践中，数据作为政府数据治理改革的最小分析单元，由于缺乏与数据相关的质量管控、使用目的、利用手段等多维度政策的落实，因此数据的绩效贡献不佳。

从目标的可实现性、相关性及时限性来看，大数据治理水平可通过技术的进步、制度的完善等得以提高，因此实现路径及其应用场景成为关键性研究问题。此外，风险识别与目标实现、价值创造的路径及相关性亟待研究。

从整体考量，当前尚无学者对大数据治理的规划、规制、规则和规范生态体系的建立健全进行自上而下的战略性研究，文献中缺少自下而上对大数据治理发展及应用理论的机理和实践案例的基础性研究。

综上，现有研究对大数据治理目标的本质认识相对统一，它们均将关注点聚焦于"价值-风险"之间的平衡与统一。但从实践角度来看，这些治理目标大多存在规划难、实现难和测评难的现实困境，具体表现为：（1）尽管信息技术的发展为大数据治理的技术目标实现提供了相应的物质载体和技术支撑，但辅助和支撑技术在应用场景中有效嵌入的组织与制度环境仍然极不健全且有待发展；（2）尽管价值和风险平衡是大数据治理寻求的核心目标，但对于如何创造价值，创造何种价值，如何界定风险，如何评价价值创造过程中出现的风险水平，仍有待解答；（3）尽管相关研究已经认识到大数据治理在参与主体和结构内容上的复杂和多样性，但对于如何有效协调不同主体和结构间的复杂关联关系，现有研究尚未给出令人满意的答案。

2.2.3　大数据治理过程面临复杂性挑战

大数据治理过程是一个从混乱到有序的优化过程，治理过程所涵盖要素的复杂性决定了大数据治理势必是一个持续发现问题、不断优化升级的复杂过程。PDCA（plan-do-check-action）循环是管理学界重要的过程方法，涉及计划、执行、检查、改进 4 个阶段，其过程持续改进的思想为大数据治理过程持续改进提供了依据。因此，本部分将结合 PDCA 循环的过程方法，剖析当前大数据治理过程中存在的不足和挑战。

具体而言，计划阶段是 PDCA 循环中的首要环节，主要包括分析治理现状，即确定当前存在的问题并分析问题背后的主要原因，进而明确数据治理的具体需求并制定目标。此外，还需要为实施阶段制定具有统领性和规范性的规制、规则和规范。基于学者的案例分析（王翔和郑磊，2019），计划环节面临的首要问题是"谁来计划"，当前大多数城市尚未成立针对大数据治理的专职部门，缺乏清晰的大数据治理框架架构，治理的领导主体不明晰导致了各部门互相推诿，因此大数据治理很难取得实质性进展。丁波涛（2019）也表示，当前我国政府大数据治理的组织机构存在结构性缺陷，应建立大数据治理委员会以确保大数据治理规划工作的落实。相比之下，美英澳等国在大数据治理中的方案制定过程值得我们学习和借鉴（安小米，2018）。该环节面临的第二大问题是指导行动的规制、规则和规范尚不完善，在实践中，诸多学者表示大数据治理过程缺乏相对应的统一标准，如数据标准、技术标准、平台标准等（代红等，2019），这也成为数据共享开放的主要障碍。为此，尧淦和夏志杰（2020）建议成立标准规范制定小组，增强对标准的顶层设计，提高具体标准的全面性和科学性。

执行阶段是 PDCA 循环的关键环节，是根据已知的目标、计划和方案开展实际运作。王翔和郑磊（2019）在调研政府案例时发现，大数据治理执行阶段存在权责分工不清、缺少规制、执行依据政出多门、操作标准各自为政、大数据难以整合和融合等问题，这使大数据治理推进缓慢。

检查阶段即实施后的成果验收，基于既定目标分析大数据治理的完成情况。从实践现状来看，当前大数据治理缺少评估的规制、规则和规范，该阶段在大数据治理过程中并不具有普遍性。从文献调研情况来看，国内外学者对大数据治理评估的研究较少，虽然有部分学者试图构建大数据治理的评估体系，如 Akoka 和 Waltian（2019）根据系统论的主要维度梳理了政府大数据治理的评估指标，但 Picciotto（2020）仍表示，评估人员进入数字世界的速度十分缓慢。当前我国学界缺少面向大数据治理评估的针对性研究，并且尚未对大数据治理能力成熟度模型形成一致的看法，缺少相关的标准化文件，未来需要加强对评估指标体系的研究，对治理主体的输出成果进行监督和测评。王伟玲（2020）进一步建议，将数据治理评估意见纳入政府的绩效考核，提高政府大数据治理的积极性。

改进阶段是一个优化改进的过程，具体来说是一个基于治理评估结果，吸取失败教训并将成功经验标准化，不断优化大数据治理的方案和目标的过程，因此这一阶段是推动 PDCA 循环的关键，但此过程具有动态变化性和复杂性的特点。

2.2.4 大数据治理技术面临动态性挑战

数据是大数据治理活动的主要实施对象，基于数据的价值提取和风险管控是大数据治理的关键目标之一。但由于当前数据体量的不断升级、数据类型的日益复杂以及数据流转的动态性愈发突出，因此面向数据这一客体对象的存储、分析及利用充满挑战。本部分将基于数据处理的全流程，对当前数据价值提取、创造及实现所面临的挑战展开分析，如图 2-1 所示。

图 2-1　大数据处理过程中存在的技术瓶颈

面对日益剧增的大数据，各国在大数据治理的过程中均面临数据处理技术带来的挑战。Anagnostopoulos 等（2016）、Nasser 和 Tariq（2015）基于数据处理过程，系统分析了处理大数据时面临的种种难题。首先是数据获取，Anagnostopoulos 等（2016）表示，延迟问题给数据采集和捕获带来挑战，对于需要实时利用数据的应用程序来说，最小化延迟十分关键。这一环节面临的第二个挑战是元数据的采集，对采集数据相关属性的记录有利于数据分析工作的开展，部分科学实验需要元数据的支持，但目前难以实现元数据的自动生成，未来需要开发更加科学合理的元数据自动采集系统，以最大限度地减少人员负荷（Nasser and Tariq，2015）。此外，大数据采集后的清洗工作也困难重重：第一，大数据通常是嘈杂、异构、动态和相互关联的数据，其往往携带着一些虚假信息，为了从海量数据中提取有价值的信息，需要严格把控数据质量，验证数据的可信性和全面性，这一过程是极为烦琐的（邬贺铨，2013）。第二，针对不同的数据应用场景，精确控制数据清洗粒度充满挑战，清洗粒度过粗会导致诸多不必要数据的留存，清洗粒度过细则会增加数据预处理的人力、时间等成本，并可能清洗掉有用的信息（Nasser and Tariq，2015）。因此，未来仍需要开发有效的信息过滤机制，明确区分哪些是有用的、哪些是无用的，规范数据质量体系，真正实现科学的源头治理。

其次是数据存储。随着数据结构的日益复杂，传统的数据存储方式已无法满足半结构化数据、非结构化数据等数据存储需求，探索适用于大数据的数据存储方式是亟须解决的重要问题。除了应对数据体量大、数据结构复杂的难题外，大数据存储仍应思考如何存储隐藏在海量数据背后的复杂关系（蔡江辉和杨雨晴，2020），这对于数据价值的充分挖掘至关重要。带来了挑战新老数据存储方式的碰撞，不同存储方式的对接造成数据转换的难题，这一过程复杂且难以管理，被学界广泛关注（刘智慧和张泉灵，2014）。此外，数据存储作为数据生命周期的一个环节，需要考虑其承上启下的作用，思考恰当的数据存储方式，以便后续数据的存取和利用（蔡江辉和杨雨晴，2020）。邬贺铨（2013）表示，数据存储并非将数据简单地保存在设备中，而是需要在存储环节设计分类规则，将数据有序化排列。为数据加入检索标签和索引方案（孟小峰和慈祥，2013），是便利未来检索利用的有效方式，但这一过程是困难的。对大数据存储最优性能的追求也将是持续的，如何平衡成本、能耗、效率等目标，如何满足大数据存储所要求的高可扩展性、高容错性、低输入输出及数据分析延迟等，仍需要学者持续探索（官思发和朝乐门，2015）。

再次是数据分析。这一过程的主要任务是生成对大数据利益相关方有意义的结果，挖掘大数据背后的隐藏价值。当前数据分析的对象日益复杂，就数据体量而言，各行各业的数据量呈爆炸式增长态势，这意味着很多传统、单一的数据分析方法及模型难以使用。就数据类型而言，由以往的以结构化数据为主转变为结构化、半结构化、非结构化数据并存，呈现出异构性，数据分析工具应有能力将不同类型的数据囊括在内。就数据特点而言，互联网和新技术使动态信息增多，社交媒体用户数据、交通摄像头的实时监控数据等均具有动态性和实时性，并且数据分析环节也应做到实时增量地开展分析任务（蔡江辉，2020）。以上种种均是数据分析工具应提升的方向。此外，现有数据模型无法适应当前海量数据的分析需要，应结合数据的动态变化对已有模型进行局部修正，或构建新的适应大数据分析的模型。蔡江辉（2020）表示，应完善大数据模型，使其兼顾数据的动态性以及统计和语义特性，这将是一项充满挑战的工程。同时，在大数据分析过程中面临先验知识缺乏的挑战，这主要有两点原因：其一是不同于传统的数据分析，构建结构化数据内部关系的方式并不适用于处理半结构化和非结构化数据；其二是数据处理的实时性要求提高，缺少充足的时间去建立先验知识。此外，官思发和朝乐门（2015）指出，大数据分析当前存在分析数据的可用性低、数据分析资源调度难等客观限制。衡量数据的可用性是数据分析前的关键步骤，该过程需要综合考量数据的一致性、精确性、完整性、时效性等，但当前一些研究发现，由于机制、资源配置、数据运营等问题，数据可用性还存在数据一致性偏低、时效性不足、关联性较差、精准性欠佳的痛点，有待进一步解决和优化。同时，在数据不断涌现的背景下，积极探索科学有效的资源调度策略与算法，提高资源调度与资源服务的效率也是十分必要的。

又次是数据解释和呈现。用户无法理解数据分析的结果将大大影响大数据价值的发挥，崔迪等（2017）表示，大数据的来临使可视化更具有意义，可视化旨在通过认知理论、人机交互技术有效整合计算机的分析能力和人的感知能力，辅助用户直观有效地理解大数据背后的信息、知识与智慧。可视化分析的过程是充分发挥机器和人的各自优势并且使之紧密协作的过程（任磊等，2014），因而需要面临来自技术和用户的双重因素考验。从技术层面出发，大数据可视化需要建立在集成的数据接口上，同时可视化分析系统需要形成松耦合的接口关系，以配合不同算法的调用，因此大数据可视化面临的首要挑战就是大数据的集成和接口问题。此外，大数据可视化技术面临可扩展性问题，例如较小数据规模的可视化技术在处理极端大规模数据时较为乏力，任磊（2014）表示，探索可视化分析与大规模并行处理方法、超级计算机的结合模式，推动当前可视化算法与人机交互技术应用至大数据领域，是未来大数据面临的严峻挑战。从用户层面出发，孟小峰和慈祥（2013）指出，随着大数据的深入发展，有大数据分析需求的主体从数据分析专家转变为普通的行业从业者，由此强调了大数据管理易用性的重要意义，如何实现"人人都懂大数据，人人都能可视化"的目标，开发一个以用户为中心、简单易行的大数据可视化分析系统，将是充满挑战的。同时大数据可视化技术不应仅追求技术层面的提升，还应关注用户心理及认知规律以提升大数据可视化表征的可用性（任磊，2014）。为了让大数据的分析和处理结果真正被用户理解从而为决策提供支持，对结果的解释是必要的。但当前，由于数据的复杂性、语义的复杂性、参数及假设的复杂性、分析验证步骤的复杂性以及模型的复杂性等都给恰当而准确的结果解释设置了障碍，寻求合适的结果解释或表示方法对大数据发展来说意义重大（蔡江辉，2020）。从人机交互来看，如何将具体的分析任务高效分配至人、机两侧，如何实现人、机优势的最优化协作仍有待研究。

最后是数据保护技术。数据服务的隐私保护备受关注，在数据发布环节，数据匿名保护技术仅在一定程度上保护了用户信息，信息攻击者可以从其他公开渠道获取数据、寻找关联，进而推测出匿名用户，威胁用户的隐私安全，因此未来仍需持续改进匿名保护技术，提升隐私保护效果（冯登国等，2014）。在数据分析环节，为了在提取价值的同时避免隐私的泄漏，目前采用了差分隐私、动态加密和多方计算等隐私保护数据挖掘手段，但学界仍应优化隐私保护数据挖掘（privacy preserving data mining, PPDM）算法以增强在大数据应用环境中的实用性（陈性元等，2020）。同时在数据采集和处理的过程中，敏感信息的处理需要使用数据脱敏技术。孟小峰和慈祥（2013）表示，已有的脱敏方法过于单一，未来需要建立支持各种类型数据的自动化脱敏系统，以增强该技术的实用性和可推广性。大数据存储的安全性也十分关键，数据加密是保证该环节安全的关键技术，当前已有同态加密、保留格式加密、可搜索加密等技术，孟小峰和慈祥（2013）在对各技术展开分析后发现，当前数据加密技术仍面临成本、安全性能、实用效率等难题。访问控制也是大数据安全领域的一个热点话题，目前已有基于角色的访问控制、风险自适应的访问控制等解决方案，但这些方法在大数据环境中的实际应用仍面临数据动态变化、质量参差等挑战（冯登国等，2014）。为满足数据权利保护等需求，应使用恰当的数据水印技术来辅助数据的验证，但当前该技术多用于静态数据集，未来要进一步攻克大数据新特性所带来的难题。此外，数据溯源技术因其重要性引起了诸多国家的重视，该技术旨在记录数据的源头及派生过程，现已广泛应用于地理、生物、天文等对数据真实性要求较高的学科（王芳等，2019），但该技术是否会存在侵犯隐私的风险，其标记信息与数据内容的绑定是否安全等问题均有待探讨。

2.2.5 大数据治理主体面临协同化挑战

多元主体协同能力不足是大数据治理过程中经常面临的挑战，这一现象具有普遍性，并成为各国学者十分关注的话题。蔡翠红和王远志（2020）从全球治理协同的角度出发，指出全球各国缺乏统一的数据治理战略及规则，且对数据权属等问题存在不同观点，这导致世界各国各自为战，难以打破当前数据碎片化的局面。王翔和郑磊（2019）从政府数据治理的案例出发，发现虽然已有数据协同相关的政策鼓励，但数据共享开放的工作缺乏具体的执行和推进，"要数据像要饭一样"仍为政府部门的常态。种种案例可以看到，无论是治理主体内部的合作，还是不同治理主体间的外部合作，其实现目标统一、协调多方资源的能力均有待提升。

导致当前治理主体协同困难的主要原因如下：首先，政府内部传统的思维及体制阻碍了多元主体的协同能力。翟云（2021）指出，信息资源部门化、部门资源利益化等制度问题固化了信息资源的分割和垄断，严重影响了政府数据共享开放的进程。左美云和王配配（2020）也持相似的看法，指出为解决部门条块分隔的体制问题，需要政策和标准助力以达到上级统筹、下级协调、内部统一的数据协同局面。

其次，助力多元协同的配套协同机制尚未形成。洪伟达和马海群（2019）表示，当前政府部门在协同过程中缺乏相对应的激励机制，因而未能引起领导的高度重视，也较难调动部门的参与积极性。对于企业来说，缺乏企业向政府开放数据的责任机制，全社会的数据合作有待加强（王伟玲，2020）。

再次，政策的完善性和协同性不足也影响着治理协同的效果。数据共享开放所涉及的数据格式、数据标准、数据可用性等配套政策尚存在不清晰的地方，这导致部门难以把握开放边界，协同举措过于谨慎（洪伟达和马海群，2019）。政策协同不足也是多元主体协同难以推进的重要原因，不同部门从自身职能角度出发制定政策，缺乏沟通，因而使部门间的政策衔接性不强，难以形成合力，造成资源利用率低、数据治理运行效率低等不良后果（刘彬芳等，2019）。

又次，标准的缺失也产生了众多的数据孤岛。以政府为例，左美云和王配配（2020）指出，当前政府数据治理尚未形成统一的规范和标准，各部门数据标准不一致是阻碍数据治理和数据共享的关键因素。以企业为例，张豹和陈渊（2019）发现，现阶段企业中不同部门的数据采集方式及数据处理模式不尽相同。各部门采集对象、数据标准、数据储存手段存在差异，这直接影响着数据共享的质量。杨琳等（2017）也指出，大数据中的半结构化和非结构化数据大大增加了企业在元数据管理和主数据管理上的困难，但目前组织缺乏统一、标准化的元数据、主数据定义标准，不同组织定义的数据标准各不相同，阻碍了系统间信息流转，降低了组织资源的利用率。

最后，法律法规及评估体系尚未确立，我国在推行数据共享开放的过程中缺乏顶层设计及监督管理。从国家角度来看，洪伟达和马海群（2019）表示，我国大数据治理方面的法律法规并不全面，目前尚无覆盖数据共享、开放管理与利用的法律法规，现有形式仅局限于规划和意见层面，整体定位不高，效力不足。此外，虽然我国已出台诸多政策鼓励多元主体的协同治理，但目前缺乏对政策实施效果的监督、评估和奖惩措施，因而无法形成对主体数据共享开放的强有力制约，使现实中相关工作的推进尤为缓慢。从部门内部来看，我国在实施数据合作项目时缺少宏观把控。李月和曹海军（2020）将单一主体数据利用和多元主体数据合作相比较，发现缺乏顶层规划的指导和对部门间业务需求的整体性梳理是跨部门协作效果不佳的主要原因，因而难以深化数据协同治理的成效。

2.2.6　大数据治理保障面临有限性挑战

大数据治理活动的开展，需要人力、财力、物力等多方面的支持，这是治理主体完成治理目标的重要保障。当前，诸多学者表示，治理主体在治理活动中面临领导支持力度不高、人财物等支撑资源缺乏的问题（王翔和郑磊，2019）。

人才是大数据治理中尤为关键的资源。充分发挥数据价值需要管理层、技术层等各职责部门的通力合作，而各层都离不开数据人才的支撑。从人才数量来看，王伟玲（2020）、邬贺铨（2013）表示，当前数据治理领域人才匮乏，能理解和应用大数据的创新人才更为紧缺。以技术层为例，当前我国缺少通晓数学、统计学、数据分析和语言处理等多学科知识的复合型人才，人才的匮乏直接导致技术的薄弱，这在一定程度上限制了主体对数据资源的充分开发和利用。就大数据的具体应用场景而言，在政府部门中，现阶段我国政府缺少既熟悉内部业务又具备大数据专业知识的公务人员（丁波涛，2019），这使大数据在政府中的应用缺乏推动力量。在企业应用中，我国虽然有发展势头尚好的大数据公司，但与 IBM、甲骨文等公司相比，在数据处理和开发能力、专业人才的数量和质量上均存在一定差距（何欣峰，2015）。此外，缺少成熟的人才培训体系使人才短缺问题愈发突出（张瑞敏和王建新，2020），Hilbert（2016）基于研究案例发现，对数据专家和管理人员的培训不足是失败的主要原因之一，因此在重视大数据治理人才"增量"的同时也应盘活大数据治理人才"存量"资源。

除了人才的紧缺外，资金支持力度不足、数据平台等基础设施建设较为落后等都阻碍了大数据治理活动的正常开展（张明斗和刘奕，2020）。郭斌和蔡静雯（2020）指出，物质支持是大数据治理最基础的支撑要素，资金投入状况影响着数据治理各个环节的正常运行。虽然国家和诸多地方政府已加大对大数据产业的财政支持力度，但很多大数据治理项目在实际实施过程中仍面临资金制约，例如丁波涛（2019）在调研上海政府数据治理情况时发现，当前资源保障机制并不完善，项目建设型资金投入无法保障正常的运维工作。王翔和郑磊（2019）在调研某市时发现，人财物不足已经跃升为政府大数据治理工作开展的第一阻碍因素。为此，各级地方政府需持续完善财政保障机制，加大对大数据产业的专项投入，满足大数据治理的基础物质需求。同时，应纳入资金绩效的评估和管理，提高资金的利用效率，切实推进大数据治理活动的开展（郭斌和蔡静雯，2020）。

2.3 大数据治理带来的重要机遇

2.3.1 大数据治理开拓数据认知新视域

大数据治理的概念提出和普及提升了大众的数据意识，使人们更加渴望利用数据解决问题，人们也逐渐意识到数据已成为当代社会非常重要的潜在资源之一。学术界、商界甚至政府机构都开始密切关注、积极认知大数据问题。

国际数据研究公司（IDC）2017 年发布的《数据时代 2025》白皮书预测，2025 年全球数据量产生的第一大主体将由消费者转移到企业，届时企业产生的数据量将占到全球数据总量的 60%。企业领导者将可以从这些海量数据信息和其价值中获得新的商业机遇，但同时也需要对收集、使用和存储数据的策略进行详细规划。数据已经成为社会和生活正常运行的必要因素，对关键基础架构、医疗设备甚至自动驾驶汽车等方面都至关重要，如果现在数据流停止，不仅会导致企业经营中断，还会搅乱日常生活。

2015 年 9 月，国务院印发了《促进大数据发展行动纲要》，明确了数据作为国家基础性战略资源的地位。2021 年国家发展改革委印发的《"十四五"推进国家政务信息化规划》提出，到 2025 年，政务信息化建设总体迈入以数据赋能为主要特征的"融慧治理"新阶段，跨部分、跨地区、跨层级的数据融合成为政务信息化创新的主要路径，深度开放利用政务大数据，数据化决策成为新型数字政府治理模式。2021 年国务院印发的《"十四五"数字经济发展规划》明确了数据要素治理体系是数字经济发展的核心引擎，数据要素是数字经济发展的核心"软件"支撑，海量大数据价值的挖掘和释放将对其他要素效率产生倍增作用，催生新业态、新模式，为此部署了实施数据质量提升工程、实施数据要素市场培育试点工程、应用需求导向的政务数据和公共数据增值开发利用机制创新工程等。在新冠疫情期间，无论是利用大数据得到的疫情传播预测模型辅助政府精准施策，还是医药界借助大数据加速完成疫苗研发，抑或是企业进行线上办公时的大数据技术支持，都使社会各界对大数据有了更加清晰、直观的认知。

2.3.2　大数据治理赋能经济增长新动力

宏观上，大数据治理直接促进了信息网络技术、产品和服务的创新发展，打通了跨国贸易中的数据壁垒，助力数字经济的发展。在数据带来新变革的同时，我们也要看到，商业领域对数据的抢占和竞争愈发激烈。

中观上，大数据治理的出现直接带动了大数据产业市场容量迅猛增长，从而实现了一定的经济增长。同时，各产业通过大数据治理的赋能，开始注重数据的收集沉淀，力求将信息资产转化为经济效益。

微观上，数据推动了部分企业从传统要素驱动型向数据驱动型转变，利用数据辅助进行商业决策，优化资产配置。通过数据，还可以进行更为精细化的公司运营，对消费者行为进行实时的跟踪和监控，从而带来效益的增长。

2.3.3　大数据治理提供政府治理新思路

在大数据治理的浪潮下，一些国家进行了先驱性的大数据探索，并积累了管理经验。政府治理能力的提升可以归结为以下几个方面：

第一是政府数据资源数量的扩充和质量的提高。由于时间和成本的制约，传统治理模式所获数据往往停留在宏观层面，而较少深入企业和个人层面。在大数据治理模式下，政府可以较为广泛地获取海量数据并加以分析。同时，大数据治理下采取的信息化和自动化结合管理，能大幅降低非系统性误差；对全部数据综合处理分析，能运用多维度和多源头数据进行多角度检验，保证决策的正确性。

第二是政府数据资源管理水平的提升。妥善存储和利用行政记录、交易记录和网络信息，往往能降低调查统计成本和管理成本。此外，政府内部各部门间的数据共享也能减少重复调查的成本开支。

第三是政府数据管理体制机制的改良。大数据治理促进政府全面提升其硬件与软件技术，变革数据管理流程，制定数据管理标准推动大数据信息平台建设，以应对新技术对政府部门带来的冲击。

第四是政府在进行大数据治理时，往往会开放数据的公开访问权限，在促进治理数据得到充分使用的同时，也增加了民众和政府的互信。

第五是改善政府咨询的时滞性。政府数据管理以历史数据为主，数据周期长，无法即时反映经济现象的当前变化情况。而利用大数据能改变这一现状，网络实时记录和上传的信息，通过云计算和物联网等技术进行快速分析和计算，使数据的实时分析和实时报告成为可能。

正是由于一些国家大数据治理的实行以及成效的取得，才带动了其他国家积极推进和完善其国内的数据治理，进而促进了全球治理体系的完善，有助于全球善治、全球数据资源共享开放局面的形成。

2.3.4 大数据治理助力社会发展新变革

大数据治理的引入，带动了社会发展的革新。在生活领域，大数据等新兴技术对生活服务进行了优化，使人们更快步入数字生活。大数据治理还可以对金融风险、诈骗、腐败甚至灾害进行预测和防范，从而保障社会的稳定运行。在科学研究领域，一些以数据为中心的学科，如基因组学、蛋白组学、天体物理学和脑科学等，都因大数据技术的进步而获益。在自然科学外，大数据治理也打开了社会科学研究的新思路，在某种程度上改变了社会科学调查的范式，促进了数字人文等多学科交叉研究领域的繁荣。

2.4 大数据治理存在的若干风险

随着数据体量的不断扩大，与之相伴的数据隐私及数据安全风险也正在进一步加大。个人、企业、政府等参与大数据治理中的多元主体均面临以上挑战。

大数据隐私风险是大数据治理过程中以人为中心的伦理道德问题，包括身份、隐私、所有权和声誉等问题（Anagnostopoulos et al.，2016）。公众在享受数字时代便利的同时，普遍地牺牲了一些隐私权利，在应用及互动的过程中留下了众多数字足迹。Ekbia 等（2015）表示，目前的环境似乎并未在保护个人信息权利方面发挥有效的作用，隐私侵犯是亟待解决的问题之一。孟小峰和慈祥（2013）指出，大数据关联性和动态性增强的过程，也是个体数据隐私暴露风险加剧的过程。此外，随着数据价值挖掘能力的提升和数据共享开放力度的增强，数据透明度的提升将带来更大的数据安全风险（杨琳等，2017）。因此，参与治理的主体要科学处理数据公开与隐私保护之间的矛盾，在不暴露用户敏感信息的前提下进行有效的数据挖掘，既保障大数据时代的隐私性，又保证大数据价值的充分实现，即实现好数据权力与数据权利的平衡（孟小峰和慈祥，2013）。

随着数据的持续采集，数据量与日俱增加，大了大数据泄漏的风险。当前越来越多的公司正在构建大型计算环境，以存储、聚合和分析不断增长的大数据。大数据的大型存储库数量也在不断增加，其中可能涉及客户数据、员工数据甚至商业机密。如果犯罪集团为了获取高额回报，将目标对准大数据存储库，通过恶意软件、恶意代码等方式攻击大数据平台、窃取数据，将带来不可估计的损失（Nasser et al.，2015）。因此，大数据处理的各个环节均应重视数据安全的保护，完善网络基础设施，及时修补技术漏洞，采用更加有效的数据保护方式，尽可能避免因数据泄漏带来的巨大损失。

大数据算法及模型的潜在技术风险也备受重视。虽然大数据具有启发性和预测性，但大数据的算法及模型并非绝对正确，自动化决策并非完全可靠，算法设计者也不可避免地存在一些内在偏见，很难考虑环境中的所有复杂条件（Malik，2013），因此如果不加评估便利用大数据结果指导实践，可能会引发错误的决策和行动（陆岷峰，2017）。Janssen 等（2016）也持有相似的观点：由于算法透明度的有限性和算法底层的复杂性，评估算法作出的决策是否正确、是否存在偏见是一件很困难的事情。因此，大数据在为政府、企业等主体提供决策便利的同时也存在潜在的诸多危险，若算法漏洞被恶意利用，将很有可能导致技术官僚性政府以及企业的不合理决策。

此外，应注重防范大数据欺诈风险。随着互联网、社交媒体的发展，公众的基础数据、行为偏好等个人信息在网络环境下被不断调取和利用，其中也存在诸多不合理利用行为。就个体而言，一些消费者正在遭受算法价格歧视，即"大数据杀熟"。部分平台利用消费者的个人数据和信息不对称的优势，根据消费者的支付意愿进行差异定价，严重损害了消费者的权益（吴理财和王为，2020）。此外，一些不法分子通过不正当途径获取数据，并通过电话、邮件等途径实施精准诈骗，此类融合数据分析的新型诈骗形式将严重损害个体利益（陆岷峰和汪祖刚，2017）。大数据欺诈行为也可能存在于企业、政府之中，Picciotto（2020）表示，政府、公司和利益集团越来越依赖大数据平台操纵公众舆论，数据利用主体常根据个人意图，有意放大欺诈性叙述等错误信息。比如，对社交媒体的不合理利用在缅甸激起了种族仇恨和种族清洗，在印度和菲律宾煽动了暴民暴力，在美国和欧洲助长了外界对选举的干涉，以上种种事件都解释了大数据背后存在的危险隐患。为此，美国多州制定了数据隐私法案，如《加利福尼亚州消费者隐私法案》（2018）来保护本州消费者的数据隐私权益，加强企业责任和信托义务。2021 年美国统一法律委员会（ULC）投票通过了《统一个人数据保护法》，为隐私监管提供替代方案。欧洲出台的《一般数据保护条例》规定了数据的使用目的和处理权限，禁止收集和处理除特定目的外的个人信息。我国在 2021 年发布了《中华人民共和国个人信息保护法》，保护个人信息权益，规范个人信息处理活动并促进个人信息合理利用。由此可见，当前各国均已意识到大数据潜在的隐患和风险，并积极采取行动干预大数据滥用等不良行为。但总体观之，有关大数据治理主体约束及治理过程规范的法律法规体系亟待建立健全，配套执行的监管体系与评测改进机制也亟待深入研究。

2.5 小结

本章主要探究了大数据治理面临的挑战、机遇和风险。大数据治理在与不同领域深入融合的过程中，为经济、政治、社会带来了诸多新的发展机遇。但机遇与挑战并存，利好与风险同在，大数据治理也面对来自主体、客体、环境、过程及目标等多维度的挑战，这些挑战是大数据治理与信息资源管理协同创新融入国家治理体系并发挥正向作用需要积极面对的战略性问题。

能否在大数据治理中发挥数据资源优势，大数据治理与信息资源管理协同创新能否持续补齐认知、体制机制、技术工具、资源配置、政策标准等短板，这主要取决于大数据治理与信息资源管理协同创新的能力和水平。大数据治理的多元主体协同动议改变了传统信息资源管理模式，基于机构内和机构间协同管理并利用数据、信息资源的场景，跨层级、跨地域、跨部门、跨场景的数据资源共享开放和开发利用，带来新时代大数据治理与信息资源管理协同创新管理机制和模式的创新发展，如何在统筹规划和实践路径上创新大数据价值开发路径并服务于动态变化的应用场景，是当前需要研究的大数据治理与利用的重大课题。

大数据的产生使信息资源发生诸多变化。从资源主体来看，过去政府组织、信息机构占有数量较多的核心资源，但近年来信息服务商拥有的数据总量呈指数级增长，远远超过政府等信息机构，信息资源的空间结构分布更加扁平化和多样化。从宏观视角来看，大数据治理是随着时代发展而衍生出的一种新的信息资源管理方式，美国颁布了首个国家层面的大数据战略《大数据研究与发展计划》（2017），中国也颁布了《促进大数据发展行动纲要》（2015）和《"十四五"大数据产业发展规划》（2021）。各国均在积极探索，将信息资源管理视为国家竞争能力和创新能力提升的重要路径，试图通过大数据治理加强国家治理能力、竞争能力和创新能力。从微观视角来看，信息资源管理是针对特定事件的信息收集、整理和分析等一系列数据处理与管理的过程，大数据的融入以及对大数据的科学治理有利于提升政府、企业等信息资源管理主体的个性化服务能力，提高信息资源管理的精准度。

但同时要认识到，大数据治理与信息资源管理协同创新是一项复杂的系统工程，涉及高层推动、顶层设计、政策标准的约束、技术手段的赋能、评估方法的检验等诸多要素，因此要推动大数据治理与信息资源管理协同创新发展及应用理论与实践研究，需要重视各要素的内容构建、理论支持和实践用例的示范研究。此外，应将大数据治理融入信息资源管理的全过程，通过研究有关大数据治理的战略、理论、制度等宏观规划，法律、规制、规范等生态体系构建，将大数据治理职能与信息资源管理目标协同在一起，使之成为协调统一的有机整体，进而推动微观层面的技术创新、模式创新和应用创新。

参考文献

［1］安小米，宋懿，郭明军，等．政府大数据治理规则体系构建研究构想．图书情报工作，2018，62（9）．

［2］蔡翠红，王远志．全球数据治理：挑战与应对．国际问题研究，2020（6）．

［3］蔡江辉，杨雨晴．大数据分析及处理综述．太原科技大学学报，2020，41（6）．

［4］曹惠民．地方政府数据治理绩效及其提升．理论探索，2020（4）．

［5］陈性元，高元照，唐慧林，等．大数据安全技术研究进展．中国科学：信息科学，2020，50（1）．

［6］陈艳，李君亮．大数据哲学研究述评．广西社会科学，2017（3）．

［7］崔迪，郭小燕，陈为．大数据可视化的挑战与最新进展．计算机应用，2017，37（7）．

［8］代红，张群，尹卓．大数据治理标准体系研究．大数据，2019，5（3）．

［9］丁波涛．政府数据治理面临的挑战与对策：以上海为例的研究．情报理论与实践，2019，42（5）．

［10］范灵俊，洪学海，黄晁，等．政府大数据治理的挑战及对策．大数据，2016，2（3）．

［11］冯登国，张敏，李昊．大数据安全与隐私保护．计算机学报，2014，37（1）．

［12］冯海燕．高校科研团队创新能力绩效考核管理研究．科研管理，2015，36（1）．

［13］官思发，朝乐门．大数据时代信息分析的关键问题、挑战与对策．图书情报工作，2015，59（3）．

［14］郭斌，蔡静雯．基于价值链的政府数据治理：模型构建与实现路径．电子政务，2020（2）．

［15］国务院关于印发促进大数据发展行动纲要的通知．（2015 － 08 － 31）．http：//www.scio.gov.cn/xwfbh/xwbfbh/wqfbh/33978/34896/xgzc34902/Document/14 85116/1485116.htm.

[16] 何欣峰. 大数据时代的政府治理分析. 郑州大学学报（哲学社会科学版），2015，48（6）.

[17] 洪伟达，马海群. 我国政府数据治理协同机制的对策研究. 图书馆学研究，2019（19）.

[18] 黄欣荣. 大数据哲学研究的背景、现状与路径. 哲学动态，2015（7）.

[19] 黄益平. 数据治理需合理把握权益保护和价值发挥的平衡.（2021-08-24）. http：//jer. whu. edu. cn/jjgc/6/2021-08-24/5241. html.

[20] 兰立山，潘平. 大数据的认识论问题分析. 黔南民族师范学院学报，2018，38（2）.

[21] 李国杰. 大数据研究的科学价值. 中国计算机协会通讯，2012，8（9）.

[22] 李月，曹海军. 数据生命周期视角下政府跨域协作数据治理及其运行逻辑. 东北大学学报（社会科学版），2020，22（3）.

[23] 梁正，吴培熠. 数据治理的研究现状及未来展望. 陕西师范大学学报（哲学社会科学版），2021，50（2）.

[24] 梁芷铭. 大数据治理：国家治理能力现代化的应有之义. 吉首大学学报（社会科学版），2015，36（2）.

[25] 刘彬芳，魏玮，安小米. 大数据时代政府数据治理的政策分析. 情报杂志，2019，38（1）.

[26] 刘智慧，张泉灵. 大数据技术研究综述. 浙江大学学报（工学版），2014，48（6）.

[27] 陆岷峰，汪祖刚. 大数据本源风险治理研究. 西南金融，2017（7）.

[28] 孟小峰，慈祥. 大数据管理：概念、技术与挑战. 计算机研究与发展，2013（1）.

[29] 任磊，杜一，马帅，等. 大数据可视分析综述. 软件学报，2014，25（9）.

[30] "十四五"大数据产业发展规划.（2021-11-30）. https：//www. gov. cn/zheng ce/zhengceku/2021-11/30/5655089/files/d1db3abb2dff4c859ee49850b63b07e2. pdf.

[31] 王芳，赵洪，马嘉悦，等. 数据科学视角下数据溯源研究与实践进展. 中国图书馆学报，2019，45（5）.

[32] 王伟玲. 从重大公共安全事件探析数据治理瓶颈与对策. 领导科学，2020（22）.

[33] 王翔，郑磊. 面向数据开放的地方政府数据治理：问题与路径. 电子政务，2019（2）.

[34] 维克托·迈尔-舍恩伯格，肯尼斯·库克耶. 大数据时代：生活、工作与思维的大变革. 杭州：浙江人民出版社，2013.

[35] 邬贺铨. 大数据时代的机遇与挑战. 求是，2013（4）.

[36] 吴理财，王为. 大数据治理：基于权力与权利的双向度理解. 学术界，2020（10）.

[37] 徐琳. 机遇和挑战：大数据时代中国国家治理的双面境遇. 社会科学家，2015（5）.

[38] 薛晓娜，丰佰恒，冯晓，等. 基于尖点型突变理论的科研大数据治理模型研究. 情报理论与实践，2021，44（3）.

[39] 杨琳，高洪美，宋俊典，等. 大数据环境下的数据治理框架研究及应用. 计算机应用与软件，2017，34（4）.

［40］尧淦，夏志杰．政府大数据治理体系下的实践研究：基于上海、北京、深圳的比较分析．情报资料工作，2020，41（1）．

［41］于浩．大数据时代政府数据管理的机遇、挑战与对策．中国行政管理，2015（3）．

［42］翟云．中国大数据治理模式创新及其发展路径研究．电子政务，2018（8）．

［43］张豹，陈渊．大数据环境下数据治理框架的特点及应用．电子技术与软件工程，2019（16）．

［44］张明斗，刘奕．基于大数据治理的城市治理现代化体系研究．电子政务，2020（3）．

［45］张瑞敏，王建新．大数据时代我国数据意识培养路径探析．大连理工大学学报（社会科学版），2020，41（1）．

［46］张绍华，潘蓉，宗宇伟．大数据治理与服务．上海：上海科学技术出版社，2015.

［47］张义祯．树立大数据治理意识．中国科技奖励，2014（12）．

［48］中华人民共和国个人信息保护法．（2021-12-03）．http：//fsga. foshan. gov. cn/attach-ment/0/224/224359/5099735. pdf.

［49］左美云，王配配．数据共享视角下跨部门政府数据治理框架构建．图书情报工作，2020，64（2）．

［50］A data strategy roadmap for the federal public service.（2023-07-24）. https：//www. canada. ca/en/privy-council/corporate/clerk/publications/data-strategy. html♯inline_content.

［51］A European strategy for data.（2023-07-26）. https：//eur-lex. europa. eu/legal-content/EN/TXT/uri＝CELEX％3A52020DC0066&qid＝1690342329811.

［52］Akoka J，Comyn-Wattiau I. Evaluation of big data governance-combining a multi-criteria approach and systems theory. 2019 IEEE World Congress on Services（SERVICES）. Milan：IEEE, 2019.

［53］Anagnostopoulos I，Zeadally S，Exposito E. Handling big data：research challenges and future directions. The Journal of Supercomputing, 2016，72（4）.

［54］Arnaboldi M，Busco C，Cuganesan S. Accounting, accountability, social media and big data：revolution or hype？. Accounting, Auditing & Accounting Journal, 2017, 36（9）.

［55］Australian public service：better practice guide for big data.（2015-01）. https：//www. finance. gov. au/sites/default/files/APS-Better Practice Guide for Big Data. doc？v＝1.

［56］Big data：seizing opportunities, preserving values.（2015-02-04）. https：//obama white house. archives. gov/sites/default/ files/docs/20150204 _ Big _ Data _ Seizing _ Opportunities _ Preserving _ Values _ Memo. pdf.

［57］California Consumer Privacy Act（CCPA）.（2018-06-28）. https：//oag. ca. gov/sys-tem/ files/attachments/press _ releases/CCPA％20Fact％20Sheet％20％2800000002％29. pdf.

［58］Canadian data governance standardization roadmap.（2023-07-24）. https：//www. scc. ca/en/about-scc/publications/general/canadian-data-governance-standardization-roadmap.

［59］Data governance act.（2023 - 07 - 26）. https：//eur-lex. europa. eu/eli/reg/2022/868/oj.

［60］Deming W E. Out of the crisis. Cambridge：Center for Advanced Engineering Study，1986.

［61］Digital operations strategic plan：2021—2024.（2023 - 07 - 24）. https：//www. canada. ca/en/government/system/digital-government/government-canada-secretariat-digital-operations-strategic-plans/digital-operations-strategic-plan-2021 - 2024. html.

［62］Ekbia H，Mattioli M，Kouper I，et al. Big data, bigger dilemmas：acritical review. Journal of the Association for Information Science and Technology，2015，66（8）.

［63］Federal data strategy-a framework for consistency.（2023 - 07 - 27）. https：//www. whitehouse. gov/wp - content/uploads/2019/06/M - 19 - 18. pdf.

［64］Federal data strategy.（2023 - 07 - 27）. https：//strategy. data. gov/overview/.

［65］Hilbert M. Big data for development：a view of promises and challenges. Development Policy Review，2016，34（1）.

［66］IDC. Data age 2025.（2017 - 03 - 04）. https：//www. import. io/wp-content/uploads/2017/04/Seagate-WP-DataAge2025-March - 2017. pdf.

［67］Janssen M，Kuk G. The challenges and limits of big data algorithms in technocratic governance . Government Information Quarterly，2016，33（3）.

［68］Kitchin R. Big data，new episteme ologies and paradigm shifts. Big Data & Society，2014，1（1）.

［69］Lee A B. Privacy and data protection in an international perspective. Scandinavian Studies in Law，2010（56）.

［70］Lemieux V，Gormly B，Rowledge L. Meeting big data challenges with visual analytics. Records Management Journal，2014（24）.

［71］Malik P. Governing big data：principles and practices. IBM Journal of Research and Development，2013，57（3/4）.

［72］Nasser T，Tariq R S. Big data challenges. Comput Eng Inf Technol，2015（4）.

［73］National Archives of Australia. Data and digital strategic direction 2022—25.（2023 - 07 - 24）. https：//www. naa. gov. au/about-us/our-organisation/accountability-and-reporting/data-and-digital-strategic-direction-2022—2025.

［74］National Archives of Australia. Data strategy 2023—25.（2023 - 07 - 24）. https：//www. naa. gov. au/about - us/who-we-are/accountability-and-reporting/data-strategy-2023 - 25.

［75］National data strategy.（2023 - 07 - 26）. https：//www. gov. uk/government/publications/uk-national-data-strategy/national-data-strategy.

［76］Picciotto R. Evaluation and the big data challenge. American Journal of Evaluation，2020，41（2）.

［77］ Revision of OMB circular No. A‑130，"managing information as a strategic resource". (2023‑07‑24) . https：//www. federalregister. gov.

［78］ The General Data Protection Regulation (GDPR) . (2020‑11‑02) . https：//www. ep su. org/sites/default/files/article/files/GDPR _ FINAL _ EPSU. pdf.

［79］ UK data capability strategy：seizing the data opportunity . (2013‑10‑31) . https：// www. gov. uk/gov ernment/publications/uk-data-capability-strategy.

［80］ UK digital strategy. (2023‑07‑24) . https：//www. gov. uk/government/publications/ uks-digital-strategy/uk-digital-strategy.

［81］ Uniform Personal Data Protection Act. (2021‑07‑09) . https：//www. uniformlaws. org/ HigherLogic/System/DownloadDocumentFile. ashx？ DocumentFileKey＝009e3927-eafa‑3851‑1c02‑3a05f5891947&forceDialog＝0.

大数据治理的多学科视角

3.1 引言

随着大数据技术的日新月异和政府治理数字化转型的不断深入，大数据治理已成为社会各界关注的热点议题。在学界，研究者虽已开展了大量与大数据和治理相关的研究，但关于什么是大数据治理、怎样识别大数据治理和如何开展大数据治理、现有研究尚未达成统一的认识并缺乏相应的系统性研究。考虑到该议题具有的跨领域、跨学科和跨专业特征，开展以大数据治理为题的专项研究需要研究者立足全局，系统梳理并考察现有研究成果。在此背景下，本章选取了大数据治理研究相对集中的信息科学、计算机科学和公共管理领域，提取其中代表性的大数据治理概念，并将其与数据治理等相近概念进行比较分析，从而为此后的研究开展奠定相应的理论基础。

3.2 数据治理与大数据治理

3.2.1 数据治理

数据治理概念起源于企业管理领域，一般认为数据治理属于公司治理范畴，目的是实现数据相关利益主体的价值与风险平衡，提升数据价值。虽研究较多，但目前尚无定论，业界权威研究机构和研究学者从不同视角给出了不同定义，具体如下。

在业界方面，DGI（data governance institute）在其数据治理框架中指出，数据治理是一个根据既定模型针对信息相关过程的决策权和职责分配体系。IBM 指出，数据治理包含支持企业数据管理的策略、流程和组织结构。DAMA 国际（data management association international）给出的数据治理定义是在管理数据资产过程中行使权力和管控，包括计划、监控和实施。

在学界方面，张绍华等（2016）认为，数据治理的本质是对企业数据管理和利用进行评估、指导和监督，通过提供不断创新的数据服务，为企业创造价值。张宁和袁勤俭（2017）通过梳理国内外学者对数据治理的基础定义，指出数据治理是围绕数据资产展开的系列工作，以服务组织各层决策为目标，涉及有关数据管理的技术、过程、标准和政策的集合。数据治理的内涵丰富，不仅是对信息技术（IT）的简单关注，还需解决相关的政策流程和人员分配问题，其核心是通过数据治理计划，确保组织高层有效安全地利用数据生成决策。数据治理的价值贡献在于确保数据的准确性、可获取性、安全性、适度分享和合规使用（Zhang et al.，2017）。安小米等（2021）通过对国际标准中数据治理概念的梳理，指出数据治理是组织为实现数据资产价值而对数据管理活动开展评价、指导和监控的战略协同活动，包含数据相关政策的制定与实施、确立数据所有权、明确数据管理责任等宏观层面的统筹规划。

由此可见，数据治理与数据资产、数据管理、决策、价值实现、权责分配等密切相关。总的来说，数据治理的核心环节是对数据管理活动的评估、指导和监督。

3.2.2 大数据治理

大数据治理作为一个新兴的研究领域，与数据治理关系密切，常被混为一谈。当前对大数据治理概念进行界定的研究不多，业界具有权威性的大数据治理定义是由 IBM 前信息治理总监、数据治理领域专家桑尼尔·索雷斯（Sunil Soares）提出的。他认为，大数据治理是广义的信息治理计划的一部分，是通过协调多个职能部门的目标来制定与大数据有关的数据优化、隐私保护与数据变现的策略。此后，国内外各学科领域学者对此进行了一系列探讨。基于大数据治理的构成要素及其关系，可将大数据治理的认识分为宏观、中观、微观三个层次（安小米等，2018）。

宏观层次上是从多维度考虑大数据治理活动要素及其要素关系构建概念体系和体系框架。张绍华等（2016）提出，大数据治理是对组织的大数据管理和利用进行评估、指导和监督的体系结架，它通过制定战略方针、建立组织结构、明确职责分工等，实现大数据的风险可控、安全合规、绩效提升和价值创造，并提供不断创新的大数据服务。郑大庆等（2017a）认为，大数据治理是一个多维度的概念体系，需要从目标、权利层次、治理对象及解决的实际问题等方面来解析其概念，把握其内涵。吴善鹏等（2019）指出，大数据治理是针对数据资产管理而建立的数据规划、整合和控制体系，是站在数据中心全局之上定义的数据质量、安全、服务和开放标准，是依托元数据和控制权限进行的技术元数据和业务元数据管理。

中观层次上是从某一维度考虑大数据治理的整体解决方案，构建管理机制、计划和部署。Soares（2012）提出了广义的信息治理计划论，Malik（2013）将大数据治理视为一套新兴的流程、方法、技术和实践，且它能快速发现、收集、分析、存储大量结构化和非结构化数据流，并对其进行安全、隐私和具有成本效率的处理。潘永花（2015）认为，大数据治理是用数据说话、用数据决策、用数据管理、用数据创新的管理机制。Mohanapriya等（2015）将大数据治理定义为企业数据可获性、可用性、完整性和安全性的部署及其全面管理。董晓辉等（2019）把大数据治理视为数据治理的新阶段，指出其目的是建立鼓励期望行为发生的机制以实现价值和管控风险，较之数据治理，大数据治理更强调数据的应用价值和隐私保护。

微观层次上是从某一要素角度考虑应对策略、程序和行动。Tallon（2013）认为，大数据治理是为分析结果可信度建立的策略。Loshin（2013）把大数据治理视为数据生命周期内有用和经济管理的组织策略或程序。梁芷铭（2015）指出，大数据治理是不同的人群或组织机构在大数据时代为了应对大数据带来的种种不安、困难与威胁而运用不同的技术工具对大数据进行管理、整合、分析并挖掘其价值的行为。Al-Badi等（2018）指出，大数据治理是指对组织的海量数据进行管理，利用不同的分析工具在组织的决策中使用这些数据。吴信东等（2019）将大数据治理视为数据治理发展的一个新阶段，认为其本质上是对一个机构的数据从收集融合到分析管理和利用进行评估、指导和监督的过程，通过提供不断创新的数据服务，为企业创造价值，但与数据治理相比，各种需求的解决在大数据治理中变得更加重要和富有挑战性。孟小峰和刘立新（2020）从多利益相关方的视角，认为大数据治理关注大数据生命周期中数据生产者、数据收集者、数据使用者、数据处理者和数据监管者等各方参与主体，其目标是在兼顾各方参与主体的权利、责任和利益的前提下发挥数据价值，即大数据价值实现和风险规避。

梳理上述文献中提及的大数据治理相关观点，选取其中的15个代表性定义依照时间顺序对其演变过程进行分析，得到图3-1；进而对这些定义进行编码，得到表3-1。

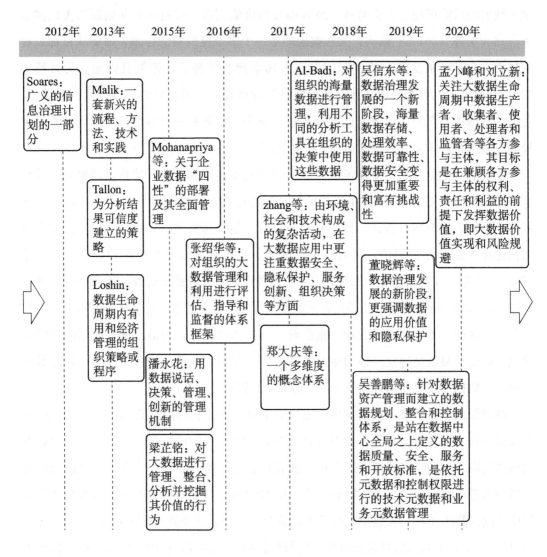

图 3-1　"大数据治理"定义认知演变

　　从图 3-1 不难看出，早期研究对大数据治理的认识主要来源于企业管理的需要，从企业大数据治理的实践中进行提炼，近年来的研究则更多地表现出对政府大数据治理的关注，转向国家治理和公共治理视角（马广惠和安小米，2019）。具体来说，对大数据治理的研究起源于企业大数据治理，进而为更多学者所关注。2015 年之前的研究者大多站在企业立场上提出大数据治理的定义。随着时间的推移，公共管理、计算机科学和法学等不同学科背景的研究者从多元的视角出发，基于不同的侧重点，提出更全面、更深刻的认知，使这一概念的内涵更丰富，因而有必要对多学科视角的大数据治理进行比较研究。

表 3-1 代表性文献中大数据治理定义一览表

编号	定义	核心概念	来源
D1	大数据治理是广义的信息治理计划的一部分，即制定与大数据有关的数据优化、隐私保护与数据变现的策略。	信息治理计划；隐私保护；数据变现；策略	Soares，2012
D2	大数据治理被定义为一套的新兴流程、方法、技术和实践。	流程、方法、技术和实践	Malik，2013
D3	大数据治理是为分析结果可信度建立的策略。	结果可信；策略	Tallon，2013
D4	数据生命周期内有用和经济管理的组织策略或程序。	数据生命周期管理；有用和经济管理；策略或程序	Loshin，2013
D5	大数据治理是企业数据可获性、可用性、完整性和安全性的部署及其全面管理。	可获取性；可用性；完整性；安全性；部署	Mohanapriya et al.，2015
D6	大数据治理是对组织的大数据管理和利用进行评估、指导和监督的体系框架。	评估、指导、监督；体系框架	张绍华等，2016
D7	大数据治理是一个多维度的概念体系，需要从目标、权利层次、治理对象及解决的实际问题等方面来解析其概念，把握其的内涵。	多维度的概念体系；目标；权利层次；治理对象	郑大庆等，2017
D8	用数据说话、用数据决策、用数据管理、用数据创新的管理机制。	决策；管理；创新；管理机制	潘永花，2015
D9	大数据治理是不同的人群或组织机构在大数据时代为了应对大数据带来的种种不安、困难与威胁而运用不同的技术工具对大数据进行管理、整合、分析并挖掘其价值的行为。	管理、整合、分析；价值挖掘	梁芷铭，2015
D10	数据治理从本质上是对数据从收集融合到分析管理和利用进行评估、指导和监督的过程，通过提供不断创新的数据服务，为企业创造价值。大数据治理是数据治理发展的一个新阶段，海量数据存储、处理效率、数据可靠性、数据安全性在大数据治理中变得更加重要和富有挑战性。	评估、指导、监督；服务创新；价值创造；海量数据存储；效率提升；数据可靠性；数据安全性	吴信东等，2019
D11	数据治理的目的是实现价值和管控风险；核心是对数据相关的决策权和责任的分配；大数据治理是数据治理发展的新阶段，更强调数据的应用价值和隐私保护。	价值实现；管控风险；数据权责分配；应用价值；隐私保护	董晓辉等，2019

续表

编号	定义	核心概念	来源
D12	大数据治理是针对数据资产管理而建立的数据规划、整合和控制体系，是站在数据中心全局之上定义的数据质量、安全、服务和开放标准，是依托元数据和控制权限进行的技术元数据和业务元数据管理。	数据资产管理；规划、整合和控制；数据质量、安全、服务和开放标准；技术和业务元数据管理	吴善鹏等，2019
D13	大数据治理关注大数据生命周期中数据生产者、数据收集者、数据使用者、数据处理者和数据监督者等各方参与主体，其目标是在兼顾各方参与主体的权利、责任和利益的前提下发挥数据价值，即大数据价值实现和风险规避。	数据生命周期管理；多利益相关方；价值实现；风险规避	孟小峰和刘立新，2020
D14	大数据治理是指对组织的海量数据进行管理，利用不同的分析工具在组织的决策中利用这些数据。	海量数据管理；决策；数据利用；分析工具	Al-Badi et al.，2018
D15	大数据治理也是数据治理的一部分，是数据治理发展过程中的一个新产品或新阶段。大数据治理是由环境、社会和技术构成的复杂活动，在大数据应用中更注重数据安全、隐私保护、服务创新、组织决策等方面。	环境、技术和社会；数据安全；隐私保护；服务创新；组织决策	Zhang et al.，2017

3.3 多学科视角下的大数据治理概念解构

近年来，大数据治理的主体呈现出由企业扩展至政府乃至各类社会组织的趋势，大数据治理中的数据由客体提升至主体层面，治理工具由技术转变至管理维度。要充分了解大数据治理概念的多面性，还需要纳入多学科的视角进行考量。因此，接下来本节将基于表3-1，从信息科学、计算机科学和公共管理等学科视角进一步对这一概念的内涵进行解析。

不同学科领域看待同一客体的视角不同，使同一客体可以被组合成一些具有不同内涵和外延的知识单元，从而产生不同的概念体系和特定的指称。本书基于概念视角，从分析概念和概念体系入手对大数据治理的概念进行深入分析，根据选定文献学科视角的划分综合考量文献的学科分类、期刊的研究领域、作者的所在单位和主要研究方向等要素，将当前关于大数据治理概念的代表性研究归纳为信息科学、计算机科学、公共管理等主要视角，并对这些概念从目标、主体、客体、活动与过程、要素与工具五个维度的特征进行解构、分析和比较，如表 3-2 所示。

表 3-2　多学科视角下大数据治理概念的特征解构

特征	学科视角		
	信息科学	计算机科学	公共管理
目标特征	保护隐私（D1） 数据变现（D1） 提高效率、管控成本（D2） 创造价值（D2、D3） 风险与合规管控（D3） 竞争优势（D3）	有用和经济管理（D4） 申请资金、提高信心水平、提高数据访问的速度、帮助快速决策（D5） 准确、安全和可信（D5） 团队协调（D5） 风险可控、安全合规（D5、D6、D7） 绩效提升（D6） 价值创造（D6）	政府治理能力现代化（D8） 提升效率（D8） 提升科学决策能力（D8） 提升公共服务水平（D8） 价值挖掘与应用（D9）
主体特征	企业（D1、D3） 企业（主要）、政府、其他机构（D2）	企业（D5） 大数据利益相关方（D6） 大数据治理委员会（D6） 大数据管理者（D6） 数据专家（D6）	政府（D8、D9） 公民（D8、D9） 企业（D9） 社会组织机构（D9）
客体特征	大数据（D1、D2、D3）	大数据（D4、D5、D6） 规则、制度和流程（D7）	政务数据（D8） 大数据（D9） 数据结构、数据容量、数据形态、数据性质、数据传播、数据价值（D9）
活动与过程特征	纳入信息治理计划（D1、D2） 制定政策（D1、D3） 构建路线图（D2） 确定业务用例（D2） 评估成熟度（D2） 数据治理制度化（D2）	决策权分配和职责分工（D7）	数据共享开放（D8） 治理主体社会化（D8） 数据挖掘、数据整合、数据分析、数据共享、数据推送（D9）
要素与工具特征	自动化和元数据（D2） 存储层（D3）	数据治理模型：数据抽取、内容分析、数据维护系统、流程和计算、安全交付、快速交付（D5）	大数据技术（D8） 法律制度、政策、组织结构（D9） 计算机等硬件设置（D9）

3.3.1　信息科学视角

信息科学（information science）是以信息为主要研究对象，以信息的运动规律和应用方法为主要研究内容，以计算机等技术为主要研究工具，以扩展人类的信息功能为主要目标的一门新兴的综合性学科。

信息科学领域对大数据治理的关注较早，研究者包括企业信息治理专家和学者，主要从企业的立场出发，其共同点在于将大数据视为一种广义的信息类型作为治理客体，视大数据治理为一种策略或程序，关注大数据治理的目标和过程。

表 3-2 显示，在信息科学视角下，大数据治理的目标特征包括保护隐私（D1）、创造价值或数据变现（D1、D2、D3）、提高效率和管控成本（D2）、风险与合规管控（D3）、竞争优势（D3）。大数据治理的主体主要为企业（D1、D2、D3），客体为企业大数据（D1、D2、D3）。在活动与过程特征方面，D1 认为大数据治理的活动与过程包括纳入信息治理计划、制定政策、优化大数据、协调多种跨功能的冲突性目标等。D2从优秀的企业数据治理实践中总结出大数据治理过程的重要原则，包括构建目标与业务战略相结合的路线图、确立数据的时间价值以便取舍、确定业务用例、评估成熟度、通过上下文和出处保证真实性、建立或调整数据质量计划、数据治理制度化等。D3 强调制定大数据治理政策应平衡释放数据价值与承担风险之间的关系。在要素与工具特征方面，D2 指出上下文和出处在大数据治理中地位突出，因而需要自动化和元数据相关技术。D3 提出使用存储层以降低数据存储成本。

3.3.2　计算机科学视角

计算机科学（computer science）是指研究计算机及其周围各种现象和规律的科学，即研究计算机系统结构、程序系统（即软件）、人工智能以及计算本身的性质和问题的学科。

大数据本身就与计算机科学领域密不可分，计算机目前仍是数据创建和读取的最主要载体，计算机科学领域的学者将对大数据治理的关注重心更多放在大数据上，从更微观的层面将大数据治理视为程序、部署、系统等，在治理目标上进一步细化和具体化，在治理主体和客体上进一步拓展。

根据表 3-2，计算机科学视角下，大数据治理的目标特征包括有用和经济管理

（D4）、申请资金（D5）、帮助快速决策（D5）、提高数据访问的速度（D5）、帮助快速决策（D5）、风险可控（D6、D7）、安全合规及准确可信（D5、D6）、绩效提升（D6）与价值创造（D6）。大数据治理的主体除了企业（D5）外，还有大数据利益相关方（D6）、大数据治理委员会（D6）、大数据管理者（D6）、数据专家（D6），治理的客体除了大数据本身（D4、D5、D6）外，D7还提出治理的对象是规则、制度和流程。在活动与过程特征方面，D7把大数据治理理解为广义上的决策，并且区分了三种与决策权分配和职责分工相关的大数据治理活动，即决策机制、激励-约束机制和监督机制。在要素与工具特征方面，D5提出建立一套数据治理的模型，包括数据抽取、内容分析、数据维护系统、流程和计算、安全交付、快速交付等内容。

此外，亦有计算机科学领域的学者提出大数据治理是多维度的概念体系，并从目标、权利层次、治理对象以及解决的实际问题等方面展开阐述，第一，大数据治理的目标是实现大数据价值的最大化，且最大限度地降低风险。第二，大数据治理在权属实现过程中要实现大数据的价值，大数据的资产和权属属性需要被发挥出来，具体表现为占有、使用、收益和处分四种权属。第三，大数据治理的对象需要大数据治理的要素来保证。第四，大数据治理在形成可持续治理体系下，明确了权属关系，需要设计与决策相关的治理活动来解决一系列问题，比如，做什么决策、为什么要做这种决策、如何做好这种决策、如何对这种决策进行有效的监控。

3.3.3　公共管理视角

公共管理学（public administration）是运用管理学、政治学、经济学等多学科理论与方法专门研究公共组织，尤其是政府组织的管理活动及其规律的学科群体系。

公共管理领域的学者对大数据治理的关注重心落脚在治理上，他们对大数据治理概念的界定大多是从政府的立场出发，共同关注的目标是国家/政府治理能力和水平的现代化。

表3-2表示，在公共管理视角下，大数据治理目标特征包括政府治理能力现代化（D8）、提升效率（D8）、提升科学决策能力（D8）、提升公共服务水平（D8）、价值挖掘与应用（D9）。而大数据治理的主客体更为多元，主体包括政府（D8、D9）、公民（D8、D9）、企业（D9）、社会组织机构（D9）；客体既包括政务数据（D8）、大数据（D9），还着眼于数据结构（D9）、数据容量（D9）、数据形态（D9）、数据性质（D9）、数据传播（D9）、数据价值（D9）等问题。治理活动与过程特征包括数据共享开放

（D8）、治理主体社会化（D8）、数据挖掘（D9）、数据整合（D9）、数据分析（D9）、数据共享（D9）、数据推送（D9）。在要素与工具特征方面，除了大数据技术（D8）外，还关注相关的法律制度（D9）、政策（D9）、组织结构（D9）和计算机等硬件设置（D9）。

3.3.4 多学科视角下的大数据治理述评

通过横向对比发现，不同学科对于大数据治理概念的表述虽各不相同，侧重点各异，但在具体要素上仍存在一些联系。在大数据治理的目标方面，信息科学和计算机科学领域都关注风险与合规管控、价值创造、竞争优势创造；公共管理领域则更关注政府治理能力与水平的提升。在大数据治理的主体方面，信息科学领域的研究主要限于企业；计算机科学领域有学者按大数据利益相关方、大数据治理委员会、大数据管理者、数据专家划分角色，进一步拓展了主体范围；公共管理领域则更多元化和社会化，涉及政府、企业、公民、社会组织机构等。例如，梁芷铭（2015）提出，大数据治理不能局限于企业，还应包括一切置身于大数据时代的领域、部门、机构和组织，认为大数据治理是不同的人群或组织机构为了应对大数据带来的种种不安、困难与威胁而运用不同的技术工具对大数据进行管理、整合、分析并挖掘其价值的行为。对大数据治理客体的认知，计算机科学和公共管理领域的学者除了关注大数据本身外，还分别从数据外部的规则、制度、流程和数据内部的结构、容量、传播共享、价值利用提出了更多元的观点。关于大数据治理的活动与过程，信息科学领域注重大数据治理政策的制定，计算机科学领域提出决策权分配和职责分工，公共管理领域着眼于数据的共享、挖掘、整合、分析等具体环节，还关注治理主体社会化（如公民和企业的参与）、数据权力与数据权利的协调。

3.4 大数据治理核心概念解析与焦点议题

3.4.1 核心概念解析

根据《术语工作：原则与方法》（ISO 704：2022）可知，概念间的关系可分为整体-部分关系、种属关系和关联关系三种类型。其中，整体-部分关系强调部分组成整体，但部分不一定继承整体的属性特征；种属关系强调继承全部属性特征；关联关系强调概念之间在实践中存在密切的主题关联，在时间、空间等角度具有紧密相关性。结合表 3-1 中"核心概念"列对大数据治理定义的解构，得出大数据治理的核心概念及其关系图，如图 3-2 所示。

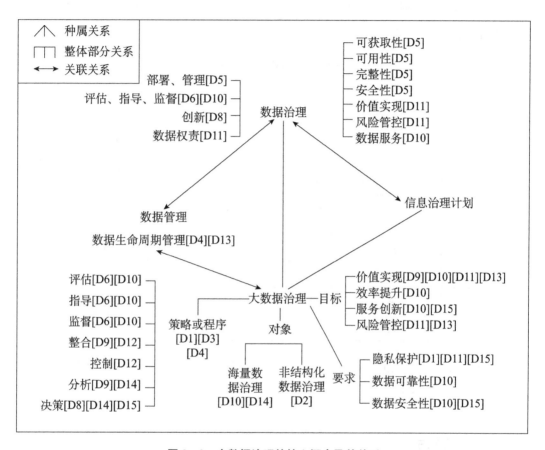

图 3-2　大数据治理的核心概念及其关系

由图 3-2 可知，大数据治理与数据治理是种属关系，大数据治理是数据治理的一种，它继承数据治理的属性特征。在治理对象方面，大数据治理较数据治理更强调对海量数据和非结构化数据的治理。在治理目标与要求方面，大数据治理与数据治理都以价值实现、风险管控、提供数据服务为治理目标，同时提出数据安全性、可靠性等要求；与数据治理不同的是，大数据治理的目标在服务上更强调创新和提升效率，在要求方面更关注隐私保护。在治理活动和方法方面，数据治理包括部署、管理、评估、指导、监督、创新，关注数据权责；大数据治理也包括评估、指导、监督，同时还包括整合、控制、分析和决策。此外，大数据治理还是信息治理计划的一种，并与数据生命周期管理相关。

3.4.2 焦点议题

通过调查多学科领域代表性文献，共得到 15 个大数据治理的定义。对其核心概念进行解构，得出大数据治理的核心概念（见表 3-1）。选择在定义中出现 1 次以上的词语，得到表 3-3。

表 3-3 核心概念词频统计

序号	词语	出现频次	来源
1	管理	9	D4、D8、D9、D12、D13、D14
2	安全	3	D5、D10、D12
3	策略	3	D1、D3、D4
4	分析	2	D9、D14
5	隐私	3	D1、D11、D15
6	价值	5	D9、D10、D11、D13
7	创新	3	D8、D10、D15
8	整合	2	D9、D12
9	技术	3	D2、D12、D15

由表 3-3 可知，当前大数据治理的议题主要聚焦在管理过程、数据价值、数据安全、大数据治理策略等方面。

3.5 小结

管理与治理仅有一字之差。在管理科学与技术名词中，管理（management）是指管理者在特定的环境下，对组织的各类资源进行有效的计划、组织、领导和控制，以实现组织目标的活动过程。而治理（governance）尚无专门的术语定义，从其词源来看和 government 一样来源于希腊词汇，意思是"驾驶"，这个隐喻式的含义是由柏拉图首先使用的，强调对行动方向的控制、引导和操纵。

在信息技术治理领域，ISACA（Information Systems Audit and Control Association）在信息技术企业的治理和管理框架中明确了二者的区别，根据 COBIT（Control Objectives for Information and Related Technology）2019 版的阐述：（1）治理指评估利益相关方的需求、条件和选择以达成平衡一致的企业目标，通过优先排序和决策机制来设定方向，然后根据方向和目标来监督绩效和合规性，包含评估、指导和监督三个关键活动（郑大庆等，2017b），在大多数企业中，治理是董事长领导下的董事会的职责；（2）管理指按照治理主体设定的方向规划、建设、运行和监控各种活动以实现企业目标，在大多数企业中，管理是首席执行官领导下的执行管理层的职责。

可以看出，在这一阐述中治理更面向高层决策者，侧重设定发展方向，开展评估、指导和监督；管理则面向具体的执行管理层，按照治理活动设定的目标去计划、执行和监控。但二者具有相同的企业目标，并共同服务于这一目标。

信息资源管理是"为达到预定目标，运用现代化的管理手段和管理方法来研究信息资源产生及发展规律，并依据这些规律对信息资源进行组织、规划、协调、配置和控制的活动"。

结合以上对治理和管理的辨析，在信息资源管理协同创新视角下，大数据被视为一种战略性的信息资源，对大数据的管理是信息资源管理具有重要战略意义的转向和发展趋势；但同时大数据具有数据量巨大、变化速度快、类型多样和价值密度低的特征，对这一信息资源的管理提出了更大挑战。大数据治理与信息资源管理具有同样的目标，即实现数据的有用、可用、善用、易用，满足多利益相关方的不同需求。大数据治理设定方向，侧重评估、指导和监督，信息资源管理则按照设定的方向开展计划、建设、运行和监控等活动，二者相辅相成，密切相关，并在共同的目标下协同互促。

参考文献

[1] 安小米，郭明军，魏玮，等．大数据治理体系：核心概念、动议及其实现路径分析．情报资料工作，2018（1）．

[2] 安小米，许济沧，王丽丽，等．国际标准中的数据治理：概念、视角及其标准化协同路径．中国图书馆学报，2021，47（5）．

[3] 董晓辉，郑小斌，彭义平．高校教育大数据治理的框架设计与实施．中国电化教育，2019（8）．

[4] 公共管理学．（2021-12-01）．https：//wiki. mbalib. com/wiki/%E5%85%AC%E5%85%B1%E7%AE%A1%E7%90%86%E5%AD%A6.

[5] 管理．（2022-01-30）．https：//www. termonline. cn/word/349919/1♯s1.

[6] 计算机科学．（2021-12-01）．https：//h. bkzx. cn/item/111746？q=%E8%AE%A1%E7%AE%97%E6%9C%BA%E7%A7%91%E5%AD%A6.

［7］梁芷铭．大数据治理：国家治理能力现代化的应有之义．吉首大学学报（社会科学版），2015，36（2）.

［8］马广惠，安小米．政府大数据共享交换情境下的大数据治理路径研究．情报资料工作，2019，40（2）.

［9］孟小峰，刘立新．区块链与数据治理．中国科学基金，2020，34（1）.

［10］潘永花．领导干部应关注大数据治理的哪些理念．决策与信息，2015（12）.

［11］数据生产力崛起：新动能 新治理．（2020-09-05）. http：//www. aliresearch. com/ch/information/informationdetails？articleCode=110630837875249152&type=%E6%96%B0%E9%97%BB.

［12］吴善鹏，李萍，张志飞．政务大数据环境下的数据治理框架设计．电子政务，2019（2）.

［13］吴信东，董丙冰，堵新政，等．数据治理技术．软件学报，2019，30（9）.

［14］信息科学．（2021-12-01）. https：//h. bkzx. cn/item/124199？q=%E4%BF%A1%E6%81%AF%E7%A7%91%E5%AD%A6.

［15］张宁，袁勤俭．数据治理研究述评．情报杂志，2017，36（5）.

［16］张绍华，潘蓉，宗宇伟．大数据治理与服务．上海：上海科学技术出版社，2016.

［17］郑大庆，范颖捷，潘蓉，等．大数据治理的概念与要素探析．科技管理研究，2017b，37（15）.

［18］郑大庆，黄丽华，张成洪，等．大数据治理的概念及其参考架构．研究与发展管理，2017a，29（4）.

［19］治理．（2022-01-30）. https：//zh. wikipedia. org/wiki/%E6%B2%BB%E7%90%86.

［20］Al-Badi A，Tarhini A，Khan A I. Exploring big data governance frameworks. Procedia Computer Science，2018（141）.

［21］DAMA 国际．DAMA 数据管理知识体系指南：原书第 2 版．北京：机械工业出版社，2020.

［22］DGI data governance framework.（2020-07-01）. https：//datagovernance. com/wp-content/uploads/2020/07/dgi _ data _ governance _ framework. pdf.

［23］IBM. 数据治理．（2021-12-01）. https：//www. ibm. com/cn-zh/analytics/data-governance.

［24］ISACA. COBIT 2019 framework：governance and management objectives. ISACA，2020.

［25］Loshin D. Big data analytics. Amsterdam：Elsevier，2013.

［26］Malik P. Governing big data：principles and practices. IBM Journal of Research and Development，2013，57（3/4）.

［27］Mohanapriya C，Bharathi K M，Aravinth S S，et al. A trusted data governance model for big data analytics. International Journal for Innovative Research in Science and Technology，2015，1（7）.

［28］Soares S. Big data governance：an emerging imperative. Chicago：MC Press，2012.

［29］Terminology work-principles and methods. ［2022 - 07］. https：//www. iso. org/obp/ui/＃iso：std：iso：704：ed - 4：v1：en.

［30］Tallon P P. Corporate governance of big data：perspectives on value，risk，and cost. Computer，2013，46（6）.

［31］Zhang S，Gao H，Yang L，et al. Research on big data governance based on actor-network theory and Petrinets. New York：IEEE，2017.

04

第 4 章
大数据治理的框架构成
及要素关系

4.1 引言

当前，大数据已经成为经济社会发展的重要战略资源，对经济发展的放大、倍增、叠加效应日益显现，将重构生产生活方式和社会治理模式。迈入大数据时代，不同学科的学者和各个行业的实践者，纷纷从不同的视角尝试理解、诠释大数据治理的内涵及特征，不同学术主体、实践主体、利益相关方对于大数据治理往往有着不同的见解，目前尚缺乏统一的总体框架。大数据治理作为大数据战略实施的基础和保障，对其构成要素及要素间的关系进行系统研究，构建统一适用的大数据治理框架，是亟待解决的重要议题（吴善鹏等，2020；白文琳，2022；Mao et al.，2022）。本章聚焦大数据治理框架议题，在对已有大数据治理框架相关研究成果的系统性梳理基础上，全面分析大数据治理的影响因素，总结归纳大数据治理的框架构成及要素关系，构建信息资源管理协同创新视角下的大数据治理框架体系，为政产学研用各方协同开展大数据治理提供参考借鉴。

本章属于分析框架构建部分，大数据治理的框架构建主要包括大数据治理的框架要素和要素间关系的研究。本章首先确立了宏观、中观、微观三个层次的分析框架，并以此作为分析工具对大数据治理的框架要素进行有机融合，聚焦宏观层具有整体性、全局性和战略性的大数据治理规划要素，中观层具有上下连接特征的大数据治理规则制度要素，微观层具有可控可管可测属性的大数据治理规范要素，提出了体系化的大数据治理框架。该大数据治理框架具有科学性和指导性，对宏观、中观、微观三个层次的规划、规则制度、规范要素进行了统一梳理和描述，对相互之间的关系进行了阐释，提出了大数据治理框架实现的有效路径，对实现一体化、联结化和互操作的大数据治理蓝图具有指导意义。

大数据治理的框架构成及要素识别

4.2.1 大数据治理相关研究

大数据在不同学科中有不同的术语定义，图书情报与档案管理学科视域中的大数据是指具有数量巨大、变化速度快、类型多样和价值密度低等主要特征的数据，强调大数据是一种具有重要战略意义的信息资源，随着数据生产方式的变化发展而出现，无法使用传统流程或工具进行分析处理，其重要应用领域之一是发现规律和预测未来（《图书馆·情报与文献学名词》（2019））；城乡规划学科视域中的大数据是指一种极为巨大复杂的数据形式，具有海量的数据规模、快速的数据流转、多样的数据类型等特征，传统的数据处理或管理方法无法应用在这类数据上（《城乡规划学名词》（2021））；计算机科学学科视域中的大数据是指具有数量巨大（无统一标准，一般认为在 T 级或 P 级以上，即 10^{12} 或 10^{15} 以上）、类型多样（既包括数值型数据，也包括文字、图形、图像、音频、视频等非数值型数据）、处理时效短、数据源可靠性保证度低等综合属性的海量数据集合（《计算机科学技术名词（第三版）》（2018））；医学影像技术学科视域中的大数据是指在合理时间内无法用传统数据库软件工具或传统流程对其内容进行抓取、管理、处理，并分析成能有效支持决策制定的复杂数据集合（《医学影像技术学名词》（2020））。从不同学科对大数据的定义可以看出：（1）大数据数量庞大、变化速度快、类型多样的特点是不同学科的共性认识，此外大数据还有数据源得不到保障、价值密度低、处理时效短等特点，因此，大数据治理应和大数据的特征紧密结合；（2）相关学科认为，大数据出现的原因之一是传统的数据处理或管理方法无法应用到这一类数据上，因此大数据治理必将采用新的数据处理或管理方式，大数据治理与大数据技术和管理方法紧密结合；（3）在相关学科的观点中，大数据的价值包括战略资源、发现规律和预测未来、支持决策等，这些因素也应纳入大数据治理的框架中。

如第 2 章、第 3 章所述，由于大数据的"4V"特征，大数据治理面临不同的挑战与机遇。信息科学、计算机科学、公共管理等不同学科背景的研究者从各自的学科视角出发，提出关于大数据治理的立场与代表性观点。大数据治理近年来与国家治理体系和治理能力现代化建设密切相关，与国家数据战略资源价值实现联系越来越紧密，逐年成为国内外关注的研究热点。美国政府数据治理关注了数据开放、信息公开（自由）、个人隐私保护、电子政务、信息安全和信息资源管理，其中，美国开放数据政策明确提出应当像管理信息资产一样管理政府开放数据（黄璜，2017）。在我国，有效的大数据治理给现代政府治理带来了多重价值，可以增强公共政策的科学性、促进公共服务的精准化、提升社会治理绩效水平（陈朋，2021）。《中华人民共和国国民经济和社会发展第十四个五年规划和2035年远景目标纲要》将"加快数字化发展，建设数字中国"作为"十四五"时期建设的重要任务，而大数据治理则是我国在数字化发展道路上的重要工具、手段和任务之一。在当今时代和政策的重要背景下，学者们围绕大数据治理展开了一系列研究。以"大数据治理"作为关键词进行检索，Scopus数据库显示，国外大数据治理的代表性研究者有荷兰代尔夫特理工大学的詹森（Janssen）教授、英国爱丁堡大学的本·威廉姆森（Ben Williamson）博士和美国信息资产公司LLC的创始人桑尼尔·索雷斯等人；CNKI数据库显示，国内大数据治理的代表性研究者有中国人民大学的安小米教授、解放军军事科学院的梅宏院士和中国科学院计算技术研究所的洪学海研究员等人。

在国外代表性研究者中，目前担任荷兰代尔夫特理工大学技术、政策与管理学院信息与通信技术主任的詹森教授主张治理应该随着技术、系统、数据和人员的发展而不断发展，主要关注大数据治理的四个方面：一是大数据算法系统的治理，通过数据和算法的受控开放以实现外部审查、组织内部和组织之间的可信信息共享，从而促进组织和治理的变革（Matheus et al.，2020）；二是大数据治理工具的治理，通过仪表板的设计支持政府大数据治理决策及其与公众的沟通和互动，创建透明度和问题制度，从而应对数据质量低下、数据理解偏差、数据分析不足、数据结果混淆等挑战（Brous et al.，2020）；三是基于资产管理的大数据质量管理，通过明确的数据来源和数据所有权、进入数据湖的数据质量监控、受控的标准概述和具体的合规要求维护数据质量，建立对数据产品的信任（Brous et al.，2019）；四是政企数据交换因素，私营部门的专家主要关注感知利益，而公共部门的专家则认为信任、投资、感知成本和关系是影响公共组织和私营组织之间信息共享安排的最重要因素（Praditya et al.，2017）。Williamson（2020）主要研究大数据时代数据治理与数字化教育的关系，对数据库、数据平台等数字化政策工具如何作用于数据治理进行探究。Soares（2012）作为信息治理专家，其对大数据治理的定义在国内影响广泛，他认为大数据治理是将大数据作为一种企业资产，通过调整多个功能的目标来优化、保护和利用大数据的政策。在国内代表性研究者中，安小米教授及其团队开展了关于政府大数据治理的一系列研究，对大数据的价值、交易及其量化分析，大数据治理体系核心概念，政府大数据平台数据治理，政府大数据成熟度评测，政府大数据治理规则体系构建，大数据治理体系构建方法论框架，大数据治理路径等内容进行了研究。安小米教授及其团队研究认为，政府大数据治理的概念应从宏观、中观、微观三个层次理解，宏观层的政府大数据治理，是政府作为治理主体对整个社会的各种大数据的宏观治理；微观层的政府大数据治理，是对政府机构在行政管理过程中所产生和使用的大数据，尤其是信息系统中所存储数据的治理；中观层的大数据治理介于宏观层和微观层之间，是政府对在社会公共事务治理中所产生或需要的大数据的治理，涉及政府大数据的共享、开放、利用等核心议题，以数据治理政策制度、数据生命周期管理等为表现形式（郭明军等，2020；安小米和王丽丽，2019；马广惠等 2019；马广惠和安小米，2019；安小米等，2019；刘彬芳等，2019；安小米等，2018a；安小米，2018；安小米等，2018b；张宇杰等，2018）。梅宏院士系统研究了大数据的发端、发展现状与趋势，阐述了大数据的发展推动数字经济的进程与发展的机理，并且提出大力发展行业大数据应用、建立系统全面的大数据治理体系、以开源为基础构建自主可控的大数据产业生态、积极推动国际合作并筹划布局跨国数据共享机制、未雨绸缪防范大数据发展可能带来的新风险等建议（梅宏，2019，2020）。洪学海研究员对治理和利用大数据进行了思考，对美国、英国、西班牙、韩国等国家的政府大数据治理实践和现状进行了总结，对政府大数据治理与区块链技术应用进行了探析，梳理出政府大数据治理流程和框架（郭明军等，2018；范灵俊和洪学海，2017；范灵俊等，2016）。总而言之，大数据治理的相关研究呈现出研究视角多元、应用领域广泛的特点。本章将继承作者以往研究中宏观-中观-微观的分析视角，融合多学科、多视角的大数据治理理念，构建一个综合集成的大数据治理框架。

4.2.2 大数据治理框架相关研究

接下来我们在大数据治理议题下，对大数据治理框架的相关研究进行综述。大数据治理框架相关研究包括大数据治理框架、大数据治理体系等内容。以"大数据治理"为主题词在 CNKI 数据库中进行检索，并对结果进行可视化分析，论文发表的年度趋势如图 4-1 所示。可以发现，从 2018 年开始，相关研究维持着高热度，并且仍有上升的趋势。

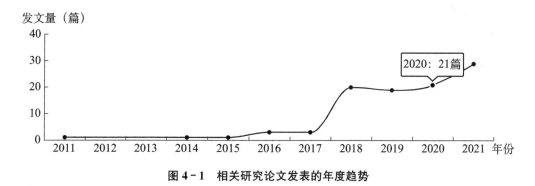

图4-1 相关研究论文发表的年度趋势

从研究学科分布来看，现有研究中排前三位的是，计算机科学视角下的计算机软件及计算机应用学科的大数据治理框架研究约占34%，公共管理视角下的行政学及国家行政管理学科的大数据治理框架研究约占23%，信息科学视角下的图书情报与数字图书馆学科的大数据治理框架研究约占7%，如图4-2所示。

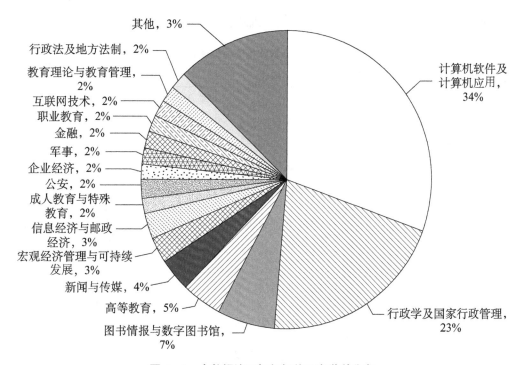

图4-2 大数据治理框架相关研究学科分布

对已有的国内外研究进行分析，研究者们往往基于不同的大数据治理实践行业需求提出大数据治理框架构想，或从不同的学科视角出发基于已有的大数据治理框架进行改进。基于文献调查结果，对代表性大数据治理框架研究按照提出者、提出时间、框架构成、构建方法、应用领域（覆盖政府、企业、教育、医疗等）进行整理，具体汇总结果如表4-1所示。

　　文献整理结果显示，关于大数据治理框架的研究近年来越来越热门，大数据治理的相关框架构建理论基础包括协同创新理论、复杂系统理论、整体论、风险社会理论、治理理论、权变理论、生命周期理论、流动空间理论等，构建方法包括扎根理论、文献研究、案例研究、本体及概念构建、拥有基于要素、基于过程（包括 PDCA）、基于宏观-中观-微观层次、基于技术、基于信息模型、基于问题（如 5WHR）等多样化分析视角，主要方法是文献研究。此外，借助国内外成熟数据治理框架进行改良也是常用的构建方法。

　　大数据治理框架的构成对象和内容要素，根据框架构建理论和方法的不同而具有不同特点：按框架构成要素和内容区分，有主体、客体、过程（活动）、工具、目标、权力、对象、问题、人、物、数据、技术等；按框架构建层次区分，有宏观层、中观层、微观层、主体层、业务层、技术层、应用层、保障层等；按构建过程和活动分析区分，有数据源层、数据融合层、知识发现层、决策层、创建、维护和利用等；按框架构建问题区分，有组织机构、数据、域、机制、影响因素、时间、结果等。

表 4-1　大数据治理框架调查

序号	提出者	提出时间	框架构成	构建方法	应用领域
1	Soares	2014	信息治理、产业和功能场景及其大数据类型	基于要素（component-based）的大数据治理体系框架	通用
2	梁芷铭	2015	人、物、数据、技术	基于要素的大数据治理体系框架	通用
3	包冬梅等	2015	促成因素、范围和实施评估	在国际权威机构数据治理框架的基础上，结合高校图书馆行业特点	高校图书馆
4	赵安新	2016	数据层，交换层，平台层，展示层，利用标准、规章、制度和规范	数据融合视角	高校
5	曾凯	2016	数据持久化层，数据集成层，统一建模层、数据质量层、元数据管理层和数据治理人员组织层		企业
6	Kim et al.	2017	大数据治理目标，主体、客体和过程（活动）	基于要素的大数据治理体系框架	通用

续表

序号	提出者	提出时间	框架构成	构建方法	应用领域
7	郑大庆等	2017	治理目标、权力层次、治理对象、解决问题	基于要素的大数据治理体系框架	通用
8	杨琳等	2017	数据治理目标、治理保障、治理域和治理方法论	对当前国内外数据治理理论、方法和新的应用需求进行分析	通用
9	刘越男等	2017	政府治理主体、政府治理客体、大数据治理方法和流程	文献研究、案例研究	政府
10	安小米等	2018	宏观层、中观层、微观层	由宏观层、中观层、微观层构成的大数据治理体系建构框架	通用
11	Ju et al.	2018	数据源层、数据融合层、知识发现层、决策层	基于过程（process-based）的大数据治理体系框架	智慧城市
12	Coyne et al.	2018	大数据生命周期（创建、维护和利用）	基于过程的大数据治理体系框架	会计
13	安小米等	2018	宏观层、中观层、微观层	基于概念视角	通用
14	冉冉等	2018	治理目标、治理保障、治理域、治理方法论	分析数据治理工作重难点	通用
15	黄敏杰	2018	数据治理目标、治理保障、治理方法和治理域		通用
16	明欣等	2018	主体、过程、对象	复杂系统论	智慧城市
17	张世明等	2018	战略、保障机制、关键活动、实践与优化	文献研究、案例研究	开放大学
18	雷斌和陆保国	2018	技术架构、组织机构		通用
19	向芳青和张翊红	2018	数据源、数据汇集、数据分析，政府治理能力和社会自治能力提升		政府

续表

序号	提出者	提出时间	框架构成	构建方法	应用领域
20	司莉和曾粤亮	2018	目标、前提条件、核心要素、支持要素	根据 IRDR 联盟的特点、宗旨和需求，以 IBM 数据治理模型为基础，参考其他模型及要素	科研机构
21	夏义堃	2018	作用对象、技术辐射与业务活动、参与主体、风险应对以及组织文化	信息管理与数据治理概念演进轨迹追踪与内容比较	政府
22	黄璜	2018	数字机器、应用系统、数据网络和信息空间	基于卡斯特流动空间理论	政府
23	孟天广和张小劲	2018	海量数据资源、处理技术方法、大数据产业、大数据对策方案	治理理论与实践	政府
24	安小米和王丽丽	2019	大数据治理体系构建、体系评估、体系改进等	PDCA 理论基础	通用
25	张桦	2019	实施数据资源战略，建立数据标准，建设数据资源池，统一数据管理，构建牌照许可制度	技术角度	信息孤岛
26	沈费伟	2019	主体层、业务层、技术层、应用层、保障层	文献研究、案例研究	国土空间规划
27	黄静，周锐	2019	数据采集（治理集成化）、数据组织（治理标准化）、数据存储（治理介质化）、数据处理（治理流程化）、数据共享与利用（治理协同化）	信息生命周期管理理论	政府数据治理
28	高强等	2019	物理域基础设施环境、军事数据治理技术工具、军事数据资源池、军事数据应用服务：宏观军事战略、规划和数据治理效果评估	在总体框架的基础上，进一步细化设计	军事
29	董晓辉等	2019	目标、基础支撑、制度保障	权变理论	高校教育

续表

序号	提出者	提出时间	框架构成	构建方法	应用领域
30	吴漾	2019	主体、过程和数据融合	复杂系统理论	智慧城市
31	景昕蒂等	2019	目标要素、促成要素、核心要素、支持要素	针对问题	海域动态监测数据
32	安小米等	2019	大数据治理目标、主体、客体、活动、工具	基于要素的大数据治理体系框架	政府
33	吴善鹏	2019	大数据生命周期管理、数据源管理、主要技术支撑、贴源层治理、中心层治理、数据资源中心、数据标准规范体系、大数据安全和隐私管理、其他方面管理	在政务大数据特点、目标、需求的基础上，结合数据治理技术理论和政务大数据治理实际场景	政务大数据
34	奚春华	2020	逻辑架构、功能架构、业务架构，物理边界	文献研究	城市管理
35	何敏	2020	数据源层、数据中台服务层、数据应用层、基础设施层	基于存在问题	智慧煤炭
36	钱涛	2020	数据来源层、数据治理层、数据服务层	从下而上	高校
37	孙学忠和胡伟	2020	促成因素、治理内容、实施方法	借鉴主流数据治理框架	跨境贸易
38	吕先竞	2020	组织机构、数据、域、机制、影响因素、时间、结果	5WHR	重大突发公共卫生事件
39	翟运开等	2020	战略与目标、治理域、治理保障、实施和评估	基于 IBM 数据模型	精准医疗
40	周振国	2020	治理目标、治理主体、治理客体、治理内容、治理过程、治理手段	文献研究	通用
41	严昕	2020	顶层设计、治理驱动、治理范围、治理过程	基于国内外典型数据治理框架和公共图书馆的适用性	公共图书馆

续表

序号	提出者	提出时间	框架构成	构建方法	应用领域
42	赵发珍	2020	大数据源、图书馆风险大数据特征提取与选择、图书馆风险数据模型（规则）构建、风险学习与知识融合	风险社会理论和治理理论方法的指导	图书馆
43	沙勇忠和王超	2020	结构维度、过程维度、价值维度	基于治理障碍	公共安全风险治理
44	赵发珍等	2020	风险、应急、危机	以整体性治理理论为基础	城市公共安全
45	印鉴等	2020	大数据赋能机制、治理流程	从系统的角度	通用
46	左美云和王配配	2020	战略目标、规范与标准、关注范围、治理主体、过程、方法与技术	在国内外认可度较高的数据治理框架基础上，结合政府数据治理的特殊性	跨部门政府数据治理
47	蒋国银等	2021	政策执行层面：平台内部要素；政策适应层面：平台外部环境；政策反馈层面：行业平台边界	扎根理论	共享经济平台
48	陈氢和刘文梅	2021	企业图，部门图，企业资产元数据，组织、人和治理信息，定义业务流程，图更新过程，图维护和浏览实用程序，数据请求实用程序等	以关联数据和本体为基础	企业
49	卢凤玲	2021	基础设施层、数据服务层、交互应用层	融合数据治理体系	图书馆
50	李志刚和李瑞	2021	治理主体、运行过程、保障措施	基于协同创新理论视角	共享型互联网平台
51	毕凌燕等	2021	源数据层、平台支撑层、功能层、服务层	基于云计算技术体系和大数据处理技术	公共事务

续表

序号	提出者	提出时间	框架构成	构建方法	应用领域
52	张晴晴等	2021	数据治理目标、数据治理模块、数据综合模块	基于区块链技术	运营商

4.2.3 大数据治理影响因素相关研究

通过对大数据治理框架的相关研究进行综述发现，要构建一个具有全面性、系统性的大数据治理框架，其构成要素及影响因素的研究至关重要。本部分的研究对象主要包括两方面：一是对大数据治理影响因素/要素的研究进行调查，结果显示目前对大数据治理影响因素的相关研究较少；二是对大数据治理框架或体系中的影响因素进行梳理，如表 4-2 所示。关于大数据治理影响因素的层次可以划分为促进因素和阻碍因素，或外部因素和内部因素。刘银喜等（2019）认为，政府数据治理能力受政府系统内部及外部诸多因素影响，政府系统内部因素主要包括政府对数据的认知、组织机构、数据资源、组织投入和专业人才，政府系统外部因素主要包括公众需求、政府间关系、大数据技术和经济发展水平。樊博等（2021）基于适应性结构化理论，探讨了影响大数据治理中数据质量的因素，包括数据管理机制、政务管理规范、组织管理者的监督、公务人员专业能力、客户满意度和业务复杂程度等，提出应加强治理监管，用制度规范数据管理过程及培育大数据专业队伍，从而提升政务数据质量治理的能力和效果。

表 4-2 大数据治理影响因素梳理

序号	提出者/提出机构	提出时间	治理要素	主要内容	应用领域
1	DGI	2004	规则与参与规则	使命与愿景，目标、治理指标/成功的衡量和财务策略，数据规则和定义，决策权力，职责，控制	企业
			人员与组织结构	数据利益相关方，数据治理办公室，数据管理者	
			过程	建立价值目标，制定路线图，规划和资助，设计方案，部署方案，治理数据，监督、测量、报告	

续表

序号	提出者/提出机构	提出时间	治理要素	主要内容	应用领域
2	IBM	2004	成果	数据风险管理与合规，价值创造	企业
			促成因素	组织结构与认知度，政策，数据管理	
			核心规则	数据质量管理，信息生命周期管理，信息安全与隐私	
			支撑规则	数据架构，分类与元数据，审计信息、日志与报告	
3	DAMA	2009	功能子框架	数据架构管理，数据建模与设计，数据存储与设计，数据安全与管理，参考数据和主数据管理，数据仓库和商业智能管理，数据集成与互操作管理，文档和内容管理，元数据管理，数据质量管理	企业
			环境要素子框架	目标与原则，活动，主要交付任务，角色与职责，实践与方法，技术，组织与文化	
4	张绍华等	2016	原则	战略一致，风险可控，运营合规，绩效提升	企业
			范围	战略，组织，大数据质量，大数据服务创新，大数据安全、隐私与合规，大数据生命周期，大数据架构	
			实施与评估	促进因素，实施过程，成熟度评估，审计	
5	郑大庆等	2017	目标要素	管控风险，实现价值	企业
			促成要素	组织结构，战略和政策，大数据相关责任人	
			核心要素	大数据质量管理，大数据生命周期，大数据安全与隐私	
			支持要素	大数据技术架构、主数据，元数据，流程与活动	

续表

序号	提出者/提出机构	提出时间	治理要素	主要内容	应用领域
6	Kim et al.	2017	目标	基于数据的新分析方法和价值的创造	通用
			战略	个人信息保护，数据质量，数据公开/职责	
			构成	组织，标准化和指南，政策和过程	
			IT 基础设施	审计和控制，数据收集、处理、分析和可视化，大数据基础设施	
7	甘似禹等	2018	协同筹划	战略认知，组织角色，规范标准	企业
			过程实施	访问管控，安全规范，隐私扫描，数据质量，样本数据，存储分布，数据挖掘，生命周期，应用推演，元数据管理，数据模型，数据汇聚	
			监控评估	过程监控，定期审计，成熟度改进，资产评估	
			基础模块	IaaS，Hadoop，数据采集，用户管理等	
8	Ai-Ruithe et al.	2018	人员和组织机构	数据治理办公室，数据治理委员会，管理层支持，首席信息官（CIO），数据管理委员会，协调委员会，数据管理者	通用
			政策和过程	原则，策略，标准，过程	
			技术	硬件，软件，监测工具	
9	张世明等	2018	战略	目标，规划	开放大学
			保障机制	组织，制度，流程	
			关键活动	数据模型，数据服务，数据框架，数据生命周期，主数据，元数据，数据标准，数据安全，数据质量	
			实践与优化	技术规范，实施办法，支撑平台，开发与运维，其他 IT 支持等	

续表

序号	提出者/提出机构	提出时间	治理要素	主要内容	应用领域
10	安小米等	2019	治理主体	治理委员会，治理办公室，管理者，数据专家	政府
			治理客体	政府数据/信息，人员	
			治理目标	运营合规，风险管控，价值创造	
			治理活动	过程/领域，政策，标准/指南	
			治理工具	信息基础建设，大数据技术，监测工具	
11	黄静和周锐	2019	数据采集：集成化	个人电脑/移动终端设备，物联网监控设备，委办局数据库	政府
			数据组织：标准化	标准制定，数据管理计划，数据整合	
			数据存储：介质化	社会事件，灾害事件，舆情事件，视频数据，气象监测，环保监测，交通情况，位置信息，人口数据，法人数据，建筑数据，经济数据，专题数据，空间数据	
			数据处理：流程化	数据清洗，数据脱敏，关联对比，格式转换，数据整合，数据挖掘	
			数据共享与利用：协同化	数据开放，数据共享，数据服务	
12	吴善鹏等	2019	大数据生命周期管理		政务
			主要技术支撑	数据检核引擎，Hive，MPP，DB，ETL，消息中间件，流程引擎	
			数据源管理	部门结构化数据，部门半结构化数据，非结构化数据，Web和社交媒体数据	
			数据资源中心	数据资产目录，基础库，主题库	

续表

序号	提出者/提出机构	提出时间	治理要素	主要内容	应用领域
12	吴善鹏等	2019	中心层治理	数据关联，数据融合，数据业务检验	政务
			贴源层治理	数据建模，数据标准化，数据技术检核	
			数据标准规范体系	元数据标准，数据元标准，数据分类编码标准，数据质量标准，数据目录规范，数据处理流程规范	
			大数据安全和隐私管理		
			政务大数据共享交换平台		
13	董晓辉等	2019	制度环境保障	标准，组织结构，政策	高校教育
			技术环境支撑	技术平台	
			目标	获取数据价值，管控数据风险	
14	翟运开等	2020	战略与目标	规划，利益相关方，职责分工	精准医疗
			保障机制	促成因素，外部环境，内部环境	
			实施与评估	效果评价，成熟度评估，审计	
			治理域	数据质量和标准，数据生命周期，数据隐私和安全，数据服务与创新	
15	严昕	2020	顶层设计	发展规划，组织构建，架构设计	公共图书馆

4.3 贵州省大数据治理实践

贵州省通过构建全省"一盘棋"的大数据发展格局，积极开展大数据综合性、示范性、引领性的先行先试，在大数据治理领域探索形成符合本省特点的实践经验，大数据治理体制机制日益健全，政策法规体系逐步完善，政府数据治理水平显著提升。贵州省大数据呈现从无到有、从弱到强的发展态势，得益于其构建了一套完善的大数据治理体制机制（贵申改，2021；李阳，2022）。在之前文献综述的基础上，本节对贵州省宏观层-中观层-微观层的大数据治理实践进行研究，为构建大数据治理框架提供实践证据参考。

4.3.1 贵州省大数据治理的宏观层实践研究

发展与安全两大议题体现其大数据治理的明确目标

贵州省大数据治理实践围绕发展与安全两大目标开展。为推动全省大数据产业发展，2014 年 6 月，由省长挂帅，省直部门及市州负责人参与，成立了贵州省大数据产业发展领导小组，初步建立全省统一的大数据发展统筹管理机制。随着国家大数据（贵州）综合试验区获批，2016 年 6 月，贵州省政府决定将贵州省大数据产业发展领导小组更名为贵州省大数据发展领导小组，同时加挂国家大数据（贵州）综合试验区建设领导小组牌子，统筹推动全省大数据发展，研究解决全省大数据发展全局性、方向性的重大问题和事项，审定全省大数据发展重要政策措施，使全省大数据发展的一体化管理机制得到进一步完善。领导小组下设办公室，具体负责制订大数据发展战略、规划、工作方案和实施计划，开展工作调度督查及第三方评估，统筹推进云应用和数据资源建设。2017 年 3 月，为应对日益严峻的网络安全挑战，贵州省成立了省大数据安全领导小组，统筹全省网络数据安全工作。至此，大数据面临的两大议题——发展与安全，在省级层面实现了有效统筹。

在发展目标下，贵州省坚持"整体规划、统建统管""共商共建、共治共享""统分结合、分步实施""自主可控、确保安全"四大原则，围绕解决企业群众"办事难、办事慢、办事繁"等问题，以消除"信息孤岛""数据烟囱"为重点，强化顶层设计，对政务系统统筹规划、统筹建设、统筹管理，推动政府治理体系和治理能力现代化，实现"数据多跑路、群众少跑腿"；坚持以互通促共享、以共享提效率，部门协同、政企协同，共商、共建、共治、共享，实现数据共享、系统互通、业务协同、多云融合，形成向上连接国家平台、向下覆盖省市县乡村五级、纵向贯通、横向连通的"一云一网一平台"体系；坚持省级统筹、部门主抓、市县分级负责，统一建设应用标准，全省非涉密政务信息系统、工作协同、数据共享全部基于"一云一网一平台"架构建设。

按照政府系统先行，先外网、后内网的路径，逐步统筹，分步实施；树立总体国家安全观，严格落实国家网络和信息安全法律法规，积极推进关键信息基础设施国产化替代，健全信息安全制度。

在安全目标下，贵州省建立安全可控的安全保障体系，"一云一网一平台"建设运营过程中产生、获取的数据归政府所有，由政府相关部门统筹管理。建立了贯穿"一云一网一平台"总体架构多个层面的安全保障体系，包括网络安全、云平台安全、数据安全、应用及运维安全、管理安全；提供了系列安全服务，包括构建安全管理中心，提供网络安全、虚拟化安全、主机安全、应用安全、数据安全等服务；保障基本的数据安全，通过数据审计、数据脱敏、数据水印、数据加密、角色授权等功能，实现对数据权属性、保密性、完整性、可用性、可追溯性的保护，保障数据资源及个人隐私等数据安全对象的安全，实现大数据可管、可控、可信；提出了安全保障体系要求，符合GB/T22239-2019《信息安全技术网络安全等级保护基本要求》中三级及以上的要求。

三级云长制、"三权分治、五可调度"政务数据分权分责模式体现其大数据治理的协同创新方法论

为了实现全省政府数据"聚通用"，贵州省建立了省市县三级云长制的纵向协同模式（见图4-3），各市（州）政府、省直各部门等主要负责人是本级政府和本部门的云长，形成了省市县三级健全的云长制工作格局，并明确了其工作职责和任务，发挥了一把手的领导权威作用，以其明确的职责分工组织体系保障了政策、资源、技术协同的实现。在机制创新方面，全面推进三级云长制，强化组织领导。省级设立省级总云长、第一云长、省直部门云长；各市（州）设立云长，由各市（州）主要负责人担任；各县（市、区）设立云长，由各县（市、区）党委和政府主要负责人担任。

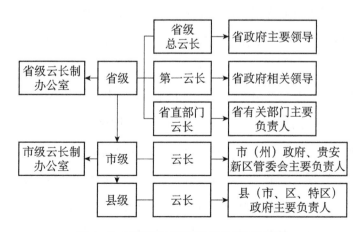

图4-3 贵州省市县三级云长制工作格局

　　近年来，贵州省通过建设云上贵州平台，推动政府部门应用系统整合共享，实现全省政府数据在一个平台里存储、在一个平台上共享交换。但对照国家提出的"三融五跨""一网通办""一网、一门、一次"改革等对数据共享的迫切需求，还存在一些痛点和难点。贵州省深入推进国家大数据综合试验区建设，从机制建设入手，打造"聚通用"升级版，破解数据"互联互通难、信息共享难、业务协同难"等问题，以问题、需求为导向，提出归集权、使用权、管理权"三权分治"的模式，探索贵州省数据调度机制，让政务数据"可有""可用""可控""可溯""可视"。

　　（1）明确"三权分治"模式。一是明确政务数据归集权，解决"谁归集，谁维护"的问题。明确各级政务部门应当对按照职能所获和产生的政务数据拥有归集管理的权利和义务，即"谁归集，谁维护"。

　　二是明确政务数据使用权，解决"谁使用，谁负责"的问题。明确各级政务部门按照相关规程在明确的授权范围内，拥有依法依规合理使用其他政府部门政务数据的权利和义务，同时也有确保政务数据合理安全使用的义务，即"谁使用，谁负责"。

　　三是明确政务数据管理权，解决"谁管理，谁统筹"的问题。明确政务数据统筹管理部门拥有对该区域所有部门政务数据的统筹管理权，保证该区域内各部门间政务数据共享交换和开放能够高效地进行，即"谁管理，谁统筹"。

　　（2）探索"五可调度"机制。一是完成全省数据资产清查和推进非涉密系统迁移上云，让数据"可有"。摸清数据家底，盘活数据资源，云上贵州平台实现了全省政务应用系统和数据在一个平台里存储、在一个平台上共享交换。

　　二是依据基础平台建设及多种手段并举，让数据"可用"。依托贵州省数据共享交换平台，由省大数据局统筹管理、各牵头单位负责建设四大基础库、一批主题库、政务服务库等公共数据资源池，采用"前店后厂"的方式，推动公共政务数据、高频使用数据的汇聚和应用。

　　三是以分权分责、专职专岗、数据调度为保障，让数据"可控"。建设政务数据调度中心，探索数据调度机制，各部门设立数据专员，明确全省政府数据共享开发在全省统一的共享平台、开放平台进行，实现统一的政务数据调度管理。

　　四是建立全省数据共享全过程监管模式，让数据"可溯"。以数据共享交换与数据开放为抓手，逐步建立完善政务数据溯源安全管理模型。通过对数据管理各个业务环节的日志采集，对共享行为进行监测，利用日志分析对行为进行回溯。

　　五是依靠技术融合、业务融合、数据融合，让数据"可视"。构建基于可视化的调度功能，为数据调度业务提供可视化支持；构建全景可视化系统，为管理提供大屏态势感知与综合分析支持。

（3）建设成效。贵州省通过建立政务数据调度机制，建设政务数据调度中心，探索数据共享调度全流程管理，形成了数据统一调度管理模式，有效解决了数据"互联互通难、信息共享难、业务协同难"等问题，实现了跨层级、跨地域、跨部门的数据高效调度管理。贵州省数据共享交换平台首批与国家平台对接，截至 2022 年 1 月，已上架数据资源目录 13 335 项、信息项 227 230 项、数据资源 7 908 个，另外还有公安部等 9 个国家部委的 38 个数据接口落地省级平台。2019 年以来，贵州省数据共享交换平台累计受理省内数据申请 1 314 次，完成了数据共享交换 2 588.1 万次，推动形成了一批跨部门、跨层级、跨地域的政府数据共享交换应用场景。目前，已建成覆盖全省各级各部门信息系统互联互通的政务服务"一张网"，推动全省政务服务一网汇聚、一网受理、一网反馈，省市县乡村五级基本全覆盖：省市县三级 4 100 多个部门、1 500 多个乡镇、1.7 万多个村居。

4.3.2　贵州省大数据治理的中观层实践研究

成套性的政策体现其治理活动关键要素作用

贵州省大数据治理活动还包括制定了一系列行之有效的政策文件。2014 年初，贵州省政府在全国率先印发实施《关于加快大数据产业发展应用若干政策的意见》及《贵州省大数据产业发展应用规划纲要（2014—2020 年）》的通知，明确提出要多方协同发力，推动大数据产业成为贵州省经济社会发展的新引擎，分步骤分阶段建设全国有影响力的战略性新兴产业基地。2016 年 6 月，贵州省委、省政府出台《中共贵州省委、贵州省人民政府关于实施大数据战略行动建设国家大数据综合试验区的意见》，对加快建设国家大数据综合试验区作出全面部署。此后，省政府相继发布《贵州省大数据发展应用促进条例》《贵州省推进"一云一网一平台"建设工作方案》《贵州省大数据新领域百企引领行动方案》《贵州省大数据融合创新发展工程专项行动方案》等政策文件，促进全省大数据发展的政策体系基本成形。一系列政策文件的制定，为贵州省建设全省一体化大数据平台、推动数据开放共享、提升政府治理能力、培育产业发展、促进与实体经济融合指明了发展方向、提出了目标路径、明确了保障措施，举全省之力推动大数据创新发展的顶层设计体系基本形成（见表 4 - 3）。

表 4 - 3　贵州省出台的促进大数据发展相关文件（部分）

规划文件	1. 中共贵州省委、贵州省人民政府关于实施大数据战略行动建设国家大数据综合试验区的意见 2. 中共贵州省委、贵州省人民政府关于推动数字经济加快发展的意见 3. 关于加快大数据产业发展应用若干政策的意见 4. 贵州政府数据"聚通用"攻坚会战实施方案 5. 贵州省人民政府办公厅关于全面推行云长制的通知 6. 关于印发《云工程成效考核工作方案》的通知 7. 贵州省政府系统 2018 年"聚通用"工作专项目标实施方案 8. 贵州省推进"一云一网一平台"建设工作方案（2018） 9. 贵州省实施"万企融合"大行动推动大数据与工业深度融合方案（2018） 10. 贵州省实施"万企融合"大行动推动大数据与农业深度融合方案（2018） 11. 贵州省实施"万企融合"大行动推动大数据与服务业深度融合方案（2018） 12. 贵州省大数据战略行动 2019 年工作要点（2019） 13. 贵州省大数据新领域百企引领行动方案（2019） 14. 贵州省大数据融合创新发展工程专项行动方案（2020）
条例办法	1. 贵州省大数据发展应用促进条例 2. 贵阳市政府数据共享开放条例 3. 贵州省政务数据资源管理暂行办法 4. 贵州省政务信息数据采集应用暂行办法 5. 贵州省政府数据资产管理登记暂行办法 6. 贵州省大数据安全保障条例 7. 贵州省政府数据共享开放条例
标准规范	1. 云上贵州数据共享交换平台接口规范 2. 贵州省大数据清洗加工规范 3. 政务云 政府网站数据交换规范 4. 政务云 政府网站建设规范 5. 政务云 贵州省电子政务网应用平台公文数据交换规范 6. 政府数据 核心元数据第 1 部分：人口基础数据 7. 政府数据 核心元数据第 2 部分：法人单位基础数据 8. 政府数据 数据分类分级指南 9. 政府数据 数据脱敏工作指南 10. 贵州省政府数据资源目录第 1 部分：元数据描述规范 11. 贵州省政府数据资源目录第 2 部分：编制工作指南 12. 云上贵州数据共享交换平台数据资源发布管理使用指南 13. 云上贵州系统平台使用管理规范 14. 云上贵州系统平台市州分平台建设规范 15. 贵州省大数据标准化体系建设规划（2020—2022 年）

"十种模式"体现其丰富的治理路径选择

2014 年至今，贵州省大数据治理形成了管理模式、数据模式、安全模式、监管模式、业务模式、运营模式、建设模式、制度模式、创新模式、治理模式等十种创新路

径，给大数据治理实践提供了丰富的治理路径选择。在"十种模式"中，构建了政务
数据溯源安全管理模型，围绕"一云一网一平台"总体设计，组织制定平台建设、应
用系统建设、数据管理、数据安全、网络管理等方面相关技术标准规范，设计了政务
服务流程、数据交易流程、数据共享调度全流程等多种大数据治理相关流程，大数据
价值链理念贯穿其中。"十种模式"治理路径选择，为贵州省在不同场景下进行大数据
治理提供了具体可操作的典型参考，能够有效提升贵州省大数据治理效能并为其他省
市提供借鉴参考。

"三融五跨"体现其和谐的治理路径协同

为加快促进省级数据共享交换平台与国家平台的对接联通和数据共享，贵州省加
快改造升级省级数据共享交换平台。2017 年 9 月底，贵州省数据共享交换平台与国家
数据共享交换平台实现了技术对接；2017 年 12 月底，完成了现有交换业务的整合，实
现省内主要交换系统通过云上贵州数据共享交换平台与国家平台对接；2018 年 7 月，
实现与国家平台稳定对接，并实现平台跨层级、跨区域、跨部门、跨行业、跨系统的
数据共享交换。在治理路径上，通过技术融合、业务融合、数据融合，贵州省大数据
治理实现了跨层级、跨地域、跨系统、跨部门、跨业务的协同治理路径。

4.3.3 贵州省大数据治理的微观层实践研究

"大数据局＋研究院＋数据中心＋公司＋交易所"组织运营模式体现其多元治理主体

2017 年 2 月，贵州省公共服务管理办公室更名为贵州省大数据发展管理局，成为
我国首个正厅级大数据管理机构，负责全省数据中心规划建设及政府数据统一云上贵
州政务云平台建设管理，统筹全省数据资源建设、管理及应用。

贵州省大数据发展管理局下设贵州省信息中心（贵州省电子政务中心、贵州省大
数据产业发展中心），为全省大数据发展提供技术及信息咨询服务，负责电子政务网络
建设和运行维护。

2014 年 5 月成立的贵州省大数据产业发展应用研究院，聚焦科学研究、人才培养、
技术创新等领域，努力构建以研发为主的大数据协同创新生态体系，为贵州省大数据
发展提供智力资源支撑。

2014 年 11 月，贵州省组建以推动全省大数据产业发展为主要职责的国有全资平台
公司——云上贵州大数据产业发展有限公司（以下简称云上贵州公司），由贵州省经济

和信息化委员会全资控股，作为全省大数据产业发展的主要投融资平台、大数据产业投资基金的发起及运营平台。公司负责投资建设运营云上贵州政务云平台及政府数据资源开发应用等业务，主要开展政务服务、企业服务、互联网数据中心（IDC）服务，成为全省数字经济产业的"顶梁柱"和全国数字政务服务的"新样板"，全面服务贵州省大数据战略行动和国家大数据（贵州）综合试验区建设。

2014 年 12 月，贵阳成立了大数据交易所，并于 2015 年 4 月正式挂牌运营。贵阳大数据交易所是经贵州省政府批准成立的全国第一家以大数据命名的交易所，是我国乃至全球第一家大数据交易所。交易所可以提供全流程的数据确权、数据定价、数据指数、数据交易、结算、交付、安全保障、数据资产管理和融资等综合配套服务。2021 年 8 月贵州省大数据发展领导小组办公室印发《贵州省数据流通交易管理办法（试行）》，着眼于最高处设计、最广泛参与、最快速起步、最优化迭代，重点突出国家战略、高端定位、创新引领，加快推进全省一体化数据交易流通顶层设计，推动组建贵州省数据流通交易中心、搭建数据流通交易平台、组建国有控股的平台运营公司。2021 年 8 月，在贵州省量子信息与大数据应用技术研究院的基础上，组建公益类、具有事业单位性质的数据流通交易服务中心，强化公共属性和公益定位，突出公信力，开展数据要素确权登记等服务。同年 10 月，成立贵州云上数据交易有限公司，云上贵州公司股比 67%、贵阳市大数据产业公司股比 33%，在完成贵阳大数据交易所重整并购后，以贵阳大数据交易所名称继续运营，负责流通交易平台运营、市场推广和业务拓展，确保数据安全。

在贵州省大数据发展领导小组统筹领导下，贵州省形成"大数据局＋研究院＋数据中心＋公司＋交易所"的组织运营模式，全省大数据发展形成了"一盘棋"的发展格局。多元治理主体协同发力，促进了贵州省大数据治理工作的开展。

政务数据资源体系体现其体系化的治理客体

2019 年 4 月，由贵州省大数据发展管理局、贵州省信息中心、贵州省政府政务服务中心共同施办，贵州省初步建成政务数据资源体系，完善了人口、法人、空间地理、宏观经济四大基础数据库，完善电子证照、公共信用、电子文件和政务服务事项等政务服务库，完善精准扶贫、智慧交通、生态环保、卫生健康、食品安全等主题库，初步形成一数一源、多源校核、动态更新、覆盖全省的政务数据资源体系。2019 年 5 月，"一朵云"基本实现省级政府"部门云"和"市州云"全部接入，初步建成政务数据资源体系，面向全省提供服务。2020 年 5 月，"一朵云"实现政府部门应用系统全部接入，政务数据资源体系更加完善，服务能力进一步提升。2021 年 5 月，实现"一云统揽"，除国家另有规定外，云上贵州承载全省所有政务数据和应用。对政务数据资源体系的建设和治理成为贵州省大数据治理成功实践的基础保障。

"一云一网一平台"体现其大数据治理工具与保障

"一云一网一平台"指的是云上贵州"一朵云"、政务服务"一张网"、智能工作"一平台"。

建设云上贵州"一朵云"，实现全省政府数据大集中，破解数据共享难题。通过建设云上贵州"一朵云"，打造"一云统揽"新体系。2022 年 1 月，上云的结构化数据量从 2015 年的 10TB 增长到 1 923TB，实现了应用和数据的汇聚集中。目前，云上贵州已经承载了省、市、县各级政府部门所有在运行的 9 724 个应用系统，实现了应用和数据的"大集中"。根据不同权限，通过云上贵州，可以对省、市、县所有应用系统和相关数据实现统一调度和管理，为民服务的各个应用系统互联、互通、共享，让群众和企业办事不多家跑、多次跑，减少直至逐步取消政府部门之间的证明材料。

建设政务服务"一张网"，形成"一网通办"新支撑，最大限度便民利企。在桌面端，建设"贵州政务服务网"，截至 2022 年 1 月，省市县乡村五级所有的政务服务中心（站、点）提供的 58.8 万项服务事项，都可以该网上查询或者办理。省级网上可办率 100%，市县网上可办率超过 86%，全省"零跑腿"事项达 19 388 项，累计办理 4 230 万件。在手机移动端，"多彩宝"APP 累计向全省人民群众提供服务超过 2 亿人次，装机用户量突破 1 300 万，实名注册活跃用户量超过 250 万，实现实人认证、电子身份证、电子户口本、电子驾照（行驶证）、电子社保卡、社保公积金、生育登记、交警类服务、全种类社保查询、购买客运票、生活缴费等多达 546 项高频、热频政务民生服务事项掌上办理。在贵阳，使用"多彩宝"的电子证照凭证，坐飞机可以不用出示身份证，驾驶汽车可以不用带纸质驾驶证。截至 2022 年 1 月，"贵政通"APP 注册人数 6.8 万人，日活跃人数超过 1 万人，已成为全省公务人员工作、学习、交流、管理的重要移动办公平台。同时，在全省开展因部门间数据不一致群众反映强烈的办事"跑腿多""材料多"等痛点疏解行动，征集办事痛点问题线索 3 万多条，梳理出 17 个需要近期通过数据共享解决的痛点问题，其中"办理居住证需要去社区提交身份证原件，不能线上申办"等 6 个痛点问题已经解决。通过聚焦企业和群众办事堵点，把审批服务事项整合打包，推出 176 种"集成服务套餐"，最大限度减少申报材料、缩短办事时间，贵阳市等地区行政审批时限较法定时限压缩 60% 以上，群众办事需提供材料减少35%，全省营商环境持续优化提升。推动电子政务网络村级覆盖，通过网络覆盖到村，推动社保、医保等便民服务延伸到村，让老百姓不出村就能办理相关常办事项。

打造智能工作"一平台"，实现政府所有数据大调度，全面支撑政府职能转变。支撑"一网通办"的核心，是背后统一的政府数据平台。一是建设数据治理平台，开展数据资源目录梳理，提高政务数据的科学性、精准性和有效性。截至2022年1月，已经梳理完成了省市县三级多达1.2万个政府数据目录，全省政务数据资源目录100%上架，信息项超过23万项；建成了人口、法人、宏观经济、空间地理四大基础库和社会信用等一批主题库，有关部门在为企业群众服务时，可以直接在相关主题库中调用数据，不再让企业、群众反复提交证明材料等资料。二是建设数据共享交换平台，以全省统一的数据共享交换平台为枢纽，在全国率先形成了上联国家、横联厅局、下联市州的共享交换体系。省政府数据开放平台已汇聚2 096个数据集，其中1 435个可通过API接口直接调用。为了实现数据可持续，率先建设全国首个政务数据调度平台，创新设置数据专员，实现全省政务数据跨层级、跨地域、跨部门高效调度管理，完成数据共享交换2 300多万次。三是建设统一的审批平台，推进各地各部门业务流程优化。贵州省政务服务网建设之初，就整合了153个审批单位的353个审批系统，目前正在整合剩余的业务审批系统，统一接入全省统一的政务服务平台，推动政务服务网络通、数据通、业务通。第一批63个业务审批系统、363个政务服务事项接入任务，已完成系统接入63个，接入率为100%；完成事项接入290个，接入率为79.9%，实现并联审批和协同服务。四是重视数据安全，坚持应用和安全两手抓，常态化开展网络安全攻防演练，不断加强数据共享安全保障。

"一云一网一平台"是贵州省大数据治理实现政务大数据互通共享的基础支撑，体现了基础设施建设和大数据技术等要素对大数据价值实现和大数据服务水平提升的重要作用。

大数据扶贫等体现其大数据治理的特色应用与服务

作为全国脱贫攻坚的主战场之一，贵州省通过协调推进大扶贫、大数据、大生态三大战略行动，运用大数据支撑大扶贫。据统计，截至2019年底，贵州"扶贫云"整合省直部门扶贫相关业务数据指标278项，精准提供"两不愁三保障""四有人员"等基本信息数据，落实精准扶贫、精准脱贫基本方略，加快了脱贫步伐，提升了脱贫质量。此外，贵阳市的货车帮、智慧停车、贵医云等APP都是基于贵州省政府数据开放的有效应用。不同的应用场景既是贵州省大数据治理的助推器，也是贵州省大数据治理水平的重要检验工具，场景要素的治理大大提升了贵州省大数据治理的实际水平。

贵州省通过扶贫对象相关数据的互通共享、自动比对、实时更新，实现了扶贫补贴自动减免和信息核验环节前置，缩短了审核时间，教育扶贫中改变了学生学费先垫付、后补贴的局面。贵州省扶贫系统通过与教育部学生学籍管理系统和公安部人口基础信息库对接，实现信息核验环节前置，在贫困大学生到校报到前，学校主动向其推送学费减免或暂缓信息，贫困大学生只需在报到时向就读高校出具身份证，在省内高校可享受学费减免，在省外高校可享受学费暂缓，待收到发放的扶贫补贴后再补交学费，且领取补贴时间大大缩短。学生不再需要到多个部门盖章认证，不再需要先垫付学费后补贴，实现"数据多跑路、学生不跑腿"。这项举措降低了群众办事成本，减轻了基层干部的负担。

4.4 大数据治理的框架要素及其关系

4.4.1 大数据治理的框架要素

下面基于文献调查结果和贵州省大数据治理实践，遵循自上而下的思想，对大数据治理的框架要素进行提取、归类和分析。大数据治理框架分为宏观、中观、微观三个层次，每个层次均包含关键要素和要素内容，如图4-4所示。

（1）宏观层的大数据治理框架要素：规划要素。大数据治理框架宏观层要求治理主体（包括人和治理机构）具有统一的价值观，使其在关于大数据治理的看法、认识、方向上达成共识，建立通用的和整体性的大数据治理场景化概念。该层的大数据治理框架要素是规划性的，具有统筹全局和多元覆盖的特征，对大数据治理主体进行职能分析，构建共建共创共享共赢的大数据治理局面。

宏观层的大数据治理框架关键要素包括治理目标和治理战略或方法论。其中，治理目标关键要素包括竞争力提升、价值创造、风险管控、运营合规、质量保证。治理战略/方法论关键要素包括多利益相关方视角、统筹协同、概念体系、体系框架和要素框架。

（2）中观层的大数据治理框架要素：规则制度要素。大数据治理框架中观层要求为大数据治理的融合场景和活动过程关联提供通用性、特殊性和成套性的规则和制度。该层的大数据治理框架要素对活动流程进行分析，聚焦大数据治理的过程、流程和价

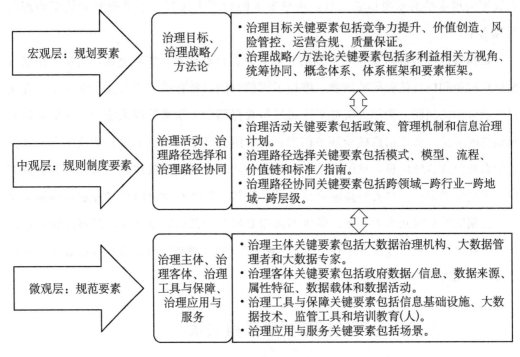

宏观层：规划要素 → 治理目标、治理战略/方法论
- 治理目标关键要素包括竞争力提升、价值创造、风险管控、运营合规、质量保证。
- 治理战略/方法论关键要素包括多利益相关方视角、统筹协同、概念体系、体系框架和要素框架。

中观层：规则制度要素 → 治理活动、治理路径选择和治理路径协同
- 治理活动关键要素包括政策、管理机制和信息治理计划。
- 治理路径选择关键要素包括模式、模型、流程、价值链和标准/指南。
- 治理路径协同关键要素包括跨领域-跨行业-跨地域-跨层级。

微观层：规范要素 → 治理主体、治理客体、治理工具与保障、治理应用与服务
- 治理主体关键要素包括大数据治理机构、大数据管理者和大数据专家。
- 治理客体关键要素包括政府数据/信息、数据来源、属性特征、数据载体和数据活动。
- 治理工具与保障关键要素包括信息基础设施、大数据技术、监管工具和培训教育(人)。
- 治理应用与服务关键要素包括场景。

图 4-4 大数据治理框架

值链，致力于推动大数据治理活动流程的互联、互通、互信、互认。

中观层的大数据治理框架关键要素包括治理活动、治理路径选择和治理路径协同。其中，治理活动关键要素包括政策、管理机制和信息治理计划。治理路径选择关键要素包括模式、模型、流程、价值链和标准/指南。治理路径协同关键要素包括跨领域-跨行业-跨地域-跨层级。

（3）微观层的大数据治理框架要素：规范要素。大数据治理框架微观层要求对大数据治理的具体业务提供关联性和标准化规范，针对具体场景提供可操作的规范。该层的大数据治理框架要素对具体事项进行分析，与大数据的技能、功能等相关，可管可控可测，注重提高大数据技术中人机合作的能力。

微观层的大数据治理框架关键要素包括治理主体、治理客体、治理工具与保障、治理应用与服务。其中，治理主体关键要素包括大数据治理机构、大数据管理者和大数据专家。治理客体关键要素包括政府数据/信息、数据来源、属性特征、数据载体和数据活动。治理工具与保障关键要素包括信息基础设施、大数据技术、监管工具和培训教育（人）。治理应用与服务关键要素主要包括场景。

大数据治理框架的层次、关键要素、要素内容、要素说明和要素来源如表 4-4 所示。

表 4－4　大数据治理框架

层次	关键要素	要素内容	要素说明	要素来源
宏观层	治理目标	竞争力提升	提升大数据赋能的竞争力	张世明等，2018；Satapathy et al.，2019；樊博和于元婷，2021
		价值创造	提高决策质量，创新治理方式，实现数据资产化管理	安小米等，2019；Kim et al.，2017；郑大庆等，2017；翟运开等，2020；董晓辉等，2019；Satapathy et al.，2019；Rajagopalan et al.，2013
		风险管控	大数据安全和隐私保护	安小米等，2019；Kim et al.，2017；郑大庆等，2017；董晓辉等，2019；吴善鹏等，2019；张世明等，2018；Rajagopalan et al.，2013；樊博和于元婷，2021
		运营合规	组织遵守法规和规范	安小米等，2019；Rajagopalan et al.，2013；樊博和于元婷，2021
		质量保证	大数据治理的高质量保证	Kim et al.，2017；郑大庆等，2017；翟运开等，2020；张世明等，2018；Rajagopalan et al.，2013；刘银喜等，2019；樊博和于元婷，2021
	治理战略/方法论	多利益相关方视角	大数据治理的各个利益相关方考虑	翟运开等，2020；Satapathy et al.，2019；刘银喜等，2019
		统筹协同	大数据治理各方、各过程的协调统一	翟运开等，2020；黄静和周锐，2019；吴善鹏等，2019；Satapathy et al.，2019；刘银喜等，2019
		概念体系	大数据治理基本核心概念所构成的体系	安小米等，2018；郑大庆等，2017；吕先竞，2020；高强等，2019；夏义堃，2018
		体系框架	大数据治理的体系框架	安小米和王丽丽，2019；安小米等，2019；安小米等，2018；安小米，2018；安小米等，2018；张宇杰等，2018；卢凤玲，2021；晏春华，2020；曾凯，2016；Thomas，2018
		要素框架	大数据治理核心要素所构成的框架	张世明等，2018

续表

层次	关键要素	要素内容	要素说明	要素来源
中观层	治理活动	政策	大数据相关的法律、法规、政策、方针、制度	安小米等，2019；Kim et al.，2017；郑大庆等，2017；董晓辉等，2019；Satapathy et al.，2019；Rajagopalan et al.，2013；樊博和于元婷，2021；Thomas，2018；IBM，2007
		管理机制	大数据的管理方式和关系	张世明等，2018；Rajagopalan et al.，2013
		信息治理计划	对信息进行治理的相关计划	翟运开等，2020；严昕，2020；黄静和周锐，2019；张世明等，2018；Satapathy et al.，2019
	治理路径选择	模式	大数据治理方式的形式化描述	赵发珍等，2020；孟天广和张小劲，2018
		模型	大数据治理基本概念组成的特征化表示	张世明等，2018
		流程	大数据生命周期管理	Kim et al.，2017；郑大庆等，2017；翟运开等，2020；黄静和周锐，2019；吴善鹏等，2019；张世明等，2018；Rajagopalan et al.，2013；樊博和于元婷，2021；Thomas，2018
		价值链		
		标准/指南	大数据治理中的标准化和规范化	安小米等，2019；Kim et al.，2017；翟运开等，2020；黄静和周锐，2019；董晓辉等，2019；吴善鹏等，2019；张世明等，2018；Satapathy et al.，2019；Thomas，2018；IBM，2007
	治理路径协同	跨领域、跨行业、跨地域、跨层级	大数据治理跨领域、跨行业、跨地域、跨层级不同治理路径的协同	安小米等，2019；吴善鹏等，2019；Thomas，2018
微观层	治理主体	大数据治理机构	大数据治理的决策机构、组织协调机构	安小米等，2019；Kim et al.，2017；郑大庆等，2017；严昕，2020；董晓辉等，2019；张世明等，2018；Satapathy et al.，2019；刘银喜等，2019；樊博和于元婷，2021；Thomas，2018；IBM，2007

续表

层次	关键要素	要素内容	要素说明	要素来源
微观层	治理主体	大数据管理者	大数据治理的操作实施机构	安小米等，2019；翟运开等，2020；郑大庆等，2017；Satapathy et al.，2019；刘银喜等，2019；IBM，2007
		大数据专家	大数据决策中的战略咨询	安小米等，2019；Satapathy et al.，2019
	治理客体	政府数据/信息	政府部门中的各种数据/信息	安小米等，2019；郑大庆等，2017；黄静和周锐，2019；张世明等，2018；Satapathy et al.，2019
		数据来源	不同类型数据的源头	黄静和周锐，2019；吴善鹏等，2019
		属性特征	数据的属性、特征	张世明等，2018；Rajagopalan et al.，2013
		数据载体	数据呈现所依靠的载体	黄静和周锐，2019；吴善鹏等，2019
		数据活动	数据生命周期的各项活动	安小米等，2019；Kim et al.，2017；郑大庆等，2017；黄静和周锐，2019；吴善鹏等，2019；张世明等，2018；樊博和于元婷，2021；Thomas，2018；IBM，2007
	治理工具与保障	信息基础设施	信息技术中的基本硬件和软件	安小米等，2019；Kim et al.，2017；黄静和周锐，2019；Rajagopalan et al.，2013；IBM，2018
		大数据技术	与大数据相关的各类分析、预测技术和方法	安小米等，2019；Kim et al.，2017；郑大庆等，2017；董晓辉等，2019；吴善鹏等，2019；张世明等，2018；刘银喜等，2019；樊博和于元婷，2021；Thomas，2018；IBM，2007
		监管工具	对大数据治理起监管作用的各项审计和报告工具	安小米等，2019；Kim et al.，2017；翟运开等，2020；张世明等，2018；Satapathy et al.，2019；Rajagopalan et al.，2013；樊博和于元婷，2021；Thomas，2018；IBM，2007
		培训教育（人）	对人员的各类培训和教育，以提高大数据治理人员素质	张世明等，2018；Satapathy et al.，2019
	治理应用与服务	场景	大数据应用与服务的各类治理场景	翟运开等，2020；黄静和周锐，2019；Satapathy et al.，2019

4.4.2　大数据治理的框架要素关系剖析

大数据治理框架由宏观层——治理目标、治理战略/方法论，中观层——治理活动、治理路径选择、治理路径协同，微观层——治理主体、治理客体、治理工具与保障、治理应用与服务等9个关键要素和竞争力提升、价值创造、风险管控、运营合规、质量保证、多利益相关方视角、统筹协同、概念体系、体系框架、要素框架、政策、管理机制、信息治理计划、模式、模型、流程、价值链、标准/指南、跨领域-跨行业-跨地域-跨层级、大数据治理机构、大数据管理者、大数据专家、政府数据/信息、数据来源、属性特征、数据载体、数据活动、信息基础设施、大数据技术、监管工具、培训教育（人）、场景等31个基础要素构成。

首先，治理目标和治理战略/方法论是构成大数据治理宏观层顶层设计的两个基本要素。治理目标是大数据治理活动的战略方向、活动指南和控制标准，实现大数据价值的最大化以及风险的最小化。从信息资源管理协同创新视角来看，大数据治理要实现信息资源行政效用、经济效用和社会效用的最大化。大数据治理围绕组织竞争力提升、大数据价值创造、大数据环境风险管控、大数据运营合规和大数据治理高质量保证五个方面的治理目标开展。这些目标包含在组织层面大数据赋能竞争力提升的目标；在管理层面进行大数据治理方式创新和数据资产化管理，从而实现大数据价值创造的目标；在保障层面大数据环境安全和提供可信的隐私保护的目标；在实施层面大数据治理遵循一切相关的法律和规范的目标；在效果层面大数据治理实现和保证高质量的目标。大数据治理战略/方法论主要包括：在视角上应从大数据治理的各个利益相关方开展考虑、在方针上追求大数据治理各利益相关方与过程的协调统一、在认识上实现统一大数据治理基本核心概念并且遵循统一的大数据治理概念体系、在管理上参照一致的大数据治理核心要素所构成的要素框架。大数据治理的概念体系可以明确大数据治理目标、大数据资产的所有权层次、大数据治理权责利益相关方对象和大数据治理解决问题，建立数据治理决策机制、激励与约束机制、监督机制、可持续的具有反馈和控制责任链的治理体系。体系和框架涉及制定战略方针、建立组织架构和明确职责分工等要素，为实现大数据治理和大数据全程管理提供一整套解决方案，其关键问题是识别关键性领域和数据利益相关方。关键性领域包括战略、组织、大数据质量、大数据生命周期、大数据安全隐私与合规、大数据架构；数据利益相关方涉及大数据利益相关方、大数据治理委员会、大数据管理者、数据专家。基于对关键性领域和数据利益相关方的识别，构建出一系列包括战略方针、制度规范、组织构架、标准体系、执行流程等在内的大数据治理决策保障体系，有助于实现提供创新性大数据服务和商业与社会可持续价值最大化的大数据治理目标。

其次，治理活动、治理路径选择和治理路径协同是构成大数据治理中观层次的三个基本要素。从信息资源管理协同创新视角来看，大数据治理要保障信息资源管理活动、流程、关系的连贯性和一致性。治理活动是指大数据治理过程中所涉及的关键行动，包括大数据治理政策、管理机制和信息治理计划的制订。其中，大数据治理政策包括与大数据相关的法律、法规、政策、方针和制度，这是国家或地方政府层面对大数据治理的通用性、特殊性和成套性治理活动；大数据治理管理机制主要指组织机构对大数据的管理方式和组织中大数据相关要素的关系，这是组织机构层面对大数据治理的通用性、特殊性和成套性治理活动；信息治理计划是指关于信息治理的相关计划，对大量结构化或非结构化数据进行收集、运行、分析、存储和处置，并且保证这些数据的安全、隐私以及成本效益，这是以信息作为统一对象的通用性、特殊性和成套性治理活动。治理路径选择是指大数据治理具体实施过程中可以选择的方式，具体包括大数据治理模式、模型、流程、价值链、标准/指南等路径。大数据治理模式是对大数据治理方式的形式化描述，是可遵循的模板；大数据治理模型是对大数据治理过程中基本概念的特征化表示，提供大数据治理的特征总结；大数据治理流程、价值链是对大数据治理过程的集合，体现了大数据生命周期的过程；大数据治理标准/指南是指大数据治理过程中的标准化和规范化方式，是对治理活动的规范和约束，对大数据治理宏观层的顶层设计进行细化设计，对微观层的操作实施进行规范指导。治理路径协同主要指大数据治理具体路径的协同，需要考虑大数据治理跨领域、跨行业、跨地域、跨层级不同治理路径的协同。

最后，治理主体、治理客体、治理工具与保障、治理应用与服务是构成大数据治理微观层次的四个基本要素。从信息资源管理协同创新视角来看，包括大数据治理主体、客体、工具、具体活动等的大数据治理要素通过信息资源管理技术、方法等进行联结。治理主体是治理活动的决策者、组织者、协调者、操作者和参谋者，包括大数据治理机构、大数据管理者和大数据专家，也包括组织机构层面、管理者层面和专业人员层面的大数据治理主体。大数据治理机构包括决策机构、组织协调机构等，大数据管理者是大数据治理的操作实施机构，大数据专家负责提供大数据决策中的战略咨询。治理客体是治理活动的实施对象，包括政府数据/信息、数据来源、属性特征、数据载体、数据活动等。政府各部门中的数据/信息是治理的具体对象原材料，是丰富的大数据来源；不同类型数据的源头是治理数据的关键来源属性；数据的属性、特征是治理客体的关键治理特征；数据呈现所依靠的载体是治理客体的数据载体特征；数据生命周期的各项活动是治理对象的活动特征，是核心要素，是大数据治理的实施过程和方法。治理工具与保障是指大数据治理所使用的工具和保障，治理工具是治理活动的物质基础和技术支撑。其中，信息基础设施包括信息技术中的基本硬件和软件；大数据技术包括与大数据相关的各类分析、预测技术和方法，主要涉及数据采集、存储、分析、处理、可视化、流通等；监管工具包括对大数据治理起监管作用的各项审计和报告工具，主要有：IT审计方法、大数据审计方法与技术、远程审计技术、安全审计技术等；培训教育（人）包括对人员的各类培训和教育，以提高大数据治理人员素质。治理应用与服务是大数据治理利用成效的体现，其中的关键要素是大数据治理应用与服务的各类场景。

4.5 小结

本章通过文献研究和案例研究，展现了多视角、多动议、多层次、多用途、多路径、多维度的大数据治理体系发展历程。从信息资源管理协同创新视角出发，将信息资源管理协同创新作为研究大数据治理框架体系的主要策略，构建覆盖全面认知、全过程、全要素的大数据治理框架体系。其中，全面认知的大数据治理框架体系融合了大数据、数据、信息作为战略资源和资产的信息科学、大数据技术赋能的计算机科学、大数据治理推动社会治理整体绩效提升与可持续发展的公共管理视角，以信息资源行政效用、经济效用和社会效用最大化为目标，建立大数据治理的质量体系、安全体系、战略规划体系；全过程的大数据治理框架体系体现为管理过程的连贯性和一致性，具有跨层级、跨维度的属性，将信息资源管理纳入大数据治理规划、实施、运行及评估全过程，构建了大数据治理的制度体系、运行机制、标准规则；多要素的大数据治理框架体系保证了大数据治理的主体、客体、工具、活动等要素联结，构建了大数据治理的数据处理与管理体系、技术体系和规范。

本章采用多学科综合集成方法，融合多学科视角和多个层面、多利益相关方需求，将宏观、中观与微观三个层次的大数据治理框架构成要素进行有机融合。宏观层提出了多元主体合作联盟共治，在大数据治理的核心概念和体系框架上达成一致，中观层提出了多层次活动流程联通共生，以业务规则促进多层次、多向度的活动流程联通共生，形成统一、共享、开放、利用的生命周期治理的机制和规则，微观层提出了多维度要素联结共赢的大数据治理体系框架及其实现的有效路径，促进了大数据治理体系构成要素的互联、互通、互动，形成了整体性、成套性和针对性效用，具有重要理论意义和实践价值。

参考文献

［1］安小米，白献阳，洪学海．政府大数据治理体系构成要素研究：基于贵州省的案例分析．电子政务，2019（2）．

［2］安小米，郭明军，魏玮，等．大数据治理体系：核心概念、动议及其实现路径分析．情报资料工作，2018b（1）．

［3］安小米，宋懿，郭明军，等．政府大数据治理规则体系构建研究构想．图书情报工作，2018a，62（9）．

［4］安小米，王丽丽．大数据治理体系构建方法论框架研究．图书情报工作，2019，63（24）．

［5］安小米．专题：大数据治理体系构建研究 主持人导语．情报资料工作，2018（1）．

［6］包冬梅，范颖捷，李鸣．高校图书馆数据治理及其框架．图书情报工作，2015，59（18）．

［7］毕凌燕，张海璇，左文明．面向重大公共事务决策风险治理的大数据行动框架．科技管理研究，2021，41（7）．

［8］陈朋．让大数据在政府治理中发挥积极作用．（2021－10－27）．http：//www.cssn.cn/zx/bwyc/202110/t20211027_5369781.shtml.

［9］陈氢，刘文梅．基于关联数据的企业数据治理可视化框架研究．现代情报，2021，41（6）．

［10］董晓辉，郑小斌，彭义平．高校教育大数据治理的框架设计与实施．中国电化教育，2019（8）．

［11］樊博，于元婷．基于适应性结构化理论的政务数据质量影响因素研究：以政务12345热线数据为例．图书情报知识，2021（2）．

［12］范灵俊，洪学海，黄晁，等．政府大数据治理的挑战及对策．大数据，2016，2（3）．

［13］范灵俊，洪学海．政府大数据治理与区块链技术应用探析．中国信息安全，2017（12）．

［14］范灵俊，洪学海．政府大数据治理与区块链技术应用探析．中国信息安全，2017（12）．

［15］甘似禹，车品觉，杨天顺，等．大数据治理体系．计算机应用与软件，2018，35（6）．

［16］高强，游宏梁，汤珊红，等．军事数据治理概念与框架研究．情报理论与实践，2019，42（12）．

［17］贵申改．2020年贵州省大数据发展体制机制改革综述．（2021－05－12）．http：//www.gywb.cn/system/2021/05/12/031242768.shtml？from＝groupmessage.

［18］郭明军，安小米，洪学海．关于规范大数据交易充分释放大数据价值的研究．电子政务，2018（1）．

[19] 郭明军，于施洋，王建冬，等．协同创新视角下数据价值的构建及量化分析．情报理论与实践，2020，43（7）．

[20] 何敏．智能煤矿数据治理框架与发展路径．工矿自动化，2020，46（11）．

[21] 黄璜．对"数据流动"的治理：论政府数据治理的理论嬗变与框架．南京社会科学，2018（2）．

[22] 黄璜．美国联邦政府数据治理：政策与结构．中国行政管理，2017（8）．

[23] 黄静，周锐．基于信息生命周期管理理论的政府数据治理框架构建研究．电子政务，2019（9）．

[24] 黄敏杰．基于大数据环境下的数据治理框架研究及应用．信息系统工程，2018（11）．

[25] 蒋国银，陈玉凤，匡亚林．共享经济平台数据治理：框架构建、核心要素及优化策略．情报杂志，2021，40（8）．

[26] 景昕蒂，张云，宋德瑞，等．海域动态监测数据治理框架研究．海洋开发与管理，2019，36（3）．

[27] 雷斌，陆保国．面向大数据的治理框架研究．电子质量，2018（6）．

[28] 李阳．贵阳：大数据赋能社会治理提质增效．人民法院报，2022－06－06．

[29] 李志刚，李瑞．共享型互联网平台的治理框架与完善路径：基于协同创新理论视角．学习与实践，2021（4）．

[30] 梁芷铭．大数据治理：国家治理能力现代化的应有之义．吉首大学学报（社会科学版），2015，36（2）．

[31] 刘彬芳，魏玮，安小米．大数据时代政府数据治理的政策分析．情报杂志，2019，38（1）．

[32] 刘银喜，赵淼，赵子昕．政府数据治理能力影响因素分析．电子政务，2019（10）．

[33] 刘越男，闫慧，杨建梁，等．大数据情境下政府治理研究进展与理论框架构建．图书与情报，2017（1）．

[34] 卢凤玲．融合数据治理体系的智慧图书馆框架研究．图书馆，2021（5）．

[35] 吕先竞．"5WHR"数据治理概念框架及其应用：针对重大突发公共卫生事件．西华大学学报（哲学社会科学版），2020，39（5）．

[36] 马广惠，安小米，宋懿．业务驱动的政府大数据平台数据治理．情报资料工作，2018（1）．

[37] 马广惠，安小米．政府大数据共享交换情境下的大数据治理路径研究．情报资料工作，2019，40（2）．

[38] 马广惠，魏玮，安小米．大数据议题批判性反思．电子政务，2019（5）．

[39] 梅宏．大数据发展现状与未来趋势．交通运输研究，2019，5（5）．

[40] 梅宏．大数据发展现状与未来趋势：上．中国军转民，2019（12）．

［41］梅宏．大数据发展现状与未来趋势：下．中国军转民，2020（1）．

［42］梅宏．大数据发展与数字经济．中国工业和信息化，2021（5）．

［43］梅宏．大数据治理成为产业生态系统新热点．领导决策信息，2019（5）

［44］孟天广，张小劲．大数据驱动与政府治理能力提升：理论框架与模式创新．北京航空航天大学学报（社会科学版），2018，31（1）．

［45］明欣，安小米，宋刚．智慧城市背景下的数据治理框架研究．电子政务，2018（8）．

［46］钱涛．大数据背景下院校数据治理的探究和实践．无线互联科技，2020，17（21）．

［47］冉冉，刘颖，胡楠，等．大数据环境下的数据治理框架研究及应用．电子世界，2018（24）．

［48］沙勇忠，王超．大数据驱动的公共安全风险治理：基于"结构-过程-价值"的分析框架．兰州大学学报（社会科学版），2020，48（2）．

［49］沈费伟．大数据时代"智慧国土空间规划"的治理框架、案例检视与提升策略．改革与战略，2019，35（10）．

［50］司莉，曾粤亮．机构科研数据知识库联盟数据治理框架研究．图书馆论坛，2018，38（8）．

［51］宋懿，安小米，范灵俊，等．大数据时代政府信息资源共享的协同机制研究：基于宁波市海曙区政府信息资源中心的案例分析．情报理论与实践，2018，41（6）．

［52］宋懿，洪学海，孙嘉睿．精准扶贫情境中政务信息资源共享的管理行为框架研究：以贵州省"扶贫云"项目为例．情报杂志，2018，37（12）．

［53］孙学忠，胡伟．跨境贸易大数据平台数据治理及框架研究．中国口岸科学技术，2020（10）．

［54］索雷斯．大数据治理．北京：清华大学出版社，2014.

［55］吴善鹏，李萍，张志飞．政务大数据环境下的数据治理框架设计．电子政务，2019（2）．

［56］吴漾．智慧城市背景下的数据治理框架构建．科技风，2019（16）．

［57］奚春华．城市精准管理的数据治理框架体系研究与应用探析．信息技术与信息化，2020（12）．

［58］夏义堃．试论数据开放环境下的政府数据治理：概念框架与主要问题．图书情报知识，2018（1）．

［59］向芳青，张翊红．政府实施大数据治理的应用框架构建．凯里学院学报，2018，36（2）．

［60］严昕．公共图书馆数据治理框架构建研究．图书馆，2020（5）．

［61］杨琳，高洪美，宋俊典，等．大数据环境下的数据治理框架研究及应用．计算机应用与软件，2017，34（4）．

［62］印鉴，朱怀杰，余建兴，等．大数据治理的全景式框架．大数据，2020，6（2）．

［63］曾凯．大数据治理框架体系研究．信息系统工程，2016（11）．

［64］翟运开，王天琳，杨一旋，等．面向精准医疗的大数据治理框架研究．中国卫生事业管理，2020，37（7）．

［65］张桦．大数据环境下的"信息孤岛"治理框架．决策咨询，2019（6）．

［66］张晴晴，程新洲，张涛，等．基于区块链技术的运营商大数据治理框架构建研究．信息通信技术与政策，2021（2）．

［67］张绍华，潘蓉，宗宇伟．大数据治理与服务．上海：上海科学技术出版社，2016.

［68］张世明，彭雪峰，黄河笑．开放大学数据治理框架研究．中国电化教育，2018（8）．

［69］张宇杰，安小米，张国庆．政府大数据治理的成熟度评测指标体系构建．情报资料工作，2018（1）．

［70］赵安新．高校数据融合路径及其治理框架的探讨．中国教育信息化，2016（23）．

［71］赵发珍．大数据驱动的图书馆风险治理：内涵及框架．图书情报工作，2020，64（8）．

［72］赵发珍，王超，曲宗希．大数据驱动的城市公共安全治理模式研究：一个整合性分析框架．情报杂志，2020，39（6）．

［73］郑大庆，范颖捷，潘蓉，等．大数据治理的概念与要素探析．科技管理研究，2017，37（15）．

［74］郑大庆，黄丽华，张成洪，等．大数据治理的概念及其参考架构．研究与发展管理，2017，29（4）．

［75］中华人民共和国国民经济和社会发展第十四个五年规划和 2035 年远景目标纲要．（2021 - 03 - 13）．http：//www. gov. cn/xinwen/2021 - 03/13/content_5592681. htm.

［76］周振国．治理框架视域下的数据治理研究．农业图书情报学报，2020，32（7）．

［77］左美云，王配配．数据共享视角下跨部门政府数据治理框架构建．图书情报工作，2020，64（2）．

［78］Ai-Ruithe M，Benkhelifa E，Hameed K. Data governance taxonomy：cloud versus non-cloud. Sustainability，2018，10（1）．

［79］Brous P J，et al. Data governance as success factor for data science. Springer Open，2020（10）．

［80］Coyne E M，Coyne J G，Walker K B. Big data information governance by accountants. International Journal of Accounting and Information Management，2018，26（1）．

［81］DAMA International. The DAMA guide to the data management body of knowledge. New York：Technics Publications，2009.

［82］IBM. The IBM data governance council maturity model：building a roadmap for effective data governance.（2023 - 07 - 25）．http：//databaser. net/moniwiki/pds/DataWarehouse/leverage-wp_data _gov_council_maturity_model. pdf.

［83］Ju J，Liu L，Feng Y. Citizen-centered big data analysis-driven governance intelligence framework for smart cities. Telecommunications Policy, 2018, 42 (10SI) .

[84] Kim H Y, Cho J S. Data governance framework for big data implementation with a case of Korea//Karypis G, Zhang J. IEEE international congress on big data. New York: IEEE, 2017.

[85] Li Q, Lan L, Zeng NY, et al. A framework for big data governance to advance rhins: a case study of china. IEEE Access, 2019 (7) .

[86] Mao Z, Wu J, Qiao Y, et al. Government data governance framework based on a data middle platform. Aslib Journal of Information Management, 2021, 74 (2) .

[87] Marijn J, Paul B, Elsa E, et al. Data governance: organizing data for trustworthy artificial intelligence. Government Information Quarterly, 2020, 37 (3) .

[88] Paul B, Marijn J, Paulien H. Internet of things adoption for reconfiguring decision-making processes in asset management. Business Process Management Journal, 2019, 25 (3) .

[89] Praditya D, Janssen M. Assessment of factors influencing information sharing arrangements using the best-worst method. Publication History, 2017 (11) .

[90] Qiao L, Zhou Q, Song C, et al. Design of overall framework of self-service big data governance for power grid. Springer, 2019 (294) .

[91] Ricardo M, Marijn J, Devender M. Data science empowering the public: data-driven dashboards for transparent and accountable decision-making in smart cities. Government Information Quarterly, 2020, 37 (3) .

[92] Satapathy C S, Amit J. Information and communication technology for intelligent systems. Proceedings of ICTIS 2018, 2019 (1) .

[93] Soares S . Big data: a boon for governance professionals. IBM Data Magazine, 2012 (4) .

[94] 2013 11th International Conference on ICT and Knowledge Engineering. (2013 - 11 - 20). https: //www. proceedings. com/content/021/021418webtoc. pdf.

[95] Thomas G. The DGI data governance framework. (2022 - 09 - 17) . https: //www. docin. com/p - 1718904829. html.

[96] Williamson B. Digital education governance: data visualization, predictive analytics, and "real-time" policy instruments. Journal of Education Policy, 2020, 31 (2) .

5.1 引言

为了应对当前的大数据治理挑战，世界各国都在积极酝酿出台大数据治理的相关政策，试图通过颁布大数据治理的相关政策来促进大数据发展及应用。目前，各国的大数据治理实践仍然处于探索阶段，尚未形成成熟的治理经验，各个国家大数据治理的相关政策存在较大的相互学习和借鉴空间。本章聚焦大数据治理的政策，通过对大数据治理的相关政策研究进行系统性文献综述，分析、总结当前的大数据治理政策研究状况，识别研究中涉及的政策构成要素，并汇集、整理了三篇与大数据治理政策相关的团队前期研究成果，旨在为信息资源管理协同创新视角下的大数据治理政策的制定及研究提供参考和借鉴。

5.2 大数据治理的政策要素识别

大数据治理政策是指为实现数字社会的可持续发展，各国围绕大数据收集、开发与利用而建构的行为准则与行为规范，属于公共政策框架体系，既包括宏观层的大数据战略，也包括中观层的大数据政策等法规制度，还涉及微观层的具体标准、方案等（夏义堃，2018）。本节主要从大数据治理政策研究主体及其分布、政策文本及分析框架、政策内容和政策执行四个方面分析当前大数据治理政策的研究现状。

5.2.1 大数据治理政策研究的主体及其分布

研究者单位

对研究者的单位信息进行统计，统计原则如下：（1）一篇文献中一个作者多个单位的仅统计第一单位；（2）高校下设研究中心、研究所等不属于独立的研究机构，归为高校类；（3）为了方便统计，将独立的研究中心、研究所、研究院等统称为科研机构。统计结果如图 5-1 所示。

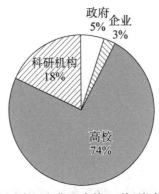

图 5-1 研究者单位统计图

从统计结果来看，大数据治理政策的研究者主要来自高校、科研机构、政府和企业，其中 7 成以上的研究者（74%）来自高校，2 成左右的研究者（18%）来自科研机构，仅有极少数的研究者来自政府、企业。一方面，政府、企业作为主要的政策制定主体、政策实施主体，其在政策实践性方面更有话语权，但在大数据治理政策研究中这两类研究主体较少；另一方面，在对研究者单位的分析中，发现同一篇文献中的作者多来自同一单位，大数据治理政策研究缺少机构间的合作，尤其是跨界（政企学研间）合作。

研究者学科

根据研究者所在机构及研究领域对其进行专业领域的划分，发现对大数据治理政策展开研究的专家主要来自公共管理、信息资源管理、计算机科学和法学四个专业领域，也有少数医学、电子商务等领域的专家从事相关的研究，如表 5-1 所示。

表 5-1 研究者学科分布

学科领域	代表性作者
公共管理	陈志成、王长征、翟云、李重照、黄璜、梁正、张彬、张会平、张勇进等

续表

学科领域	代表性作者
信息资源管理	安小米、夏义堃、刘彬芳、马广惠、宋懿等
计算机科学	代红、张明英、李鸣等
法学	吴沈括、Hoofnagle 等
其他	Li、Bertot、Marelli 等

　　按照研究者专业领域的不同，分析总结其在大数据治理政策研究中的特点，发现不同学科视角的研究者对大数据治理政策研究关注的内容存在显著差异。来自公共管理领域的张勇进和王璟璇（2014）、陈志成和王锐（2017）、黄璜（2017）、翟云（2018）、张会平等（2018）、李重照和黄璜（2019）、张彬等（2019）、王长征等（2020）、梁正和吴培熠（2020）从宏观角度关注大数据治理的逻辑、规律以及未来走向；来自信息资源管理领域的宋懿等（2018）、夏义堃（2018，2019）、安小米等（2019）、刘彬芳等（2019）、马广惠等（2019）关注大数据治理要素，强调治理要素间的关联性；来自计算机科学领域的张明英和潘蓉（2015）、李鸣等（2017）、代红等（2019）关注大数据治理标准体系、数据治理标准，强调大数据治理活动的标准化；来自法学领域的吴沈括（2018）、Hoofnagle 等（2019）关注全球数据治理态势，强调数据主权以及数据流动。现有研究较少从多学科综合集成视角开展大数据治理政策研究。

5.2.2　大数据治理政策研究的政策文本及分析框架

政策文本获取方式

　　对大数据治理政策的相关文献进行梳理，发现获取政策文本的方式主要有三类：（1）通过调研从已有的文献中析出；（2）通过政府网站检索；（3）通过法律法规数据库检索，比如北大法宝。研究者通常借助一个或多个方式进行大数据治理政策文本的检索、收集。对政策文本获取方式在便利性、全面性、局限性上进行比较，结果如表5-2所示。

表 5-2　政策文本获取方式比较分析

比较属性	关系
便利性	（2）＞（3）＞（1）
全面性	（3）＞（2）＞（1）
局限性	（1）＞（3）＞（2）

三种检索方式分别适用的场景：
（1）适用于进行前期探索或后期补充，并且所在单位或者机构能够提供相应数据库权限。
（2）适用于对某一部门发布的政策进行检索。
（3）适用于跨层级、跨地域、全面性要求较高的政策检索，并且所在单位或者机构能够提供相应数据库权限。

通过政府网站检索最为便利，没有权限限制，但其全面性、系统性相比于法律法规数据库略差。从文献中析出以及通过法律法规数据库获取的方式都涉及权限的问题，尤其是从相关文献中析出的方式，首先要查询相关文献，并具有下载权限，适用于进行前期探索或后期补充。

法律法规数据库是专门用于法律查询的数据库，更加全面、系统，但涉及获取权限的问题。国家法律法规数据库作为国家基础数据库建设的重要组成部分，通常可进行免费检索和下载，但部分由公司、高校等创办或联办的法律法规数据库通常存在获取限制，需要数据库访问权限才能进行检索和下载，比如北大法宝数据库、北大法意数据库等。后者相比于前者，收录范围更广，收录内容更加全面，适用于所在单位或者机构能够提供相应数据库权限的研究者。

政策文本类型及分布

对大数据治理政策文献研究中涉及的国家/地区及其被研究的频率、政策文本的类别以及数量进行统计（见表5-3），筛选出各个国家/地区政策研究中出现较多的政策文件（研究频次≥2），结果如表5-4所示。各个国家/地区政策研究的文献列表见本章附件一。

表5-3 大数据治理政策文献研究中的政策文本分布

国家/地区	研究中出现的频率	政策文本数量	战略/规划/纲要/计划等	法律/法规/协议/命令/指令/法案等	标准	通知/建议/声明/复函等	其他
中国	9	90	35	16	5	34	0
美国	9	59	16	39	0	0	4
英国	6	35	17	10	1	0	7
欧盟	5	19	8	9	0	1	1
澳大利亚	3	13	5	3	0	2	3
日本	2	16	8	6	0	0	2
法国	2	6	5	0	0	0	1
加拿大	1	6	1	5	0	0	0
德国	1	7	3	4	0	0	0
意大利	1	7	3	4	0	0	0
俄罗斯	1	6	3	3	0	0	0
韩国	1	4	3	1	0	0	0

表 5 - 4　大数据治理政策文献研究中的政策文件示例

美国	频数
《开放政府指令》	4
《13526 号行政命令"国家机密信息分类"》	3
《13556 号行政命令"受控非保密信息"》	3
《信息自由法》	3
《电子政府法》	3
《开放数据政策》	2
《透明与开放政府》	2
《网络安全国家行动计划》	2
《消费者隐私保护法案》	2
《阳光下的政府法》	2
《隐私法》	2
《政府信息公开和机器可读行政命令》	2
《文书削减法》	2
《联邦信息资源管理》	2
英国	频数
《数据保护法》	3
《把握数据带来的机遇：英国数据能力战略》	3
《公共数据原则》	2
《国家网络安全战略》	2
《开放政府合作组织英国国家行动计划 2013—2015》	2
《开放数据白皮书：释放潜能》	2
《英国数字战略》	2
澳大利亚	频数
《开放公共部门信息原则》	2
《公共服务大数据战略》	2
中国	频数
《"十三五"国家政务信息化工程建设规划》	2
《政务信息系统整合共享实施方案》	2
法国	频数
《法国政府大数据五项支持计划》	2
欧盟	频数
《一般数据保护条例》	5

　　从研究频率来看，最受关注的有中国、美国、英国、欧盟。本次综述文献多为中文文献，可能对中国的研究频率有一定影响。美国、英国和欧盟在数据治理领域有着

较为丰富的实践经验，对其大数据治理政策进行研究于其他国家而言具有借鉴意义。除以上国家外，澳大利亚、日本、法国也是研究中较为关注的国家。另外，也有文献中涉及加拿大、德国、意大利、俄罗斯、韩国等。

从现有研究中涉及的政策文本类型分布情况来看，研究中多是关注大数据治理相关战略、规划、纲要、计划等规划性文书以及相关的法律法规等，缺少对具体标准的研究。大数据治理活动涉及面广，繁杂多变，既需要进行统筹规划与顶层设计的宏观层政策、中观层法律法规，也需要在微观活动中实施规范有序的操作标准，以确保数据活动的统一性，为后续的数据关联、数据共享奠定基础。政策研究的不足会导致实施层面的不足，实施层面缺乏可操作的数据标准会造成跨业务、跨部门、跨系统的横向协同机制不顺畅，影响治理效果。

政策文本类型不同，产生的政策效力各异。除了中国之外，对其他国家的政策研究中很少涉及通知、建议、声明、复函等约束力不强、执行力度不足的政策文书。最主要的原因是，中国发布的大数据治理相关的政策不多，战略规划层面的政策大多不是专门针对大数据治理制定的，在数据共享、数据开放、隐私保护等方面的法律法规也存在缺乏和滞后的现象。

政策文本分析的框架及其构成要素

大部分文献使用传统的定性分析对大数据治理政策内容进行研究，比如，李重照和黄璜（2019）、黄璜（2017）等对英国、美国政府数据治理政策进行分析，总结出英国、美国政府数据治理政策所涵盖的主要领域。梁正和吴培熠（2020）通过系统地回顾美国、欧盟、英国和中国数据治理政策的历史沿袭，归纳其数据治理的政策框架特征。

而传统的定性分析缺少分析框架理论依据，在一定程度上存在局限性。少数的大数据治理政策研究通过使用政策分析框架对大数据治理政策进行分析，其中安小米团队在此方面的研究较为突出。安小米等（2019）通过构建二维政策分析框架对政府数据治理政策进行分析；安小米等（2018）使用政府大数据治理能力的构成要素框架对美国、英国及澳大利亚三国的大数据治理专项政策进行分析；白献阳等（2019）使用政府大数据治理体系通用要素框架，对贵州省政府大数据治理体系利益相关方访谈文本和政府大数据治理相关政策文本进行编码、映射。也有学者使用大数据政策比较框架对美国、澳大利亚、英国、法国政府的大数据政策进行分析（张勇进和王璟璇，2014）。以上分析框架的具体政策内容分析要素如表5-5所示。

表 5-5 大数据治理政策分析框架及其构成要素

政策分析框架	构成要素
"政策工具维度-大数据治理的核心概念体系维度"二维政策分析框架	政策工具维度：供给面、需求面和环境面 大数据治理的核心概念体系维度：宏观层（概念系统和系统框架）、中观层（管理机制、管理体系、一整套过程、方法和技术以及部署的计划和策略）、微观层（策略、策略或过程和行为）
政府大数据治理能力的构成要素框架	数据：数据处理、数据共享、数据开放 技术：技术架构、基础设施、应用服务 资源：资源开发、资源安全
政府大数据治理体系通用要素框架	治理目标：运营合规、风险管控、价值创造 治理主体：大数据治理委员会、大数据治理办公室、大数据管理者、大数据专家 治理客体：政府数据/信息、人员 治理活动：过程/领域、政策、标准/指南 治理工具：信息基础设施、大数据技术、监测工具
大数据政策比较框架	战略规划：战略目标、战略内容、重点发展领域、管理体制 技术能力提升政策：基础研究、关键技术研发、人才培养、产业扶持、资金保障 应用与管理政策：数据开放与共享、隐私与数据安全保护

5.2.3 大数据治理政策研究的政策内容

从现有研究来看，大数据治理政策的内容主要集中在数据开放、数据安全、数据再利用以及数据主权和跨境数据流动四个方面。数据开放运动的兴起极大地改变了大数据治理的环境并丰富其内涵，同时，大数据治理也是推进数据开放和建设开放政府的催化剂；大数据治理高度强调数据安全，各个国家纷纷开展法律制度的制定、修订、更新以应对频频出现的数据泄露、隐私侵害等问题；数据再利用、数据主权和跨境数据流动也是当前大数据治理的关键内容。

数据开放

2009 年美国发布《开放政府指令》，揭开了全球开放政府数据的序幕，越来越多的国家和政府间国际组织参与到开放政府计划中，并通过制定政策推动开放政府数据运动的开展（温芳芳等，2018）。同年，英国发布《迈向第一线：更聪明的政府》，将开放数据和加强政府透明度作为国家首要战略，确保跨地区的数据能够有效连接（李重照和黄璜，2019）。2010 年，《欧盟 2020 战略》将数据看作最好的创新资源，认为开放数据将成为新的促进就业和经济增长的重要工具（张彬等，2019）。2012 年，纽约颁布《纽约市开放数据法案》，通过法律促进政府数据开放，营造良好的数据开放环境（陈志成和王锐，2017）。英国《开放政府白皮书》明确要求各政府部门每隔 2—3 年就要制定详细的数据开放策略（夏义堃，2018）。除了战略层面的推进之外，不少政策也涉及数据开放范围和原则、开放数据格式、数据开放与隐私安全等具体内容。

（1）开放范围和原则。《英国开放政府国家行动计划（2016—2018 年）》首次明确提出数据开放项目具体责任机构、数据开放范围和分布目标等基本事项（黄如花和刘龙，2017）。英国《开放政府白皮书》要求政府部门阐述它们将要对外开放的数据内容、首次开放时间、数据更新频率（张勇进和王璟璇，2014）。美国《开放政府指令》对开放政府的基本原则提出具体要求，包括提供具有开放格式的高质量数据集（黄璜，2017）。《开放数据宪章》明确了八国集团（G8）国家数据开放五大原则（张彬等，2019）。

（2）开放数据格式。美国 2014 年制定《美国开放数据行动计划》，要求政府以可发现、机器可读、可用的方式公开数据（张彬等，2019）。美国出台的《数字政府战略》强调要确保数据处于"开放和机器可读"的默认状态，民众可随时随地地获取政府提供的数据和服务，《政府信息公开和机器可读行政命令》也将机器可读列为数据开放的重要内容（翟云，2018）。英国《自由保护法》要求各部门必须以可机读的方式发布数据（李重照和黄璜，2019）。

（3）数据开放与隐私安全。大数据时代面临新的隐私问题，个人隐私与公开获取间的矛盾是其表现之一，大数据立法应平衡个人信息保护与政府数据公开共享（Li et al.，2019）。1998 年英国颁布《数据保护法》要求政府应在不违反国家安全、商业机密和个人隐私的情况下，将政府信息以电子化的形式予以公开（张勇进和王璟璇，2014）。此外，英国在《G8 开放数据宪章：英国行动计划》和《开放数据白皮书：释放潜能》中也强调隐私权与开放数据之间的平衡（张勇进和王璟璇，2014）。

数据安全

（1）网络安全。美国管理和预算办公室发布的备忘录《联邦机构网站政策》要求机构提供足够的安全控制，以确保信息不被篡改，保持准确性，必要时保持机密性（Sarin et al.，2014）。2016 年，美国发布《网络安全行动计划》，提出了一揽子的长期和短期行动策略以提升联邦政府和全国的网络安全。为强化数据安全管理的执行，美国《国家/国土安全和隐私保密检查表和指南》规定各部门提交给 Data. gov 网站的数据都应进行安全审查（夏义堃，2018）。中国的《网络安全法》对数据安全进行了原则性的规范（梁正和吴培熠，2020）。

（2）个人数据保护。欧盟《一般数据保护条例》被认为是最严格的个人数据和隐私保护条例，在扩大数据主体的权利和法律适用范围的同时，细化个人数据处理的基本原则（李重照和黄璜，2019），引入极为严格的责任条款，并通过最高处罚为涉事主体全球盈收总额4％的惩罚机制予以强化（吴沈括，2019）。欧盟《个人数据保护指令》明确提出保护自然人在个人数据处理中的权利和自由，尤其是隐私权（李重照和黄璜，2019）。

美国是世界上最早提出并通过法律对隐私权进行保护的国家（黄璜，2017）。1974年，美国首部《隐私法》对政府机构应当如何收集公民的个人信息，哪些内容可以存储和公开，如何向公众开放以及信息主体有哪些权利等都作出了比较详细的规定（黄璜，2017）。加利福尼亚州政府于2018年通过《消费者隐私保护法案》，明确了数据保护的适用范围，扩展了个人信息定义，强化了消费者隐私权利保护（梁正和吴培熠，2020），一旦企业违反隐私保护要求，将面临支付给每位消费者750美元的损害赔偿金（吴沈括，2019）。

1998年英国通过首部《数据保护法》，提出了个人数据保护的基础性原则，禁止数据主体未经注册持有个人数据，明确数据控制者在个人数据处理中的权利、义务及责任，提出公民拥有获取与自身相关数据的权利。2018年英国通过了新的《数据保护法案》，对个人和组织数据保护的权利和责任作出了明确规定，旨在更新和强化数字经济时代的个人数据保护，强调在充分保护个人数据的前提下推动数据创新。另外，英国还制定了《个人隐私影响评估手册》，为各部门数据发布提供专业的隐私保护知识经验（李重照和黄璜，2019）。

2012年，新加坡颁布了《个人资料保护法》，防止对国内数据以及源于境外个人资料的滥用行为（陈志成和王锐，2017）。2015年，日本修正了《个人信息保护法》，规定其个人信息正当处理的基本理念、基本方针等个人信息保护基本事项（张彬等，2019）。韩国《个人信息保护法》对个人信息的公开和使用以及侵犯个人信息权利的处罚等进行详细的规定（池建新，2016），但其对企业个人信息泄露约束力度不足，以至于个人信息泄露事件持续发生（张彬等，2019）。中国于2005年启动个人信息保护方面的立法程序，2013年出台《电信和互联网个人信息保护规定》，规范了行业内个人数据的保护制度（梁正和吴培熠，2020）。

数据再利用

2003年11月，欧盟发布了《公共部门的信息再利用指令》以推动公共部门信息再利用（李重照和黄璜，2019）。2005 年，英国政府颁布《公共部门信息再利用条例》，初步建立了英国公共部门信息再利用的法律框架（李重照和黄璜，2019）。英国《公共部门信息再次利用条例（2015）》对公共机构再次利用所持有、生产、收集以及保存各类数据作出规定（张彬等，2019）。澳大利亚的《开放政府许可框架》将数据再利用的授权许可类型划分为四类，不同类型的政府数据可采用不同的授权模式与收费标准，进行差异化限制或鼓励（陈美，2014）。新西兰内政部将高价值公共数据再利用的披露流程分为七个阶段，并对不同阶段的工作内容与运行规则进行了操作性描述，为数据再利用提供针对性指导（夏义堃，2018）。

数据主权和跨境数据流动

欧盟的《一般数据保护条例》致力于改进个人数据跨境传输的流程管控，并对构建全球数据保护标准产生影响，特别是以个人数据跨境流动为抓手，直接制约并影响他国数据治理的制度建设，强调规范落实的机制保障以及建构个人数据跨境传输的全球化管控机制（吴沈括，2018）。在技术驱动创新的大数据时代，非个人数据逐渐成为核心竞争力。欧盟制定了《非个人数据自由流动条例》，旨在改善单一市场跨境的非个人数据的流动性，遵守限定数据本地化规则，促进数据流动市场环境的活跃度与积极性（吴沈括，2019）。中国对跨境数据流动管理也较为严格，《网络安全法》规定关键信息基础设施的运营者在中华人民共和国境内运营中收集和产生的个人信息和重要数据应当在境内存储，因业务需要，确需向境外提供的，应当按照国务院有关部门制定的办法进行安全评估（张彬等，2019）。

除了上述大数据治理政策文献研究中涉及的文件及内容，在近期颁布的相关政策中各方加强了对数据伦理、数据安全的关注。

2019 年 4 月，欧盟人工智能专家委员会发布《可信赖的人工智能伦理准则》，明确阐述了建立"可信赖的人工智能"最关键的七个方面——"人的能动性与监督""技术稳健性与安全性""隐私与数据管理""社会与环境福祉""多样性、非歧视性与公平性""透明性""问责制度"。2020 年 9 月，美国联邦总务署发布了《数据伦理框架》草案，帮助联邦机构系统地识别和评估其在数据获取、管理和使用等工作中的潜在利益和风险，指导从事收集、管理和使用数据等工作的联邦雇员作出符合道德伦理的决策。

2021 年 9 月，中国施行《中华人民共和国数据安全法》，确立了数据分类分级管理，建立了数据安全风险评估、监测预警、应急处置、数据安全审查等基本制度。2021 年 11 月，中国施行《中华人民共和国个人信息保护法》，明确不得过度收集个人信息、大数据杀熟，对人脸信息等敏感个人信息的处理作出规制，完善个人信息保护投诉、举报工作机制等。2021 年 5 月，美国发布《关于改善国家网络安全的行政命令》，旨在加强联邦政府应对和预防网络安全威胁的能力。2021 年 8 月，美国管理与预算办公室发布备忘录《提高联邦政府网络安全事件的调查和补救能力》，要求做好事件日志管理和共享，提升网络安全事件响应能力，更有效地保护联邦信息和行政分支部门与机构。2021 年 9 月，美国网络安全与基础设施安全局发布《零信任成熟度模型》草案。同时，管理与预算办公室也发布《联邦零信任战略》，从战略层面对零信任网络安全架构部署进行了整体规划。2022 年 1 月，美国管理和预算办公室发布《美国政府向零信任网络安全原则的迁移》，要求相关机构在 2024 年之前满足特定的网络安全标准和目标，以增强政府应对日益复杂和持续的网络威胁的能力。

5.2.4　大数据治理政策研究的政策执行

大数据治理政策执行是指政策制定后，将政策内容变成现实的过程。相关的研究主要围绕大数据治理组织机构设置和大数据治理人员素质培养两方面进行。

组织机构设置

黄璜（2017）对美国联邦政府数据治理政策和机构进行研究，发现美国设有管理与预算办公室（OMB）、联邦 CIO 委员会（CIOC）、国家档案和记录管理局（NARA）等核心治理机构，为数据开放、隐私保护、数据安全等方面的政策执行提供机构保障。李重照和黄璜（2019）对英国核心治理机构的设置和职责进行深入探讨，发现英国设有内阁办公室（CO）、信息专员办公室（ICO）、国家档案馆（TNA）等关键机构，为个人数据保护、数据开放、数据管理与再利用等方面的政策执行提供机构保障。谭必勇和陈艳（2019）等人对加拿大政府数据治理的组织框架进行分析，强调加拿大联邦政府为确保政府数据治理政策的落实，还设立了独立的外部审计机构用于监督拥有特殊权利的机构，比如依据《信息获取法》设置的信息专员办公室（OIC）、依据《隐私法》设置的隐私专员办公室（OPC）。

人员素质培养

大数据治理组织机构由人员组成，人员素质是影响组织机构政策执行效力的关键。大数据治理政策的执行，对政策执行人员的数据管理理念、数据驾驭能力以及知识结构等提出要求，需要加强政策执行人员的能力培养（夏义堃，2018）。许多国家都认识到政策执行人员的素质是大数据治理政策执行的重要推动力量，在政策制定中强调人才培养和人员能力培训。比如英国在《开放数据路线图 2015》指出政府应加强公务员数据素养的培训（夏义堃，2018）；美国出台的《网络安全信息共享法案（2015）》也强调要加快网络安全人才的培养（张彬等，2019）。

5.3 政府大数据治理政策研究

本节基于研究团队前期研究成果，借鉴国内外大数据治理研究成果，通过相关政策识别政府大数据治理能力构成要素、政府大数据治理政策要素，并借助贵州省政府大数据治理体系利益相关方访谈文本和政府大数据治理相关政策文本来验证政府大数据治理政策构成要素的合理性。

5.3.1 美英澳政府大数据治理能力构成要素识别

选取美国、英国及澳大利亚的大数据治理专项政策作为文本内容分析对象，主要原因如下：（1）三国在数据治理领域有着较为丰富的实践经验；（2）三国陆续出台了具有典型性的大数据治理专项政策；（3）现有研究中的大数据政策研究多以我国政策为文本分析对象，较少从治理能力提升的角度对三国的大数据治理专项政策进行内容分析，对国外政策的解析有助于深入理解政府大数据治理能力的概念本体、构成要素及关联顺序。政府大数据治理专项政策是指美国、英国及澳大利亚三国以大数据为治理对象的信息政策法规。具体政策文本样本框如表5-6所示。

表5-6 研究选取的政策文本样本框

国家	编号	政策名称	发布年份
美国	1-1	《大数据：抓住机遇与守护价值》	2014
	1-2	《大数据与隐私：技术视角》	2014
英国	2-1	《把握数据带来的机遇：英国数据能力战略》	2013
	2-2	《数字英国战略》	2016
澳大利亚	3-1	《公共服务大数据战略》	2013
	3-2	《大数据优化实践指南》	2015

通过进行系统性文献综述，本研究将政府大数据治理能力定义为政府主体在大数据治理进程中，依照不同组织目标及实践情境需求，对数据、技术及资源等管理要素进行界定、关联并重新调整要素间的关联顺序及其作用关系以提升其整体作用效果、效率和效能的能力，其构成要素、主要内容及内容说明如表5-7所示。

表5-7 政府大数据治理能力的构成要素、主要内容及内容说明

构成要素	主要内容	内容说明
数据	数据处理	政府大数据的生产、采集及获取能力 政府大数据的元数据管理能力 政府大数据的质量监管能力
	数据共享	政府大数据在内部各层级及部门间的共享能力 政府大数据向公众、企业等主体开放的能力
	数据开放	政府向社会公众无障碍地提供海量数据的能力 政府大数据开放周期法律法规的界定能力
技术	技术架构	政府大数据的数据处理技术 政府大数据的数据分析技术 政府大数据的安全处理技术
	基础设施	政府大数据采集、传输及存储的基础设施建设情况
	应用服务	政府大数据在特定业务场景中提供公共服务的能力
资源	资源开发	政府大数据资源开发的资金及培训资源支持 政府大数据资源开发的配套政策支持
	资源安全	政府大数据隐私保护的能力 政府大数据安全法律体系的构建能力

　　政府大数据治理能力的构成要素划分为数据、技术、资源三个类别，其构成内容、顺序和具体指标可以根据不同管理情境的需要进行调整。其中政府大数据治理及实践活动的开展都基于一定的数据处理、共享及开放能力；数据治理能力要素与技术治理能力要素相辅相成，技术架构及基础设施建设的目的均围绕数据治理能力的提升，而应用服务能力的提升需要以共享数据及开放数据等多来源政府大数据作为原料；资源治理能力要素与政府大数据价值开发有着密切联系，与数据治理要素及技术治理要素相互作用，推动政府大数据的价值积累，同时就隐私保护、信息安全等敏感性议题提供解决方案。在实践过程中，政府主体会依照不同组织目标及实践情境需求，对数据、技术及资源等管理要素进行界定、关联并重新调整要素间的关联顺序及其作用关系。对要素序变能力的认识和探索能促使治理主体关注能力要素，反映出不同政府主体对政府大数据治理的认识。

　　结合政策阅读结果，将政策内容按照"［政策编号］：页码"的方式进行编码，在与表5-7中能力要素进行匹配的基础上进一步进行数据提炼、分析及解释，得到三国政府大数据治理能力要素的分布情况（见表5-8）。

表 5-8　美英澳三国政府大数据治理能力要素的分布情况

要素	数据							技术					资源			
内容	数据处理			数据共享		数据开放		技术架构			基础设施	应用服务	资源开发		资源安全	
说明	生产、采集及获取能力	元数据管理能力	数据质量管理能力	政府内数据共享能力	政府大数据向公共开放能力	数据提供能力	数据开放法规界定能力	数据处理技术	数据分析技术	安全处理技术	采集、传输、存储的基础设施	特定业务场景中提供公共服务能力	资金及培训资源支持能力	配套政策支持	隐私保护能力	安全法律体系构建能力
美国	√	√	√	√	√	×	×	×	×	×	×	√	×	√	××	×
英国	√	√	×	×	×	√	√	√	√	√	××	√	××	×	√	√
澳大利亚	×	√	√	×	×	×	√	×	×	√	×	√	×	××	×	××

共同关注：美英澳大数据治理政策中的共性能力要素

在数据能力的各项组成要素中，数据提供能力是三国政府共同关注的要素之一。其中，美英两国政府强调公众作为数据使用者的重要地位，突出数据开放的重要性，并以开放数据的质量及数据开放行为作为管理对象制定相应的规则规范；而澳大利亚政府的数据供给则主要服务于政府部门内部以提升公共服务能力为目的的共建共享活动，辅助性支持政策的构建成为重点。在技术能力的各项组成要素中，基础设施的建设状况是三国政府共同的关注要素之一。其中，在重视物理基础设施建设的前提下，英国政府强调建设、使用和改进基础设施所需的技术、技能与素养，关联物理实体与技能素养。在资源能力的各项组成要素中，资金及培训资源支持能力、隐私保护能力及安全法律体系的构建能力是三国政府共同关注的要素。其中，美国政府重视开放数据在隐私权、资产权等领域的合法合规，并通过设立专门机构和制定专项法规的方式着重监督数据开放与共享的系列行为活动，以保障公民的各项合法权利。英国政府重视政府大数据管理过程中公民专业素养的提升，相关政策试图为公民构建由教育、应试到就业的生命周期素质培养过程，从整体上提升公民的竞争力。澳大利亚政府重视政府大数据的资产属性，支持、拓展并维护政府大数据资产的保值和增值。

总体而言，政府大数据生产力的提升是美英澳三国政府大数据治理政策共同关注的议题。一方面，三国政府的大数据治理政策重视政府大数据供给能力的全面提升，试图在基础设施建设及全面资源保障的双重支持下通过技术手段提升数据处理效率，挖掘政府大数据潜在价值。另一方面，三国政府的大数据治理政策对政府大数据来源及供给对象的理解各有不同：美国政府认为政府大数据中包含大量的公民隐私数据，政府大数据的应用需要处理并保护好公民的隐私权利，政府大数据需要向社会公众进行开放；英国政府则将政府大数据的收集、处理和使用的各个环节视为公民素养提升的重要基础，将政府大数据治理视为国民素质转型的基础组成部分；澳大利亚政府在将政府内部数据视为政府大数据的主要来源的同时，也将政府大数据的主要供给对象视为政府部门，政府大数据生产力的提升与政府部门自身管理效率的提升有紧密联系。

认知隐喻：美英澳大数据治理政策中的要素关联顺序及作用方式

除了共同关注的能力要素外，美英澳三国的大数据治理政策对治理能力要素有不同的侧重点和针对性，这不仅在一定程度上反映了三国政府对待政府大数据治理的不同理念，同时也影响着政府大数据治理能力要素的关联顺序及其作用方式。其中，美国政府大数据治理政策以大数据技术价值最大化、利用风险最小化的达成作为政策的核心理念，这里的利用风险主要指大数据技术应用给公民权利带来的侵害，侵害内容包括大数据技术应用带来的数字歧视和对个人隐私安全的侵犯。美国政府大数据治理能力要素的界定与关联以解决上述问题为目的，将资源安全作为政府大数据治理过程中的核心要素，政府通过数据开放的方式向社会各类主体提供可利用的数据原料，为不同人群提供数字能力教育及培育体系，从而在为社会提供更多协同创新能力的同时，降低数字鸿沟出现的概率；在数据采集、处理和分析的过程中，信息安全技术和法律政策体系共同作用，界定并控制技术可能带来的隐私风险。资源安全保护作为重要准则被嵌入数据开发及技术应用的过程中，资源要素在使用过程中的安全地位得到了重点保障。

英国政府大数据治理政策以提升市民数据能力作为政策的核心理念，在强调基础数据、基础设施与人的可连接性的同时，强调大数据资源开发与利用能力的培育。作为开放数据的先驱，英国政府大数据治理政策延续了多元主体参与的治理方式，政策注重由市民、教育机构及企业等组成的社会多元主体的参与，构建由教育机构的课程设置出发到大数据时代企业职位的数据职业通路；通过对社会主体及其角色地位的重构，政策力图实现人力资源培育基础上的大数据治理。而人力资源技能成为大数据治理过程中的核心要素，数据、技术与基础设施等要素均需要通过与人关联的方式发挥各自的作用。

澳大利亚政府大数据治理政策以数据资产观作为政策制定的核心理念，其政府大数据治理能力要素的界定与关联以提升政府公共服务供给能力为目的，政策强调政府大数据是国家资产的重要组成部分，数据资产的开发利用不仅需要基础设施建设及技术发展的支持，更需要政府组织对业务流程和变革管理及服务方式的主动调整。通过一站式服务设施的建设，数据资产的开发提供了更为便捷、高效的公共服务。大数据资源开发的配套设施和政策支持成为大数据治理过程中的核心要素，而政府组织通过提升服务意识、培育大数据组织文化的方式提升数据融合、处理和分析能力过程中的服务意识，以保证作为国有资产的政府大数据在公共服务领域进一步促进公共利益的提升。

综上所述，美国政府大数据治理政策关注公民权利的维护，侧重大数据开发利用过程中公民个人隐私权的保护；英国政府大数据治理政策关注数据能力的提升，侧重以人为中心的基础设施间的可关联性与对居民数字素养的培育；澳大利亚政府大数据治理政策关注国家数字资产的利用情况，侧重于大数据技术在提升政府业务处理效率及公共服务供给能力方面发挥的作用。三国政府治理理念的背后隐含着对政府大数据作为权力实现工具、人力资源开发对象及国家战略资产的不同认知隐喻，通过对基础设施、支持政策和应用服务方式的调整，三国大数据治理政策在认知隐喻的指导下，对数据、技术及资源能力要素进行不同的要素关联及排序，基本思路如图 5 - 2 所示。

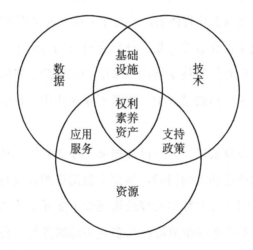

图 5 - 2　美英澳三国政府大数据治理能力要素及其作用关系

对我国政府大数据治理政策制定的启示

美英澳三国政府在大数据治理的过程中，分别围绕维护公民权利、提升数字能力、增强公共服务的治理理念，对数据、技术及资源管理要素进行界定，并依照各自治理理念的特点对要素间的关联顺序进行调整。美英澳三个国家从战略层次对大数据治理核心理念的重视，对政府大数据多元特征及治理要素关联作用方式的关注，以及对政府治理理念的贯彻落实方式，为我国政府大数据治理政策的制定提供了以下借鉴：

首先，相较于具体的技术方案及条文规范，美英澳三国的政府大数据治理政策更侧重战略层次上治理要素的概念界定及框架建构。三国政府在借助政策工具表明自身对政府大数据治理能力概念及要素构成的理解的同时，也结合自身组织特征设计了相应的落实方案。这种政策设计方式在一定程度上表明，政府大数据治理能力的概念界定应区别于指向技术的具体管理技能的集合。前者是从现有理论/研究成果出发，探究政府大数据治理能力的理论概念、概念要素及要素组合方式，目的是通过理论推演或实证研究的方式识别出提升政府大数据治理能力所需要的抽象概念，加深政府管理者、研究者及其他相关人员对政府大数据治理的概念认知；而后者从数据管理对象或技术管理特征出发，探究政府大数据治理实现的具体性技术解决方案，目的是将理论要素落实到实践情境中。对我国政府而言，在未来的政府大数据治理政策制定过程中，需综合考虑理论研究成果及实践需求现状，区分概念理论体系构建与技术方案设计并促进二者间的融合。

其次，美英澳三国的政府大数据治理政策内容在关注数据及技术要素的同时，侧重于政府大数据资产属性的探讨与界定，政府大数据资产的所有权、所属权及使用权等议题均被纳入三国政府大数据治理政策规范的相应内容中。政策内容的侧重一定程度上表明：在政府数据治理过程中，明确政府大数据的资产属性是治理能力建构与提升的重要步骤之一；在此前提下，政府主体借助政策工具逐步厘清资产背后的权责利关系及政府大数据治理能力所需的复杂构成要素，从而逐步形成较为完整且系统的顶层政策设计方案。对我国政府而言，在未来的政府大数据治理政策制定过程中，需正视并重视政府大数据的多元属性及复杂构成，需识别政府大数据的资产属性，完善相应权责利关系体系的构建，在充分认识和理解政府大数据复杂性特征的前提下，促进政策体系的连贯性。

最后，美英澳三国的政府大数据治理政策中对资产、权力和素养的关注反映了三国政府大数据治理理念对风险-收益、权责利关系、公民综合性素质的理解。借由资产这一切入点，澳大利亚政府将政府治理理念中对公共服务能力的关注落实为国有资产的风险-收益评估；借由隐私这一切入点，美国政府将政府治理理念中对自由和权力的关注落实为权责利关系体系；借由素养这一切入点，英国政府将政府治理理念中对人的关注落实为系统的教育职业联动体系。政府治理理念的落实方式在一定程度上表明作为政策设计、制定及执行过程中的"中介变量"，政府治理理念不仅影响政府主体作用发挥的方式，也影响政策工具的设计方式及政策内容的关注焦点。对我国政府而言，在未来的政府大数据治理政策制定过程中，需进一步明确并贯彻政府的核心治理理念，在解决政府大数据治理具体问题的同时，维护政策体系的一致性。

综上所述，我国政府在未来大数据治理政策的制定过程中，应区分理论概念体系构建与技术方案设计并促进二者间的融合，应正视并重视政府大数据的复杂性特征，完善相应权责利关系调节的配套政策，在充分认识和理解政府大数据复杂性特征的前提下，维护政府大数据治理过程中政策方向的一致性和逻辑顺序的一致性。

5.3.2　政府大数据治理政策要素识别

本研究通过构建包括政策工具维度和大数据治理的核心概念体系维度在内的二维政策分析框架对目标政策进行分析：（1）政策工具维度。以政策工具理论为基础，结合罗斯·威尔（Roy Rothwell）和维尔德·泽格（Walter Zegveld）分类法，借鉴已有的研究成果，将基本政策工具分为供给面、环境面和需求面三种类型（见表 5-9）。（2）大数据治理的核心概念体系维度（郭明军等，2018）。大数据治理核心概念的建立可以借用安小米等学者提出的大数据治理政策体系框架构成要素。在宏观层，大数据治理被描述为概念系统和系统框架；中观层涉及管理机制，管理体系，一整套过程，方法和技术以及部署的计划和策略；微观层有三个部分，包括策略，策略或过程和行为。在这个维度上，大数据治理的核心概念可以与数据处理和管理（DPM）核心概念相关联。DPM 是由 ITU-T 物联网智慧城市数据处理与管理焦点组提出的数据处理与管理术语构建概念框架，被用于规范数据处理与管理之间的概念关系，明确利益相关方对数据处理与管理的需求。图 5-3 显示了政府大数据治理在宏观层、中观层以及微观层对应的数据处理与管理内容，呈现出数据生命周期管理的逻辑架构和要素关系。

表 5-9　政策编码分类表

编码分类	二级分类	类别描述
供给面	人力支持	人力支援的政策工具，包括政府为推进大数据治理提供各项教育培训保障
	科技信息支持	政府收集整理国内外大数据治理信息，评估并发布相关信息，为大数据治理的发展提供公共科技支持和信息服务

续表

编码分类	二级分类	类别描述
供给面	基础设施建设	政府通过建设大数据治理的相关基础设施，保障大数据治理体系
	资金投入	政府直接对大数据治理提供财力上的支援，如设立专项资金、给予直接补贴等
	技术支持	政府为大数据治理的发展提供技术支持
环境面	目标规划	基于大数据治理的发展需要，对要达成的目标及远景做总体描述和勾画
	金融支持	政府通过贷款、融资、财务分配、创作融资等方式推动大数据治理的发展
	税收优惠	政府给予大数据治理领域的企业和个人税赋上的减免
	法规管制	政府通过制定一系列法规、制度等规范大数据治理的发展
	鼓励创新	政府为促进大数据治理创新采取各种政策，包括知识产权保护、激励企业进入大数据治理领域、鼓励建立相关研发中心等
需求面	采购	政府对大数据治理进行采购或特许权招标等，合约研究、合约采购等均是创造需求的政策工具
	外包	政府将服务或研发委托给企业或民间科研机构，以推动大数据治理的发展
	贸易管制	政府通过有关进出口贸易的各项管制或鼓励政策，实现大数据治理的发展，贸易管制是干预市场的政策工具
	技术标准与应用	政府为促进大数据治理的发展制定技术标准和技术应用示范，包括重大工程建设等
	公共服务	政府保障大数据治理的发展，提供各项配套的公共服务

　　本研究采集的数据对象是中央政府机构公开发布的国家层面的有关大数据时代政府数据治理的政策文件。数据主要来源于两个途径：一是从已有相关文献中析出有关政策；二是通过政府网站检索相关政策。通过以上两个途径，筛选出大数据治理相关的公开可得的政策数据资料，最终得到 24 份国内相关政策样本（政策样本列表见本章附件二）。依据分析框架，将采集后的政策数据进行编码分类后，得到了我国大数据时代的数据治理政策整体情况（见表 5 - 10）。24 份政策文件、87 个内容分析单元的数据覆盖了供给面、环境面和需求面的大多数政策工具类型。政策内容也涉及了宏观、中观和微观各个层次的大数据治理类别，为大数据治理的发展提供了一定的政策依据和发展规划。

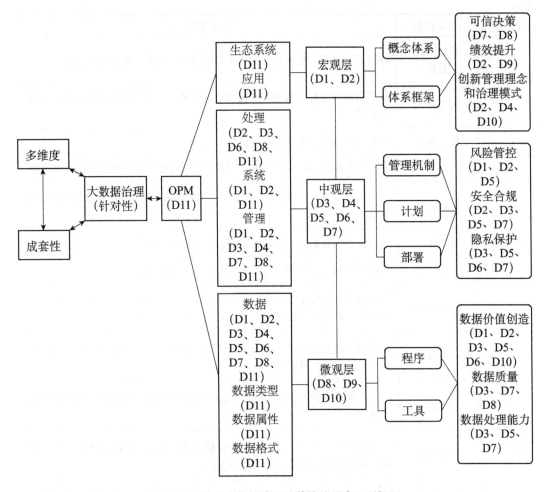

图 5-3　政府大数据治理政策构建要素识别框架

表 5-10　政策统计分析结果

	供给面	环境面	需求面	小计	百分比
宏观层	1	10	6	17	19.54%
中观层	22	20	3	45	51.72%
微观层	9	3	13	25	28.74%
小计	32	33	22	87	100.00%
百分比	36.78%	37.93%	25.29%	100.00%	

从表 5-10 中可见，近几年中国已经发布了不少数据治理相关的政策内容，其中大部分相关政策集中于中观层，宏观层的政策内容相对较少；从政策工具视角来看，各个类型的政策工具分布较为平均，供给面、环境面和需求面的政策内容较为均衡，其中供给面和环境面的政策工具主要分布在中观层，而需求面的政策工具主要分布在微观层。

大数据时代我国政府数据治理的政策工具维度分布如表 5-11 所示。

表 5-11　政策工具维度分布

工具类型	工具名称	政策内容关键词	小计	百分比	百分比合计
供给面	人力支持	组织领导、宣传教育和人才培养、人才队伍建设、人才培养模式、人员培训、提升信息技能、师资队伍、专业院系、学科体系、重点实验室	6	18.75%	36.78%
	基础设施建设	信息基础设施初步建成、智能化基础设施、国家电子政务网络、全球信息基础设施建设和保护、信息化支撑能力、公共基础设施统筹	14	43.75%	
	资金投入	农村通信普遍服务补偿机制、纳入财政预算	1	3.13%	
	技术支持	物联网、云计算、大数据、信息技术集成、大数据关键共性技术、大数据公共技术服务平台、构建先进技术体系、新一代信息网络技术	11	34.37%	
环境面	目标规划	顶层设计、规划布局、主要目标、行动纲要、全球互联网治理体系	11	33.33%	37.93%
	金融支持	投融资机制、引导社会资金投向大数据产业、采购大数据服务、投融资渠道	3	9.09%	
	税收优惠	加大财税支持	1	3.03%	
	法规管制	加快法规制度和标准建设、完善法律法规、健全法治环境、个人信息保护、标准体系、评价体系和审计监督体系	16	48.48%	
	鼓励创新	大众创业、万众创新、政产学研用多方联动	2	6.07%	
需求面	采购	政府向社会力量购买大数据资源和技术服务	1	4.55%	25.29%
	技术标准与应用	技术规范、新技术和安全可靠产品应用、大数据开发与利用、协同应用的试点示范、追溯大数据开发利用、安全保障	13	59.09%	
	公共服务	普惠化公共服务体系、民生服务新体系、全网上公开服务、创新公共服务	8	36.36%	

从政策内容分析单元的分布数目来看，供给面、环境面和需求面的政策数量基本一致，大概各占 1/3。这表明我国中央政府对大数据治理三方面的重视程度较为均衡，即统筹协调相关支持政策、保障政策和应用政策，来促进大数据治理的发展。但在需求面中，政府在采购、外包和贸易管制等方面认识不足，没有对大数据治理的采购、招标、合约、委托、贸易等提出标准规范，可能会在一定程度上弱化大数据治理其他政策的实

施落地。

在供给面中，最受重视的政策工具是基础设施建设（43.75%）和技术支持（34.37%）。说明在大数据治理方面我国仍处于起步阶段，需要进行基础设施的建设和提供技术支持。但是资金投入（3.13%）是短板，应着力加大资金投入。与之相对应的是，在环境面的政策工具中，金融支持（9.09%）和税收优惠（3.03%）仍旧处于被忽略的位置，更多政策仍着眼于法规管制（48.48%）和目标规划（33.33%）。在需求面的政策工具中，政策强调了大数据治理的技术标准与应用（59.09%），并且希望通过大数据治理的发展提升各项公共服务（36.36%）水平。

大数据时代我国政府数据治理的政策内容维度分布如表5-12所示。

表5-12 政策内容维度分布

层次	类别	政策内容关键词	小计	百分比	百分比合计
宏观层	可信决策	全方位决策支持、科学精确决策、决策支持系统	3	17.65%	19.54%
	创新管理理念和治理模式	城市管理和服务体系智能化、加强政府与企业合作、精准治理、多方协作的社会治理新模式、国家治理现代化	8	47.06%	
	体系框架	大数据产业生态体系、统一开放的大数据体系、国家治理体系构建、全球互联网治理体系	6	35.29%	
中观层	平台系统	国家政府数据统一开放平台、行业数据资源共享开放平台、国家重要信息系统、统一标准、平台交换、部省两级共享平台	8	17.78%	51.72%
	管理机制	行业数据资源共享开放体制机制、网络与信息安全协调机制、责任制、完善管理制度、组织机构	11	24.44%	
	成套性	财税政策扶持、人才队伍建设、财政金融支持、超前部署、统筹实施	7	15.56%	
	计划部署	建设布局、信息化规划、信息化发展战略、促进大数据发展行动纲要	6	13.33%	
	安全合规	信息安全保障体系、网络与信息安全法律法规、全系统信息安全、网络安全保障体系、安全审查	11	24.44%	
	隐私保护	隐私权、网络空间个人信息保护最佳实践	2	4.45%	
微观层	数据价值创造	新技术和安全可靠产品应用、开展基于云计算的大数据应用示范、提高大数据运用能力，增强政府服务和监管的有效性、科学决策、精准治理、便捷服务	14	56.00%	28.74%
	数据质量	加强和规范政府数据采集、企业信息统一归集、科学数据管理	4	16.00%	
	数据处理能力	云计算和大数据健康发展、面向信息通信技术领域的基础前沿技术、共性关键技术、数据共享	7	28.00%	

从政策内容分析单元的分布层次来看，目前大多数的政策都着眼于中观层（51.72%），仅有少量的政策是从宏观角度（19.54%）来对大数据治理进行整体的设计和要求。一般而言，宏观政策偏向于顶层规划，数量不在于多，这个分布是合理的。从政策内容分析单元的分布类别来看，有众多大数据治理的内容尚未涉及，没有与前述分析框架中的内容体系模型形成良好的对应关系，现有政策内容分布仍不合理。从现有大数据治理政策的内容分布来看，我国中央政府主要关注数据价值创造（56.00%）、管理机制（24.44%）、安全合规（24.44%）和平台系统（17.78%）的搭建。重视在保障安全的前提下，对大数据的价值进行挖掘和应用；然而在数据质量（16.00%）和隐私保护（4.45%）方面仍需加强政策引导和规范。

大数据时代我国政府数据治理政策之间的联动不显著，相互之间缺乏协同，政策间联系较少。针对这些现状和问题，未来可在以下几个方面完善大数据背景下政府数据治理政策：（1）在宏观层，注重大数据治理的顶层设计。政府大数据的政策在顶层设计中需要体现中国方案，比如数字经济、数字政府、数字社会以及数字生态的国家数字治理战略。（2）在中观层，加强大数据治理基础设施建设体系研究并保持大数据治理的多样性。继续推进建立健全大数据治理基础设施和技术支持体系，构建综合的大数据治理体系框架及政策体系框架。从国家层面出发，构建综合的、可靠的和可追溯的多元主体共享机制，实现数据的"三融五跨"。（3）在微观层，重视大数据治理对隐私安全和数据安全的保护。完善政府大数据治理基础设施，加强对隐私安全和数据安全的保护政策的支持。

5.3.3　政府大数据治理政策构成要素研究——基于贵州省的案例分析

贵州省是国内最早发展大数据的地区之一，2013 年是大数据发展的谋划之年，2014 年正式启航，几乎与广东、京津地区处于同维度中，属于大数据发展"第一阵营"序列。贵州省成为全国多个大数据之首——获批中国首个大数据综合试验区，出台全国首个数字经济发展规划和意见，建成中国首个省级政府数据集聚、共享、开放的系统平台，设立全球首个大数据交易所，挂牌运行中国首个国家大数据工程实验室。在无经验可循的背景下，先行先试的贵州省大胆探索大数据发展，加强顶层设计，建立有效的领导机制，出台一系列政策措施，走出了一条不发达地区实现弯道超车的新路径，形成了具有贵州特色的新模式，积累了丰富的建设经验。2018 年中国省级政府开放数林指数与排名，贵州省位居全国第二，仅次于上海市。地市级政府（含副省级）开放数林指数与排名，贵阳市名列第一。《政府网络透明度指数评估报告（2018）》中贵州省位居 31 个参评省（自治区、直辖市）的首位，大数据治理成效显著。在此背景下，我们选取贵州省政府大数据治理实践作为典型案例，从治理主体、治理对象、治理活动、治理工具等方面分析和验证政府大数据治理政策构成要素，实现理论成果及实践活动相结合，初步形成我国政府大数据治理的方案。

本研究的数据采集主要来自两方面：一是座谈会，与贵州省 7 个相关部门联合召开座谈会，形成了访谈记录文本；二是政策，收集了贵州省大数据治理的相关政策文本。课题组先后调研了贵州省 7 个政府大数据治理政策的利益相关方（见表 5-13），它们覆盖省市两级，具有跨地域、跨层级、跨系统、跨业务多元主体共治典型性，具有数据融合、技术融合和业务融合多过程法治典型性，具有政产学研用各利益相关方合作善治典型性。基于政策工具论的基本观点，公共政策是政府进行治理的有效工具之一，其理念、内容及制定过程在一定程度上反映了政府在大数据治理中的相应理念、内容和方法。通过课题调研和公开渠道，共收集了贵州省和贵阳市有关政府大数据治理的 54 个代表性政策（政策样本编号为 Z1—Z54，政策样本列表见本章附件三）。

表 5-13　贵州省政府大数据治理利益相关方的调研

编号	利益相关方	备注
D1	贵阳市大数据发展管理委员会	市直机关
D2	贵阳市人民政府市政务服务中心	市直属部门
D3	贵州省大数据发展管理局	省直属事业单位
D4	云上贵州大数据产业发展有限公司	国有企业
D5	提升政府治理能力大数据应用技术国家工程实验室	政产学研用国家级平台
D6	贵阳块数据城市建设有限公司	国有企业
D7	贵阳市农业委员会（市扶贫办）大数据精准帮扶平台	大数据应用平台

由于政府大数据具有公共性和权威性，体现跨部门、跨层级、跨系统的多源特征，利益相关方众多，权属关系复杂，因而需要分析政府大数据治理政策构成要素，以便更好地指导我国政府大数据治理实践，提供实践分析的基准，用于归纳映射实践成功的关键要素或发现实践缺失的要素，提供改进的对策。根据政府大数据的特点，借鉴现有的大数据治理政策构成要素，我们提出政府大数据治理政策构成的通用要素（见表 5-14），并用贵州省案例进行验证。

表5-14 政府大数据治理政策的通用要素

关键要素	要素内容	要素说明
治理目标	运营合规	组织遵守法规和规范
	风险管控	大数据安全和隐私保护
	价值创造	提高决策质量，创新政府治理，优化公共服务
治理主体	大数据治理委员会	大数据治理的决策机构
	大数据治理办公室	大数据治理的组织协调机构
	大数据管理者	大数据治理的操作和实施机构
	大数据专家	大数据治理的决策咨询专家
治理客体	政府数据/信息	政府部门中的各种数据/信息
	人员	大数据治理中的各类人员
治理活动	过程/领域	大数据生命周期管理/大数据职能管理
	规章/制度	大数据治理中的规章制度
	标准/指南	大数据治理中的标准化和规范化
治理工具	信息基础设施	信息技术中的基本硬件和软件
	大数据技术	大数据治理相关的技术和方法
	监测工具	审计和报告工具

政府大数据治理政策要素由治理目标、治理主体、治理客体、治理活动和治理工具5个关键要素和15个基础要素构成，关键要素之间的关系如图5-4所示。治理目标是治理活动的战略方向、活动指南和控制标准；治理主体是治理活动的决策者、组织者、协调者、操作者和参谋者；治理客体是治理活动的实施对象，人既是治理主体也是治理客体，因为人的行为影响着大数据治理活动的执行和落实；治理活动是核心要素，是政府大数据治理的实施过程和方法，规章/制度和标准/指南是对治理活动的规范和约束，而大数据生命周期管理（采集、存储、整合、呈现与使用、分析与应用、归档与销毁等）是基于流程的管理方法，大数据管理职能（元数据管理、大数据质量管理、大数据架构管理、大数据安全与隐私管理、大数据服务创新等）是基于职能的管理方法，在操作层面大数据生命周期和大数据管理职能常常结合使用；治理工具是治理活动的物质基础和技术支撑，大数据技术主要涉及数据采集、存储、分析、处理、可视化、流通等技术方法，审计和报告工具有IT审计方法、大数据审计方法与技术、远程审计技术、安全审计技术等。由于不存在统一适用的大数据治理政策要素，政府大数据治理政策要素内容并不是一成不变的，政府部门可以根据组织的特点进行适当调整，以满足自身组织的治理需要。

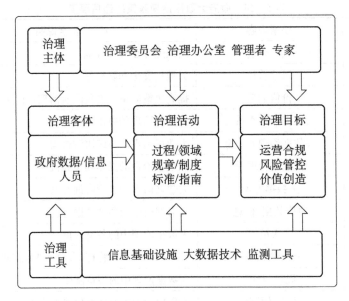

图 5-4　政府大数据治理政策构成的通用要素框架模型

贵州省政府大数据治理政策目标要素

通过对贵州省和贵阳市政府大数据治理相关政策文本的阅读和分析，主要在政策文本中的指导思想、发展目标或条例和办法的前几条抽取目标要素主题，主要目标要素编码内容如表 5-15 所示。在运营合规目标要素上，贵州省强调了治理中政府数据的集聚、共享、开放，完善法规制度和规范体系，规范政府数据资源管理；在风险管控上，重点关注数据安全，充分阐释了此要素的内涵；在价值创造上，主要突出政府大数据的创新应用，应用领域体现在提升政府治理能力和提升民生服务水平上，实践中的亮点是政府大数据精准扶贫。而在贵州省 7 个政府大数据治理体系利益相关方的访谈文本中，利益相关方多次提到数据治理中的难点和痛点是"共享缺乏法规依据""数据标准化""数据风险""数据安全"等，揭示了数据治理实践中存在的问题，从另一个角度来说这也成为治理活动解决的目标。

表 5-15　贵州省政府大数据治理政策主要目标要素编码内容

要素内容	编码内容
运营合规	Z3：政府数据资源有效整合，大数据开放与管理机制初步建立；Z11：政府数据统筹存储、统筹规范、统筹交换、统筹安全；Z14：促进政府开放和共享数据；Z27：规范政务数据资源管理工作，推进政务数据资源"聚通用"；Z32：推进政府数据"聚通用"；Z34：规范政务信息数据采集管理工作；Z49：政府数据"聚通用"；Z50：加强和规范政府数据资源管理 D2：合法性；D3：标准化和规范化；D4：扶贫数据标准化

续表

要素内容	编码内容
风险管控	Z3：提升大数据安全保障能力；Z14：政府数据安全；Z23：保障数据安全；Z39：网络安全保障能力明显提高；Z53：大数据安全管理；Z54：数字化支撑保障体系 D1：数据安全；D2：数据风险；D3：数据安全
价值创造	Z3：提升大数据技术创新能力，建成大数据应用服务示范基地；Z13：完善社会治理，提升政府服务管理能力，服务改善民生；Z15：政府治理大数据应用示范区，大数据惠民便民示范区，大数据体制机制示范区；Z23：医疗卫生大数据典型示范性应用；Z25：大数据提升政府治理能力，大数据改善民生服务水平；Z32：提升社会治理能力，提高公共服务水平；Z38：全国数字经济惠民示范区，全国数字经济创新新高地；Z52：推动政府数据创新应用 D1：政府数据增值性利用；D2：方便办事；D7：大数据精准帮扶

贵州省政府大数据治理政策主体要素

贵州省政府大数据治理政策主体要素编码内容如表 5 - 16 所示。

表 5 - 16　贵州省政府大数据治理政策主体要素编码内容

要素内容	编码内容
大数据治理委员会	Z2：省大数据产业发展领导小组；Z6：贵阳市大数据产业发展工作领导小组；Z10：贵阳市大数据治税工作领导小组；Z15：省大数据发展领导小组；Z23：省卫生计生委；Z28：省大数据发展领导小组；Z37：贵阳市大数据标准建设领导小组；Z38：省大数据发展领导小组；Z43：省大数据发展领导小组；Z49：省大数据发展领导小组；Z51：贵州省大数据助推农业产业脱贫攻坚行动领导小组 D1：贵阳市大数据委；D3：省大数据发展领导小组；D5：贵阳市大数据委
大数据治理办公室	Z3：省经济和信息化委；Z5：省大数据产业发展领导小组办公室，省经济和信息化委；Z11：省大数据产业发展领导小组办公室；Z27：省人民政府应急管理办公室；Z28：省大数据发展管理局；Z35：数字贵阳地理空间框架建设领导小组办公室；Z37：贵阳市大数据标准建设领导小组办公室；Z38：省大数据发展管理局，省大数据发展领导小组办公室；Z42：市大数据行政主管部门；Z48：省大数据发展管理局，各级大数据发展领导小组办公室；Z50：大数据行政主管部门；Z51：大数据推进工作小组办公室；Z52：大数据行政主管部门；Z53：网信部门，公安机关，大数据主管部门
大数据管理者	Z15：省直各部门、各市州人民政府、贵安新区管委会主要负责人；Z16：云长负责制；Z23：各级卫生计生行政部门；Z27：数据管理员；Z35：市国土资源局；Z41：云长制，各责任单位；Z43：云长制，云长；Z48：云长体系，云长；Z49：云长负责制；Z53：安全责任单位；Z54：云长制，云长，数据专员 D1：块数据公司；D3：云长制，数据专员；D7：块数据公司
大数据专家	Z3：省大数据产业发展专家委员会；Z4：省大数据产业发展专家委员会；Z6：贵阳市大数据产业专家咨询委员会；Z7：贵阳市大数据产业专家咨询委员会；Z23：贵州省大数据健康专家委员会；Z37：贵阳市大数据标准专家咨询 D1：专家委员会

从全省来说，成立由省长任组长，各市州政府、省直部门一把手为成员的贵州省大数据发展领导小组（前身是省大数据产业发展领导小组），统筹大数据应用和产业发展，统筹推进全省大数据战略行动，成为全省政府大数据治理活动的决策中心，负责审定大数据治理重要政策制度（大数据发展规划、政府数据聚集共享开放应用等），建立治理机制，协调不同部门利益需求。贵州省大数据发展领导小组办公室和省大数据发展管理局（前身是省经济和信息化委）是政府大数据治理主体中的组织协调机构，负责拟订大数据、信息化发展战略、规划和产业政策，制定数据资源管理的标准规范，协调大数据发展和应用重大事项（如平台、存储、管理、共享开放等），并组织实施。贵州省围绕政府数据"聚通用"建立了云长制，省大数据发展领导小组全面深化推进，省大数据局设立的云长制办公室组织推进落实，各市（州）政府、省直部门等主要负责人是本级政府和本部门的云长，形成了省市县三级云长体系，并明确了其工作职责和任务。因而各级云长成为本级政府和部门大数据管理者，执行和落实大数据治理政策和标准规定，完成大数据管理职责。省大数据产业发展专家委员会承担决策咨询角色，成为大数据专家。

从贵阳市政府层面来看，贵阳市人民政府/市大数据委是大数据治理委员会，市大数据行政主管部门是大数据治理办公室，其他行政机关是大数据管理者，市大数据产业专家咨询委员会是大数据专家。另外，在具体的政府行政部门（医疗卫生、税务、农业等）同样也形成了类似于大数据治理委员会和大数据治理办公室的机构。从省级和市级两个层面都形成了与现有行政体制同构的大数据治理主体模式，保障治理主体的权威性，降低数据治理难度和阻力，实现数据治理与业务活动的融合，从而更好地实现治理目标。

贵州省政府大数据治理政策客体要素

虽然政府大数据治理政策的核心客体是政府大数据，但其不是唯一的客体要素，还包括政府大数据技术及平台、业务流程、信息基础设施与人员和内部管理等要素。由于把信息基础设施与大数据技术及平台当作物质基础和技术工具放在了工具要素中，因此在这里重点讨论政府数据和人员。

政府大数据是政府数据存在的一种形态，本质上还是政府数据。在贵州省政策文本和访谈文本中，政府数据/政府数据资源是出现频率很高的主题，如表 5-17 所示。根据《政务信息资源共享管理暂行办法》《贵州省政务数据资源管理办法》《贵阳市政府数据共享开放实施办法》等政策文件，政府数据、政务数据资源、政务信息资源在概念内涵上是一致的；而公共数据资源的概念范畴稍微比政府数据要大一些，把履行公共管理和服务职能的事业单位采集和产生的数据资源纳入进来。总之，政府数据是政府大数据治理政策客体的核心资源，在治理过程中要关注大数据的大量、多样、时效、价值等特性。

表 5-17　贵州省政府大数据治理政策客体要素编码内容

要素内容	编码内容
政府数据/信息	Z10：政府数据；Z11：政府数据资源；Z13：公共数据资源；Z14：政府数据；Z17：政府数据资源；Z18：政府数据资源；Z19：政府数据；Z23：医疗卫生大数据；Z28：政务数据资源；Z33：政府数据资产；Z34：政务信息数据；Z40：政府数据基础资源；Z47：政府数据；Z50：政府数据资源；Z52：政府数据 D1：政府数据资源；D2：政府数据；D3：政府数据资源；D5：政府数据；D6：政府数据；D7：政府数据
人员	Z3：高端人才引进和培养计划；Z4：人才队伍建设；Z6：引进培育人才队伍；Z8：大数据产业人才队伍建设；Z15：人才培养引进；Z20：大数据人才培养计划；Z21：大数据人才引进和培育；Z22：大数据产业人才队伍建设；Z29：人才引进培养；Z32：人才培养；Z37：大数据标准化人才队伍培养；Z38：数字智力建设；Z42：宣传教育、引导和推广；Z53：大数据安全宣传教育工作，大数据安全人才 D3：治理体系的意识，人员培训，人才引进；D6：共享交换意识；D7：人才吸引

政府大数据治理的组织机构由人员组成，治理政策和规则的制定与执行、技术的实施等治理活动离不开人员的参与。因此，人员既是政府大数据治理的主体，又是治理的客体对象。参与政府大数据治理活动人员的治理体系意识、大数据思维、数据资产观念、风险意识、法治思维、价值导向等，都将直接影响大数据治理的效果。贵州省政府大数据治理中对人才引进和培养的重视，既为贵州省大数据产业的发展提供人才保障，又为大数据治理带来懂技术的人才支撑，以培养和教育治理人员。

贵州省政府大数据治理政策活动要素

政府大数据治理政策活动要素是核心要素，影响着大数据治理的效果。政府大数据治理过程/领域是实现政府大数据治理目标的路径，治理规章/制度和标准/指南是大数据治理的重要工具和基本保障。

贵州省政府大数据治理政策活动过程/领域主要围绕数据生命周期展开数据资源管理，涉及政府数据采集、组织加工、汇聚、共享交换、开放利用等环节，强调政府数据资源库建设、数据质量管理、数据安全管理和数据创新应用（如政府治理、民生服务、精准扶贫等），并在政府大数据精准扶贫上取得突出成绩，具体内容如表5-18所示。政府大数据治理政策活动过程需要遵循规则和制度保障，贵州省政府大数据治理规章/制度和标准/指南恰恰是围绕政府数据管理过程而制定的，如《贵州省政务数据资源管理暂行办法》《贵州省政府数据资产管理登记暂行办法》《贵州省政务信息数据采集应用暂行办法》《政府数据 数据脱敏工作指南》《政府数据 数据分类分级指南》《贵州省大数据清洗加工规范》《贵阳市政府数据共享开放条例》《贵阳市大数据安全管理条例》等。贵州省政府大数据治理政策活动实践很好地阐释了治理活动要素内容，使数据治理活动操作化和规范化，并有力推动和保障了治理目标的实现。

表 5-18　贵州省政府大数据治理政策活动要素编码内容

要素内容	编码内容
过程/领域	Z3：电子政务及信息资源共享，整合数据资源，大数据资源安全管理；Z4：政务数据公开共享，大数据信息安全；Z5：数据资源统筹管理，数据信息安全；Z6：政务大数据开放，智慧贵阳，民生大数据分析利用；Z10：创新大数据综合治税应用；Z11：政府数据聚集共享；Z12：政府数据集聚、共享开放、应用；Z13：汇集、存储、共享、开放全省公共数据，大数据应用，大数据安全管理；Z15：政府和公共数据资源集聚，政府数据资源共享，基础数据库建设，政府数据开放，政府治理、民生服务、精准扶贫等大数据应用；Z16：四大基础数据库，政府数据共享，政府数据开放，部门数据共享协同应用；Z23：医疗卫生大数据开放利用；Z32：网络精准扶贫，政府信息化应用，社会事业网络化服务，信息安全管理；Z38：政府数据资源汇聚融通，数字政府增效便民，民生服务数字化应用，精准扶贫数字化，数字经济安全保障；Z40：政府数据基础资源共享建设；Z49：政务数据资源目录编制，基础信息共享库建设，政府数据资产登记，数据资源安全保障；Z51：扶贫大数据融合共享；Z54：数字治理，数字民生服务，安全保障 D1：政府数据共享交换，政府数据分级分类，数据安全，数据质量控制，数据采集，政府数据开放利用；D2：政府数据资源共享交换，数据质量，数据信息安全，数据汇集；D3：政府数据迁移，政府资源共享开放，数据安全，数据调度，数据汇聚融合，数据交易，数据质量，数据加工；D4：数据目录梳理，监控管理，安全管理，数据调度，数据共享交换，数据质量，精准扶贫，数据共享目录；D5：数据质量，数据分类分级；D6：数据市级交换，数据质量，数据安全；D7：数据共享交换，大数据精准帮扶，隐私保护，数据聚集，数据质量，数据安全
规章/制度	Z3：信息安全保障体系；Z13：公共数据资源分级分类管理办法和采集制度，大数据安全防护管理制度；Z15：政府数据资源管理办法，公共数据资产登记制度，政府数据资源审计制度，政府数据安全监督制度，数据权益保护、个人信息和隐私保护、数据安全管理等立法，数据安全管理制度；Z23：医疗卫生大数据利用和安全体系；Z27：贵州省应急平台体系数据管理办法；Z28：政务数据资源管理办法；Z33：政府数据资产管理登记办法；Z34：政务信息数据采集应用办法；Z35：数字贵阳地理空间框架建设与使用管理办法；Z37：贵阳市大数据标准建设；Z42：政府数据共享开放条例；Z44："云工程"成效考核工作方案；Z50：政府数据资源管理办法；Z52：政府数据共享开放实施办法；Z53：大数据安全管理条例 D1：政府数据资源管理办法，数据共享开放考核管理办法，政府数据分级分类实施指南；D3：政府数据共享公开政策办法，数据交换汇聚融合制度；D5：共享开放考核评估细则

续表

要素内容	编码内容
标准/指南	Z3：大数据标准规范；Z14：政府数据分类分级指南；Z15：政府数据关键共性标准（采集、开放、共享、分类、质量、安全管理等）；Z17：政府数据资源目录元数据描述规范；Z18：政府数据资源目录编制工作指南；Z19：政府数据脱敏工作指南；Z39：政府数据标准体系（采集、开放、共享、分类、质量、安全管理等），数据资源流通标准；Z45：系统平台数据资源发布管理使用指南；Z46：系统平台使用管理规范；Z47：大数据清洗加工规范 D3：政府数据共享公开标准规范，培训指南手册；D7：大数据精准扶贫数据采集规范，数据交换规范

贵州省政府大数据治理政策工具要素

工具是政府大数据治理不可或缺的要素，离开了工具，大数据治理就成了空中楼阁。在治理目标的指导下，政府大数据治理政策工具是治理过程、规章与标准等活动要素的工程方法反映，如大数据的采集、存储、整合、呈现与使用、分析与应用等都是在云平台中实现的。

根据贵州省政府大数据治理政策工具要素编码内容（见表5-19），贵州省2015年开始实施信息基础设施建设三年会战，提升网络能力，建立数据中心，整合业务系统，构建有利于大数据治理的信息基础设施体系。在大数据技术上，云上贵州是频频出现的主题词，它是省级政府数据统筹存储、共享开放和开发利用的云计算平台，覆盖了从数据采集汇聚、数据互联互通、数据共享开放到数据创新应用的整个数据链，尤其是通过政府治理、民生服务、精准扶贫等大数据应用示范工程整合应用了多种大数据技术。监测工具使大数据治理体系形成一个闭环系统，监控数据治理活动执行和政策制度落实，发现治理中存在的潜在风险，评价大数据治理效果。在监测工具上，贵州省采取的主要是传统方式：监督检查、年度目标绩效考核和评估报告，而在数据安全上加强了技术监测预警，建立大数据安全审计制度。

表5-19　贵州省政府大数据治理政策工具要素编码内容

要素内容	编码内容
信息基础设施	Z1：信息基础设施建设；Z2：信息基础设施建设（数据中心集聚工程、政务外网扩展工程等）；Z3：信息基础设施提速工程，数据资源灾备中心；Z13：信息基础设施建设；Z15：关键网络基础设施建设；Z23：人口健康信息化建设；Z26：新一代信息基础设施（通信网络、三网融合、数据中心等）；Z31：数据中心建设；Z32：加快建设信息基础设施；Z33：政府数据资源信息管理登记基础平台；Z35：数字贵阳地理信息公共平台；Z38：信息基础设施提升工程；Z49：信息系统整合，政务数据共享网站建设，政府数据开放网站建设；Z54：数字设施升级 D1：数据资产管理系统；D2：网上办事大厅审批服务系统，业务系统整合；D3：贵阳贵安国家级互联网骨干直联点

续表

要素内容	编码内容
大数据技术	Z2：云上贵州平台；Z3：贵州省大数据平台，电子政务云工程，智能交通云工程；Z5：云上贵州基础系统平台，"7＋N"云工程应用；Z10：贵阳市大数据综合治税系统；Z13：大数据安全技术；Z15：云上贵州系统平台，政府数据资源共享工程，政府数据开放工程，平台安全的技术防护和网络安全防护，政府治理大数据应用示范工程，民生服务大数据应用示范工程，精准扶贫大数据应用示范工程；Z23：医疗卫生大数据应用示范工程；Z24：大数据生产流通，大数据创新应用；Z26：大数据流通（采集获取、存储汇聚、加工处理、交易共享、信息安全等技术）；Z38：数据资源汇聚融通工程，数字政府增效便民工程，民生服务数字化应用工程，精准扶贫数字化工程，数字经济安全保障工程 D1：贵阳市政府数据共享交换平台，贵阳分云台；D2：电子证照库，云上贵州云平台，数据共享交换平台；D3：贵州云平台；D4：云上贵州，大数据平台，大数据分析系统，基础库和主题库，应用系统迁云，精准扶贫大数据平台，云上贵州APP；D6：贵阳市政府数据共享交换平台；D7：大数据精准帮扶平台，贵阳市政府数据共享交换平台
监测工具	Z15：督促检查（推进工作计划、责任分解、年度目标绩效考核、发展评估机制）；Z16：督办督查（会战目标任务）；Z32：年度检查与跟踪评估；Z38：监测分析，考核评估（年度目标绩效考核）；Z39：专项督查和第三方评估；Z40："半月报"制度，督查督办；Z41："月报"制度，督查督办；Z48：云长巡云制度，信息报送制度，督查问效制度，考核评价制度；Z54：督查考核（考核、评估、监督检查等） D1：绩效考核；D3：绩效考核，督察和检查；D4：调度中心；D7：流程监管

政府大数据治理是为了实现政府大数据资产价值而进行的大数据决策权分配和职责分工的活动过程。在回顾国内外大数据治理研究的基础上，构建了由治理目标、治理主体、治理客体、治理活动、治理工具构成的政府大数据治理政策通用要素框架和要素框架模型。借鉴内容分析方法，对贵州省 7 个政府大数据治理政策利益相关方访谈文本和 54 个政府大数据治理相关政策文本进行主题编码，实现了编码与政府大数据治理政策通用构成要素的映射，验证了要素框架和模型的合理性及要素的有效性，丰富了每个要素的内容。

研究发现，贵州省政府大数据治理政策体系已经初步形成有机整体，产生了良好的数据开放和应用成效，但是在数据治理过程中还存在一些问题有待改进。例如，在治理主体上，虽然形成了与现有行政体制同构的大数据治理主体模式，但由于行政部门事务较多，难免会顾此失彼，因而需要在大数据治理办公室和管理者内部增设专门的数据治理职位（如首席信息技术官、首席信息安全官、首席隐私官等），同时应该进一步明确相关人员的数据治理职责，以免出现当前大数据专家形同虚设、没有起到参谋咨询作用的情况；在治理客体上，当前对于人员的关注更多是从大数据产业发展的角度来引进和培训人才，鲜有从政府大数据治理和业务融合角度论及人才，应该加强对相关人员的数据治理意识和技术技能的培训；在治理活动上，当前政府大数据治理活动过程/领域还缺少数据生命周期管理思想，管理活动过程/职能仍然处于割裂状态，跨部门、跨层级、跨系统的数据流协同程度不高，实践中数据共享交换利用效率受到制约，需要进一步推进政府数据共享交换，完善共享交换法规制度，加强数据生命周期全流程管理，在保障数据安全的前提下聚焦创新应用；在治理工具上，虽然当前有统一的云计算平台，但大数据技术（如数据采集、存储、分析、处理等）缺乏统筹协调，在一定程度上形成了数据交换共享的技术壁垒，同时由于缺少 IT 审计、大数据审计、安全审计等治理工具，需要加强在云平台环境下的技术协同，增强监测的智能化水平。

本研究为政府大数据治理政策通用要素的构建提供了要素框架和要素框架模型，为不同领域和地域的大数据治理政策构成要素的构建和验证提供了思路和方法。但仅局限于对贵州省政府大数据治理政策构成要素映射的单案例研究，未来将进一步增加多案例研究，持续改进大数据治理政策构成要素框架和模型的构建与验证方法，拓展其适用性，为建立健全我国政府大数据治理政策提供理论指导和实践依据。

 小结

本章聚焦于信息资源管理协同创新视角下的大数据治理的相关政策研究。通过进行系统性文献综述，对大数据治理政策的研究现状进行分析，对其研究中涉及的政策构成要素进行梳理，并汇集、整理三篇与大数据治理政策相关且在研究理念、理论和方法及成果方面具有一定学术创新的团队研究成果，为大数据治理政策的制定提供指引和依据，为大数据治理政策后续研究提供参考和借鉴。当前大数据治理政策的研究在信息资源管理与多学科综合集成协同创新研究方面尚有发展的空间，在政策收集的广度、政策分析的力度及动态更新度等方面需进一步完善，在政策制定及有效实施的路径及其持续改进方面尚需持续跟踪研究。

参考文献

[1] 安小米，白献阳，洪学海 . 政府大数据治理体系构成要素研究：基于贵州省的案例分析 . 电子政务，2019（2）.

[2] 陈美 . 澳大利亚公共部门信息再利用中的版权保护：基于多元公共行政观的视角 . 情报理论

与实践，2014（5）.

[3] 陈志成，王锐. 大数据提升城市治理能力的国际经验及其启示. 电子政务，2017（6）.

[4] 池建新. 日韩个人信息保护制度的比较与分析. 情报杂志，2016，35（12）.

[5] 代红，张群，尹卓. 大数据治理标准体系研究. 大数据，2019，5（3）.

[6] 翟云. 中国大数据治理模式创新及其发展路径研究. 电子政务，2018（8）.

[7] 黄璜. 美国联邦政府数据治理：政策与结构. 中国行政管理，2017（8）.

[8] 黄如花，刘龙. 英国政府数据开放的政策法规保障及对我国的启示. 图书与情报，2017（1）.

[9] 李鸣，郝守勤，何震. 数据治理国际标准研究. 信息技术与标准化，2017（Z1）.

[10] 李重照，黄璜. 英国政府数据治理的政策与治理结构. 电子政务，2019（1）.

[11] 梁正，吴培熠. 数据治理政策的国际比较：历史、特征与启示. 科技导报，2020，38（5）.

[12] 刘彬芳，魏玮，安小米. 大数据时代政府数据治理的政策分析. 情报杂志，2019，38（1）.

[13] 马广惠，魏玮，安小米. 大数据议题批判性反思. 电子政务，2019（5）.

[14] 宋懿，安小米，马广惠. 美英澳政府大数据治理能力研究：基于大数据政策的内容分析. 情报资料工作，2018（1）.

[15] 王长征，彭小兵，彭洋. 地方政府大数据治理政策的注意力变迁：基于政策文本的扎根理论与社会网络分析. 情报杂志，2020，39（12）.

[16] 温芳芳，常大伟，季一欣. 国内开放政府数据政策研究述评. 图书情报工作，2018，62（18）.

[17] 吴沈括. 欧盟《一般数据保护条例》（GDPR）与中国应对. 信息安全与通信保密，2018（6）.

[18] 吴沈括. 数据治理的全球态势及中国应对策略. 电子政务，2019（1）.

[19] 夏义堃. 试论数据开放环境下的政府数据治理：概念框架与主要问题. 图书情报知识，2018（1）.

[20] 夏义堃. 试论政府数据治理的内涵、生成背景与主要问题. 图书情报工作，2018，62（9）.

[21] 夏义堃. 政府数据治理的国际经验与启示. 信息资源管理学报，2018，8（3）.

[22] 张彬，彭书桢，金知烨，等. "大智物云"时代数据治理国家战略比较分析：数据开放、网络安全保障与个人隐私保护. 电子政务，2019（6）.

[23] 张会平，郭宁，汤玺楷. 推进逻辑与未来进路：我国政务大数据政策的文本分析. 情报杂志，2018，37（3）.

[24] 张明英，潘蓉. 《数据治理白皮书》国际标准研究报告要点解读. 信息技术与标准化，2015（6）.

[25] 张勇进，王璟璇. 主要发达国家大数据政策比较研究. 中国行政管理，2014（12）.

[26] 钟瑾. 基于大数据时代政府数据治理的政策分析. 数字通信世界，2019（3）.

[27] 谭必勇，陈艳. 加拿大联邦政府数据治理框架分析及其对我国的启示. 电子政务，2019（1）.

［28］安小米，郭明军，魏玮，等．大数据治理体系：核心概念、动议及其实现路径分析．情报资料工作，2018（1）．

［29］Alhassan I，Sammon D，Daly M. Critical success factors for data governance：a theory building approach. Information Systems Management，36（2）．

［30］Bertot J C，Choi H. Big data and e-government：issues，policies，and recommendations. Computer Science，2013（6）．

［31］Hoofnagle C J，van der Sloot B，Borgesius F Z. The European Union general data protection regulation：what it is and what it means. Social Science Electronic Publishing，2019，28（1）．

［32］Li Q，Lan L，Zeng N Y，et al. A framework for big data governance to advance RHINs：a case study of China. IEEE Access，2019（7）．

［33］Lindsay C，Sarin L C，Heeyoon C，et al. Big data，open government and e-government：issues，policies and recommendations. Information Polity，2014，19（1）．

［34］Marelli L，Lievevrouw E，Hoyweghen I V. Fit for purpose？ the GDPR and the governance of European digital health. Policy Studies，2020，41（1）．

附件一

各个国家/地区政策研究的文献列表

	中国
01	刘彬芳，魏玮，安小米．大数据时代政府数据治理的政策分析．情报杂志，2019，38（1）．
02	代红，张群，尹卓．大数据治理标准体系研究．大数据，2019，5（3）．
03	王长征，彭小兵，彭洋．地方政府大数据治理政策的注意力变迁：基于政策文本的扎根理论与社会网络分析．情报杂志，2020，39（12）．
04	翟云．中国大数据治理模式创新及其发展路径研究．电子政务，2018（8）．
05	梁正，吴培熠．数据治理政策的国际比较：历史、特征与启示．科技导报，2020，38（5）．
06	张会平，郭宁，汤玺楷．推进逻辑与未来进路：我国政务大数据政策的文本分析．情报杂志，2018，37（3）．
07	安小米，白献阳，洪学海．政府大数据治理体系构成要素研究：基于贵州省的案例分析．电子政务，2019（2）．
08	张明英，潘蓉．《数据治理白皮书》国际标准研究报告要点解读．信息技术与标准化，2015（6）．
09	李鸣，郝守勤，何震．数据治理国际标准研究．信息技术与标准化，2017（Z1）．

续表

美国	
01	翟云．中国大数据治理模式创新及其发展路径研究．电子政务，2018（8）．
02	黄璜．美国联邦政府数据治理：政策与结构．中国行政管理，2017（8）．
03	宋懿，安小米，马广惠．美英澳政府大数据治理能力研究：基于大数据政策的内容分析．情报资料工作，2018（1）．
04	梁正，吴培熠．数据治理政策的国际比较：历史、特征与启示．科技导报，2020，38（5）．
05	吴沈括．数据治理的全球态势及中国应对策略．电子政务，2019（1）．
06	夏义堃．政府数据治理的国际经验与启示．信息资源管理学报，2018，8（3）．
07	张彬，彭书桢，金知烨，等．"大智物云"时代数据治理国家战略比较分析：数据开放、网络安全保障与个人隐私保护．电子政务，2019（6）．
08	张勇进，王璟璇．主要发达国家大数据政策比较研究．中国行政管理，2014（12）．
09	Li Q，Lan L，Zeng N Y，et al. A framework for big data governance to advance RHINs：a case study of china. IEEE Access，2019（7）．
英国	
01	李重照，黄璜．英国政府数据治理的政策与治理结构．电子政务，2019（1）．
02	宋懿，安小米，马广惠．美英澳政府大数据治理能力研究：基于大数据政策的内容分析．情报资料工作，2018（1）．
03	梁正，吴培熠．数据治理政策的国际比较：历史、特征与启示．科技导报，2020，38（5）．
04	夏义堃．政府数据治理的国际经验与启示．信息资源管理学报，2018，8（3）．
05	张彬，彭书桢，金知烨，等．"大智物云"时代数据治理国家战略比较分析：数据开放、网络安全保障与个人隐私保护．电子政务，2019（6）．
06	张勇进，王璟璇．主要发达国家大数据政策比较研究．中国行政管理，2014（12）．
欧盟	
01	梁正，吴培熠．数据治理政策的国际比较：历史、特征与启示．科技导报，2020，38（5）．
02	吴沈括．数据治理的全球态势及中国应对策略．电子政务，2019（1）．
03	张彬，彭书桢，金知烨，等．"大智物云"时代数据治理国家战略比较分析：数据开放、网络安全保障与个人隐私保护．电子政务，2019（6）．
04	Marelli L，Lievevrouw E，Hoyweghen I V. Fit for purpose? the GDPR and the governance of European digital health. Policy Studies，2020，41（1）．
05	Hoofnagle C J，van der Sloot B，Borgesius F Z. The European Union general data protection regulation：what it is and what it means. Social Science Electronic Publishing，2019，28（1）．

续表

	澳大利亚
01	宋懿，安小米，马广惠．美英澳政府大数据治理能力研究：基于大数据政策的内容分析．情报资料工作，2018（1）．
02	夏义堃．政府数据治理的国际经验与启示．信息资源管理学报，2018，8（3）．
03	张勇进，王璟璇．主要发达国家大数据政策比较研究．中国行政管理，2014（12）．
	日本
01	翟云．中国大数据治理模式创新及其发展路径研究．电子政务，2018（8）．
02	张彬，彭书桢，金知烨，等．"大智物云"时代数据治理国家战略比较分析：数据开放、网络安全保障与个人隐私保护．电子政务，2019（6）．
	法国
01	翟云．中国大数据治理模式创新及其发展路径研究．电子政务，2018（8）．
02	张勇进，王璟璇．主要发达国家大数据政策比较研究．中国行政管理，2014（12）．
	加拿大
01	翟云．中国大数据治理模式创新及其发展路径研究．电子政务，2018（8）．
	德国
01	翟云．中国大数据治理模式创新及其发展路径研究．电子政务，2018（8）．
	意大利
	翟云．中国大数据治理模式创新及其发展路径研究．电子政务，2018（8）．
	俄罗斯
01	翟云．中国大数据治理模式创新及其发展路径研究．电子政务，2018（8）．
	韩国
01	张彬，彭书桢，金知烨，等．"大智物云"时代数据治理国家战略比较分析：数据开放、网络安全保障与个人隐私保护．电子政务，2019（6）．

附件二

国家层面有关大数据时代政府数据治理政策文件

编号	文件名称	发文时间
1	国务院关于大力推进信息化发展和切实保障信息安全的若干意见	2012 年 6 月
2	工业和信息化部、国家发展改革委、国土资源部等关于数据中心建设布局的指导意见	2013 年 1 月
3	关于促进智慧城市健康发展的指导意见	2014 年 8 月
4	国务院办公厅关于促进电子政务协调发展的指导意见	2014 年 11 月
5	国务院关于促进云计算创新发展培育信息产业新业态的意见	2015 年 1 月

续表

编号	文件名称	发文时间
6	国务院办公厅关于运用大数据加强对市场主体服务和监管的若干意见	2015 年 6 月
7	国务院关于印发促进大数据发展行动纲要的通知	2015 年 8 月
8	国务院办公厅关于促进和规范健康医疗大数据应用发展的指导意见	2016 年 6 月
9	国家信息化发展战略纲要	2016 年 7 月
10	国务院办公厅关于政府部门涉企信息统一归集公示工作实施方案的复函	2016 年 8 月
11	交通运输部办公厅关于推进交通运输行业数据资源共享开放的实施意见	2016 年 9 月
12	国务院关于印发政务信息资源共享管理暂行办法的通知	2016 年 9 月
13	国家发展改革委办公厅、中央网信办秘书局、国家标准委办公室关于组织开展新型智慧城市评价工作务实推动新型智慧城市健康快速发展的通知	2016 年 11 月
14	国土资源部关于印发国土资源信息化"十三五"规划的通知	2016 年 11 月
15	国家网络空间安全战略	2016 年 12 月
16	国务院关于印发"十三五"国家信息化规划的通知	2016 年 12 月
17	关于推进公共信息资源开放的若干意见	2017 年 12 月
18	商务部、工业和信息化部、公安部等关于推进重要产品信息化追溯体系建设的指导意见	2017 年 2 月
19	网络空间国际合作战略	2017 年 3 月
20	交通运输政务信息资源共享管理办法（试行）	2017 年 4 月
21	国务院办公厅关于印发政务信息系统整合共享实施方案的通知	2017 年 5 月
22	"十三五"全国司法行政信息化发展规划	2017 年 7 月
23	"十三五"国家政务信息化工程建设规划	2017 年 8 月
24	国务院办公厅关于印发科学数据管理办法的通知	2018 年 3 月

附件三

贵州省和贵阳市政府大数据治理代表性政策

政策编号	政策名称	领域/对象
Z1	《贵州省信息基础设施条例》（2014）	技术/设施
Z2	《贵州省信息基础设施建设三年会战实施方案》（2014）	技术/设施
Z3	《贵州省大数据产业发展应用规划纲要（2014—2020 年）》（2014）	经济/产业
Z4	《关于加快大数据产业发展应用若干政策的意见》（2014）	经济/产业

续表

政策编号	政策名称	领域/对象
Z5	《贵州省大数据产业发展领导小组办公室关于加快大数据产业发展的实施意见》（2014）	经济/产业
Z6	《贵阳市大数据产业行动计划》（2014）	经济/产业
Z7	《关于加快发展大数据产业的实施意见》（2014）	经济/产业
Z8	《关于加快大数据产业人才队伍建设的实施意见》（2015）	管理/人才
Z9	《贵阳市政府数据共享交换平台推进工作方案》（2015）	技术/平台
Z10	《贵阳市大数据综合治税推进工作方案》（2015）	管理/业务
Z11	《贵州省大数据产业发展领导小组关于加快推进政府数据集聚共享开放的通知》（2015）	管理/数据
Z12	《省大数据产业发展领导小组关于开展"提升政府治理能力大数据云应用示范工程"创建工作的通知》（2015）	管理/工程
Z13	《贵州省大数据发展应用促进条例》（2016）	综合/体系框架
Z14	《政府数据 数据分类分级指南》（2016）	管理/数据
Z15	《中共贵州省委 贵州省人民政府关于实施大数据战略行动建设国家大数据综合试验区的意见》（2016）	管理/体系框架
Z16	《贵州政府数据"聚通用"攻坚会战实施方案》（2016）	管理/平台
Z17	《政府数据资源目录 第1部分：元数据描述规范》（2016）	管理/数据
Z18	《政府数据资源目录 第2部分：编制工作指南》（2016）	管理/数据
Z19	《政府数据 数据脱敏工作指南》（2016）	管理/数据
Z20	《贵阳市大数据"十百千万"人才培养计划实施办法》（2016）	管理/人才
Z21	《贵阳国家高新区促进大数据技术创新十条政策措施》（2016）	技术/政策
Z22	《贵阳市大数据产业人才专业技术职务评审办法（试行）》（2016）	管理/人才
Z23	《贵州省卫生计生委关于加快医疗卫生事业与大数据融合发展的指导意见》（2016）	管理/业务
Z24	《省发展改革委关于实施2016年第一批大数据发展项目工程包的通知》（2016）	综合/项目
Z25	《中共贵阳市委关于以大数据为引领加快打造创新型中心城市的意见》及"1＋4＋1"系列配套文件（2016）	综合/体系框架
Z26	《贵州省大数据产业发展引导目录（试行）》（2016）	经济/产业
Z27	《贵州省应急平台体系数据管理暂行办法》（2016）	管理/机制
Z28	《贵州省政务数据资源管理暂行办法》（2016）	管理/机制
Z29	《关于贵阳国家高新区大数据"十百千万"培育工程的实施意见》（2016）	管理/产业
Z30	《贵阳市"十三五""互联网＋"行动计划》（2016）	综合/体系框架

续表

政策编号	政策名称	领域/对象
Z31	《贵州省大数据发展领导小组办公室关于进一步科学规划布局数据中心大力发展大数据应用的通知》（2017）	管理/机制
Z32	《贵州省"十三五"信息化规划》（2017）	综合/体系框架
Z33	《贵州省政府数据资产管理登记暂行办法》（2017）	管理/机制
Z34	《贵州省政务信息数据采集应用暂行办法》（2017）	管理/机制
Z35	《数字贵阳地理空间框架建设与使用管理办法》（2017）	管理/机制
Z36	《贵州省人民政府办公厅关于印发贵州省大数据发展管理局主要职责内设机构和人员编制规定的通知》（2017）	管理/机构和人员
Z37	《贵阳市大数据标准建设实施方案》（2017）	综合/体系框架
Z38	《贵州省数字经济发展规划（2017—2020年）》（2017）	综合/体系框架
Z39	《中共贵州省委、贵州省人民政府关于推动数字经济加快发展的意见》（2017）	综合/体系框架
Z40	《关于加快推进政府基础数据资源共享的通知》（2017）	管理/机制
Z41	《关于进一步推进省市两级政府应用系统迁云工作的通知》（2017）	技术/系统
Z42	《贵阳市政府数据共享开放条例》（2017）	管理/机制
Z43	《全面深化推进"云长制"工作方案》（2017）	管理/责任
Z44	《"云工程"成效考核工作方案》（2017）	管理/考核
Z45	《云上贵州数据共享交换平台数据资源发布管理使用指南》（2017）	管理/发布
Z46	《云上贵州系统平台使用管理规范》（2017）	技术/平台
Z47	《贵州省大数据清洗加工规范》（2017）	管理/数据
Z48	《省人民政府办公厅关于全面推行"云长制"的通知》（2017）	管理/责任
Z49	《贵州省政务信息系统整合共享工作方案》（2017）	技术/系统
Z50	《贵阳市政府数据资源管理办法》（2017）	管理/机制
Z51	《贵州省发展农业大数据助推脱贫攻坚三年行动方案（2017—2019年）》（2018）	综合/业务
Z52	《贵阳市政府数据共享开放实施办法》（2018）	管理/机制
Z53	《贵阳市大数据安全管理条例》（2018）	管理/机制
Z54	《贵州省人民政府关于促进大数据云计算人工智能创新发展加快建设数字贵州的意见》（2018）	综合/体系框架

06 / 第6章
大数据治理的标准化建设

6.1 引言

本章聚焦大数据治理的标准化建设现状和标准化协同问题，通过对大数据治理标准化研究进行系统性文献综述，对大数据治理标准化文本进行分析，呈现了大数据治理标准化研究和标准化实践的发展历程，从信息资源管理协同创新的视角，总结标准赋能方法及其实现路径，通过标准化手段固化研究成果，指导各个组织机构完善大数据治理机制，提升整体大数据治理能力。

本章是在大数据挑战与机遇背景下对大数据治理标准化问题的思考和回答，是对大数据治理框架中标准要素如何发挥连接效能的进一步阐述和归纳。大数据治理的标准赋能方法及其实现路径是大数据治理生态体系构建路径的重要组成部分，为指导不同场景中大数据治理框架应用与实践活动提供了标准化支撑。

6.2 大数据治理标准化建设现状

6.2.1 大数据治理标准化研究与实践

《国家标准化发展纲要》（2021）指出，"标准是经济活动和社会发展的技术支撑，是国家基础性制度的重要方面""标准化在推进国家治理体系和治理能力现代化中发挥着基础性、引领性作用""新时代推动高质量发展、全面建设社会主义现代化国家，迫切需要进一步加强标准化工作"。《"十四五"国家信息化规划》指出，"推进数据标准规范体系建设，提高数据质量和规范，建立完善数据管理国家标准体系和数据治理能力评估体系"。大数据治理标准化研究是大数据治理研究中的重要部分，一方面由于大数据治理研究范围比较广，大数据治理标准化研究近年来才逐渐被重视；另一方面由于标准化研究具有基础性和规范性作用，在我国积极融入全球大数据治理事务和研究的过程中，发挥着方向指引和规则规范化的作用。通过梳理大数据治理的相关标准化成果，提炼大数据治理标准化研究的动议，总结大数据治理标准化研究和工作现状，发现目前存在的问题，便于开展下一步研究。

当前大数据治理标准化研究的相关动议包括以下几方面：（1）国家政策方针的指导。大数据治理相关政策中屡次提到探索制定相关标准，如《促进大数据发展行动纲要》（2015）中提到"提升政府数据开放共享标准化程度""制定实施政府数据开放共享标准""建立标准规范体系"；《2018 年政务公开工作要点》强调"依托政府网站集中统一开放政府数据，探索制定相关标准规范"；《中华人民共和国国民经济和社会发展第十四个五年规划和 2035 年远景目标纲要》中提到"构建新型基础设施标准体系""统筹数据开发利用、隐私保护和公共安全，加快建立数据资源产权、交易流通、跨境传输和安全保护等基础制度和标准规范""健全国家网络安全法律法规和制度标准""积极参与数据安全、数字货币、数字税等国际规则和数字技术标准制定"等这些规定从方方面面反映了大数据治理标准化政策支持力度，也说明了大数据治理标准化工作对于国家发展的关键作用。（2）大数据治理数据要素、流程缺乏标准化指导。市场主体的监管数据分散在各个监管部门业务系统中，存在监管数据描述不一、数据结构差异化、信息孤岛等情况，在各监管部门间尚未建立起有效共享交互的机制与渠道。各市场监管主体在执行监管业务时，其操作流程各不相同，导致所产生的业务数据差异化较大，不利于市场监管数据的统一以及市场主体智慧监管数据治理平台的开发；由于缺乏统一的数据标准，各个地方税务机构或者各个子系统的数据无法交换、共享和整合，需要进行决策时也无法获得全面、准确、完整的信息（谢丽萍等，2021；孙广芝等，2015）。（3）大数据治理标准化对数据资产管理和数据利用的重要作用。大数据治理是为了保证大数据价值的释放和大数据的有效利用，数据资产管理的标准化是数据资产应用和发展的重要基础。数据资产管理相关标准的缺失，导致数据资产的评估、运营等工作都没有可参考的依据，影响了数据资产价值的进一步挖掘，阻碍了产业化的发展。当前，数据已经逐渐取代传统的 IT 基础设施和应用成为组织发展新的动力和重要的资产（谢丽萍等，2021；戴炳荣等，2020）。数据的价值被组织的高层管理者接受，越来越多的组织通过加强数据的利用寻找新业务的增长点。而传统的数据质量、数据标准、数据模型、元数据、主数据等数据管理活动只解决数据相关的局部问题，其相互之间没有统一的协调和安排，管理活动之间存在割裂和不一致，导致数据利用的效率降低。因此，开展数据利用活动不仅需要组织高层管理者的参与，也需要明确数据治理和管理的区别和联系，从而建立数据治理机制来促进数据管理活动的协调一致，更有效地挖掘数据的潜在价值，实现组织战略目标。

笔者于 2021 年 12 月对以"大数据治理标准化"为关键词的中国知网（CNKI）文献进行调查，结果显示，大数据治理标准化研究主要分为以下几类：（1）大数据治理相关标准指导实践工作，即以大数据治理相关标准作为指导依据应用于大数据治理实践中，再从实践中总结大数据治理经验（孙广芝等，2015；李鸣等，2017；张绍华等，2017；张明英和潘蓉，2015）；（2）探索大数据治理相关标准制定工作的研究，即从大数据治理实践需求出发，提出大数据治理相关标准的制定建议（谢丽萍等，2021；孙广芝等，2015；黄如花，2020）；（3）特定场景特定流程或专门领域的大数据治理标准化研究，即对特定行业或特定情景下的大数据治理相关标准及其应用进行研究，如智慧城市领域、金融领域等（谢丽萍等，2021；戴炳荣等，2020）。

在当前研究中，大数据治理标准化建设存在的问题包括：（1）标准制定主体缺乏协同意识，当前以研究机构类型的企业为主，缺乏产业部门的参与；（2）缺乏对大数据治理的整体认识，往往以数据生命周期的一个或多个流程的标准作为研究对象，缺乏对于大数据治理的总体性和战略性认识；（3）大数据治理标准体系规划尚待健全，目前的大数据治理相关标准呈现零散状态；（4）重点标准在行业应用中的支撑力度不够，标准的推广、宣传、落地和执行工作有待进一步跟进。

6.2.2　标准中的大数据治理定义

国外学者关于数据治理标准化协同的研究主要集中在数据治理概念、数据治理要素、数据治理过程等方面。Gupta 等（2020）指出，在跨语言环境中，首先需要建立数据治理在概念、定义、术语方面的共识，与语义相关的标准应先行。Tallon（2013）从组织层面、行业层面、技术层面分析了数据治理的促进因素与阻碍因素，明确提出跨区域规则的变动或行业领域标准的缺失是主要的数据治理阻碍因素，而数据融合相关的信息技术标准是数据治理的重要促进因素。Seiner（2014）根据能力成熟度模型（CMM）、数据成熟度模型（DMM）、国际数据管理协会指南（DAMA）构建了 5 级数据治理成熟度模型，并将其视为一种数据治理的过程路径。

国内学者关于数据治理标准化的研究涵盖数据治理概念、数据治理要素、数据治理过程、数据治理场景等四大方面。光亮和张群（2017）介绍了ISO/IEC JTC 1/WG 9（现为ISO/IEC JTC 1/SC 42/WG 2）工作组在制定术语和参考架构等大数据基础性国际标准方面的进展。该工作组目前发布的标准包括：概述和术语（ISO/IEC 20546：2019）、框架和应用（ISO/IEC 20547 - 1：2020）、用例和衍生需求（ISO/IEC 20547 - 2：2018）、参考架构（ISO/IEC 20547 - 3：2020）、标准路线图（ISO/IEC 20547 - 5：2018）、大数据分析过程管理框架（ISO/IEC 24668）。《大数据标准化白皮书（2020版）》归纳总结了目前ISO、ITU - T、IEEE、NIST等标准组织关于数据治理的标准化研究议题，包括术语、参考架构、管理过程、用例实践等。《数据治理标准化白皮书（2021年）》由中国通信标准化协会（CCSA）组织编写，将标准化理念引入数据治理领域，重点探讨了数据治理标准化的概念、意义、治理范围和治理原则，详细阐述了数据治理标准化的总体进展、典型标准和需求挑战，并搭建了数据治理标准体系框架，包括基础共性、数据基础设施、数据资产管理、数据流通、数据安全5个方面，支撑各项法规政策落实、指导行业发展、引导技术进步、满足全新需求，以数据标准推动建立全新的规则秩序，旨在为数据治理服务商提供提升企业数据治理能力、实现企业数据资产化管理的优化实践经验，但局限于企业应用和一般性数据治理的标准化工作，对大数据治理并未提出特殊性考虑。张一鸣（2012）将国外数据治理标准化活动概括为：从数据标准管理入手，按照既定的目标，根据数据标准化、规范化的要求，整合离散的数据。史丛丛等（2020）在国内外政务数据标准化基础上，依据数字政府对标准化协同的实际需要，提出数据要素、数据管理、数据应用的标准化治理路径。王露（2018）认为，目前国内外数据标准化和治理工作处于起步阶段，无论是术语、架构，还是存储、处理、行业应用等，都尚未形成标准规范。

在国内标准中，我国现行数据治理国家标准GB/T 34960.5 - 2018《信息技术服务治理 第5部分：数据治理规范》认为，数据治理是"数据资源及其应用过程中相关管控活动、绩效和风险管理的集合"。GB/T 37043 - 2018《智慧城市 术语》将数据治理定义为基于数据生命周期，进行数据全面质量管理、资产管理、风险管理等统筹与协调管控的过程。多学科视角下，数据治理需要解决数据权属关系问题，明确数据利益相关方的角色、权利和权益及其责任关系和工作任务，避免数据风险，提高数据质量，确保数据资产能长期有序地、可持续地得到管理和利用。信息技术视角下，数据治理指对数据进行管控、处置、格式化和规范化的过程。GB/T 35295 - 2017《信息技术 大

数据 术语》对数据治理的定义是，数据治理是对数据进行处置、格式化和规范化的过程，并且认为数据治理是数据和数据系统管理的基本要素，涉及数据生命周期管理，无论数据是处于静态、动态、未完成状态还是交易状态。

6.2.3　大数据治理标准化实践的工作进展

国际大数据治理相关标准化工作进展

国际上，各大标准化组织都意识到大数据治理的重要性，但尚无专门的大数据治理标准化工作机构。现有的大数据治理代表性标准化机构包括：ISO/IEC JTC 1/SC 32（数据管理和交换分技术委员会）、ISO/IEC JTC 1/SC 42/WG 2（人工智能分委员会/数据工作组）、ISO/IEC JTC 1/SC 27（信息安全、网络安全和隐私保护分技术委员会）、ISO/IEC JTC 1/AG 9（数据使用咨询组）、ITU-T SG 13（未来网络包括云计算、移动和下一代网络研究组）、ITU-T SG 16（多媒体编码、系统和应用研究组）、ITU-T SG 17（安全研究组）、ITU-T SG 20 [物联网（IoT）和智能城市及社区（SC & C）研究组]、IEEE 大数据治理和元数据管理（BDGMM）、美国国家标准与技术研究所（NIST）大数据公共工作组（NBD-PWD）等。各机构的基本情况和标准化工作进展如表 6-1 所示。

国内大数据治理相关标准化工作进展

为了基本了解国内大数据治理标准化工作进展，笔者于 2022 年 7 月在全国标准信息公共服务平台上对大数据治理的相关标准和标准化工作进行调查。通过检索关键词"大数据"得到的相关国家标准较少，因此需进一步从以"数据"为检索词的国家标准检索结果中找出大数据治理相关的国家标准，共得到 122 项相关的国家标准，如表 6-2 所示。

在国内大数据治理相关标准中，GB/T 34960.5-2018《信息技术服务 治理 第 5 部分：数据治理规范》和 GB/T 36073-2018《数据管理能力成熟度评估模型》是具有代表性的 2 项国家标准。GB/T 34960.5-2018 从促进组织有效、高效、合理地利用数据出发，在数据获取、存储、整合、分析、应用、呈现、归档和销毁过程中，提出数据治理的相关规范，规定了数据治理的顶层设计、数据治理环境、数据治理域及数据治理过程的要求，从而实现运营合规、风险可控和价值实现的目标。数据治理是指数据资源及其应用过程中相关管控活动、绩效和风险管理的集合。GB/T 36073-2018 给出了数据管理能力成熟度评估模型以及相应的成熟度等级，适用于组织和机构对内部

表 6-1 国际大数据治理代表性标准化机构工作进展

序号	机构名称	成立时间	机构宗旨	标准化技术内容	机构设置	标准化成果
1	ISO/IEC JTC 1/SC 32（数据管理和交换分技术委员会）	1997年	持续致力于研制信息系统环境内及之间的数据管理和交换标准，为跨行业领域协调数据管理能力提供技术性支持	协调现有和新生数据标准化领域的参考模型和架构；负责数据结构、数据类型和语义等标准定义的相关语义，并负责用于持久存储、交换数据库的语言，服务访问和协议等交换数据相关的语言，并开发更新和注册相关的标准；负责用于持久共享和互操作相关的元数据信息资源（电子商务等）的其他信息资源，语言服务和协议等标准方法，语言服务和协议等标准	SC 32下设电子业务工作组（WG 1）、元数据工作组（WG 2）、数据库语言工作组（WG 3）、SQL多媒体和应用包工作组（WG 4）	《SQL对多维数组的支持》《数据源注册元数据集注册模型》《数据源注册元数据模型》等国际标准，《SQL对JSON型的支持》等技术报告
2	ISO/IEC JTC 1/WG 9 大数据工作组（已解散）	2013年	负责开展大数据领域关键术语、参考架构以及应用例等基础大数据标准研究，确定术语和定义，评估应用当前大数据标准的具体需求等	开发大数据基础性标准，包括大数据基础术语和架构和术语；识别大数据相关标准化需求；同大数据相关的JTC 1其他工作组保持联系；同JTC 1外其他大数据标准相关组织保持联系	WG 9由一名召集人、24个成员代表团的157名专家组成（截至2016年底）；WG 9设立了多个特设组，包括宣传和推广（awareness and engagement）特设组、大数据治理（big data governance）特设组、大数据参考架构接口（big data reference architecture interface）特设组	ISO/IEC 20546《信息技术 大数据 概述和术语》ISO/IEC 20547-1《信息技术 大数据 参考架构 第1部分：框架和衍生》、ISO/IEC 20547-2《信息技术 大数据 参考架构 第1部分：用例和衍生需求》、ISO/IEC 20547-3《信息技术 大数据 参考架构 第3部分：参考架构》、ISO/IEC 20547-5《信息技术 大数据 参考架构 第5部分：标准路线图》等技术报告

续表

序号	机构名称	成立时间	机构宗旨	标准化技术内容	机构设置	标准化成果
3	ISO/IEC JTC 1/SC 42/WG 2(人工智能分委员会/数据工作组)(原 ISO/IEC JTC 1/WG 9 大数据工作组)	2017年		推进 ISO/IEC 20547-1《信息技术 大数据参考架构 第1部分:框架和应用》进入发布阶段,以及 ISO/IEC 24668《大数据分析过程管理框架》标准研制;推动《分析和机器学习的数据质量》等三项国际标准提案立项投票;促成 SC 42 与 SC 36 就数据质量活动研究建立联络		ISO/IEC 20546《信息技术 大数据 概述和词汇》,ISO/IEC 20547-1《信息技术 大数据参考架构 第1部分:框架和应用》,ISO/IEC 20547-3《信息技术 大数据参考架构 第3部分:参考架构》等国际标准
4	ISO/IEC JTC 1/SC 27(信息安全、网络安全和隐私保护分技术委员会)	1989年	制定信息和 ICT 的标准、包括通用方法、技术和准则,以解决安全性和隐私方面的问题	安全要求捕获方法;信息管理和 ICT 安全,特别是信息安全管理系统、安全流程以及安全控制制服务,加密和其他安全机制,可用性、完整性和机密性的安全控制;安全管理支持文档,包括术语、指南以及安全组件注册程序;身份管理、生物识别和隐私的安全方面;信息安全管理系统领域的一致性评估、认证和审计要求;安全评估标准和方法论;SC 27 适当的机构进行积极的联络和合作,以确保在相关领域制定和应用 SC 27 标准和技术报告	SC 27 下设 5 个工作组,分别为信息安全管理体系工作组(WG 1)、密码技术与安全机制工作组(WG 2)、安全评价、测试和规范工作组(WG 3)、安全控制与服务工作组(WG 4)和身份管理与隐私保护技术工作组(WG 5)	ISO/IEC 20547-4《信息技术 大数据参考架构 第4部分:安全与隐私保护》(状态 FDIS)、ISO/IEC 27045《信息技术 大数据安全与隐私保护过程》(状态 WD)和 ISO/IEC 27046《信息技术 大数据安全与隐私保护实现指南》(状态 WD)等国际标准

续表

序号	机构名称	成立时间	机构宗旨	标准化技术内容	机构设置	标准化成果
5	ISO/IEC JTC 1/AG 9（数据使用咨询组）（原ISO/IEC JTC 1 SC 32/WG 6 数据使用工作组）	2018年	主要负责开展数据使用相关研究，包括对数据使用的内涵、概念达成共识；识别与数据使用相关的JTC 1下设机构及现有数据使用相关标准及现有标准及现存要点，以及现有标准与现存要点之间的距离	给出了数据共享和数据使用框架；对数据使用相关标准基础和实际标准化需求之间的差距进行了识别；并提出下一步数据使用相关研究工作建议，包括建议成立新的数据使用工作组（data usage working group）并申请立项"数据使用指南""数据使用术语和用例"等新工作项目		《信息技术 数据使用 术语和用例》《信息技术 数据使用 数据使用指南》等国际标准
6	ISO/IEC JTC 1/SC 38（云计算和分布式平台委员会）	2009年	作为云计算和分布式平台以及这些技术应用的焦点、支持者和系统集成实体，为JTC 1、IEC、ISO和其他实体提供指导	云计算和分布式平台领域的标准化，包括基础概念和技术、操作问题，以及云计算系统和其他分布式系统之间的交互	截至2022年7月，下设3个咨询工作组，1个首席咨询工作组，2个活跃的工作组和5个活跃的工作组；2个活跃工作组为ISO/IEC JTC 1/SC 38 WG 3（云计算基础工作组）、ISO/IEC JTC 1/SC 38/WG 5（云计算和相关计算中的数据工作组）	2020年，由我国专家担任编辑和联合编辑研制的国际技术报告ISO/IEC TR 23613《信息技术 云计算 云计算费用计量元素与计量模式》正式发布。此外，还有云计算标准《信息技术 云计算 概念和术语》，《云计算 数据分类和数据服务与设备、数据流、数据服务水平使用》，《信息技术 云计算服务分类框架》《云计算 服务水平协议框架 第2部分：度量指标》工作计划等标准

续表

序号	机构名称	成立时间	机构宗旨	标准化技术内容	机构设置	标准化成果
7	ITU-T SG 13 （未来网络包括云计算、移动和下一代网络研究组）		未来网络（包括云计算、移动和下一代网络）研究			基于深度报文检测的大数据驱动网络框架标准，大数据驱动应用场景研究报告，大数据驱动网络的用户案例和应用场景的需求及大数据驱动的移动网络流量管理及规划，应用于网络中的深度报文检测计算机制，基于云计算的大数据框架和需求，大数据交换框架和需求，大数据溯源需求，大数据集成概览和功能需求，大数据元数据框架和概念模型，大数据即服务的参考架构，大数据的功能架构，大数据交换功能架构，大数据数据保存概览和需求标准
8	ITU-T SG 16 （多媒体、系统和应用研究组）		多媒体编码、系统和应用研究			大数据基础设施评测框架、数据资产管理框架、视频监控系统中大数据应用的需求

135

续表

序号	机构名称	成立时间	机构宗旨	标准化技术内容	机构设置	标准化成果
9	ITU－T SG 17（安全研究组）		安全研究			电信大数据的数据生命周期管理安全指南，云计算大数据平台安全指南，大数据基础设施和服务网互联网服务平台安全指南，移动互联网服务中大数据分析的安全需求和框架，基于大数据分析的联网车辆安全相关不良行为检测机制标准
10	ITU－T FG－DPM（2017—2019）			物联网、智慧城市和社区中的数据处理、管理和大数据治理		技术规范 D 0.1《物联网、智慧城市和社区的数据处理词汇》，技术报告 D 0.2《物联网、智慧城市和社区的数据处理概念构和管理：数据处理和管理方法》，技术规范 D 1.1《用于支持物联网、智慧城市和社区的数据处理的用例分析和需求》，技术规范 D 2.1《物联网、智慧城市和社区的数据处理和管理框架》，技术报告 D 2.3《基于网络的物联网和智慧城市数据模型》

续表

序号	机构名称	成立时间	机构宗旨	标准化技术内容	机构设置	标准化成果
10	ITU－T FG－DPM（2017—2019）			物联网、智慧城市和社区中的数据处理、管理和大数据治理		技术规范D3.2《SensorThings API：传感》，技术规范D3.3《支持物联网环境中数据互操作性的框架》，技术报告D3.5《区块链在DPM方面支持物联网和SC&C的概述》，技术规范D3.6《基于区块链支持物联网和SC&C的数据交换和共享》，技术规范D3.7《基于区块链支持物联网和SC&C的数据管理》，技术规范D3.8《用于支持物联网SC&C的DPM区块链的身份框架》，技术报告D4.1《数据处理和管理的安全、隐私、风险和治理框架》，技术报告D4.3《可信数据管理的技术支持器概述》，技术规范D4.4《支持物联网数据质量管理的框架》，技术规范D5《数据经济：商业化、生态系统和影响评估》

续表

序号	机构名称	成立时间	机构宗旨	标准化技术内容	机构设置	标准化成果
11	ITU-T SG 20[物联网（IoT）和智能城市及社区（SC&C）研究组]		物联网（IoT）和智能城市及社区（SC&C）研究	数据分析、共享、处理和管理，包括物联网和SC&C的大数据方面；分析DPM的现有技术、平台、指南和标准，以支持SG20的授权；未来数据驱动生态系统的架构框架及其DPM和大数据应用；数据分析和数据共享问题与高效和可扩展的DPM方法的发展；新兴技术（如区块链、人工智能和数字孪生等）在支持DPM方面的作用；DPM框架内的治理、安全和隐私问题；DPM框架中的可信数据识别和认证；与标准开发组织（SDO）合作，最大限度地发挥协同作用，协调与该领域工作相关的现有标准		针对大数据的物联网具体需求和能力要求标准，为物联网和SC&C的DPM制定适当的建议、补充、报告、指南等，包括《基于用例，需求分析的DPM概念构建方法》《支持包括物联网和SC&C的大数据方面的DPM的数据价值、数据生命周期、能力和功能架构》《用于支持数据驱动的物联网DPM和SC&C智能服务和应用数据分析和数据共享》《用于数据分析和数据共享的工具、机制和标准化接口》《用于支持物联网和SC&C领域的新兴技术（如区块链、人工智能和数字孪生技术等）的物联网和SC&C数据分析和分享》《物联网和SC&C数据的治理》《安全、隐私保护和风险管理》《物联网和SC&C可信数据管理》，为国际电联内部以及ITU-T与其他相关SDO、联盟和论坛之间在这一领域的合作提供必要的合作

续表

序号	机构名称	成立时间	机构宗旨	标准化技术内容	机构设置	标准化成果
12	IEEE 大数据治理和元数据管理 (BDGMM)	2017 年	整合来自不同领域的异构数据集，通过可器读和可操作的规范的基础设施，使数据可发现、可访问和可利用	指导如何开展大数据治理和大数据交换地了解大数据消费者能更好地了解数据，帮助大数据生产者正确设定期望值并确保按照用户数据元数据管理相关和共享数据集、帮助拥有大数据的组织做出如何存储、策划、提供和治理大数据的决策，以便更好地服务于大数据消费者和生产者		通过 IEEE 发起的研讨会和 Hackathons 或者其他用例，分析和识别相关需求、要求和解决方案，并形成文档；基于上述文档，更详细地框定问题，找出课题，形成白皮书；来自大数据元数据管理相关的参考架构和解决方案、用以规划数据库之间的数据互操作领域不同的数据元数据集成为可能；识别和启动大数据标准管理相关的 IEEE 标准活动（包括建议的实践、指南）
13	美国国家标准与技术研究所 (NIST) 大数据公共工作组 (NBD-PWD)	2013 年		大数据相关基本概念、技术和标准需求的研究		SP 1500《大数据互操作性框架》(NBDIF) 报告

表 6－2　国内大数据治理代表性标准化机构工作进展

序号	机构	机构属性	成果数量	标准化成果类别（独立标准/相关标准）	标准化成果类别（技术标准、管理标准、基础性标准）	大数据治理标准相关成果	主题相关性
1	全国信息技术标准化技术委员会	全国专业标准化技术委员会	53	相关标准	技术标准	GB/T 21062.3－2007《政务信息资源交换体系 第3部分：数据接口规范》	数据治理关键要素相关
2				相关标准	技术标准	GB/T 21063.3－2007《政务信息资源目录体系 第3部分：核心元数据》	数据治理关键要素相关
3				相关标准	管理标准	GB/Z 18219－2008《信息技术 数据管理参考模型》	数据治理关键要素相关
4				相关标准	管理标准	GB/T 26237.1－2010《信息技术 生物特征识别 数据交换格式 第1部分：框架》	数据治理关键要素相关
5				相关标准	技术标准	GB/T 28826.1－2012《信息技术 公用生物特征识别 数据交换格式框架 第1部分：数据元素规范》	数据治理关键要素相关
6				相关标准	技术标准	GB/T 26237.6－2014《信息技术 生物特征识别 数据交换格式 第6部分：虹膜图像数据》	数据治理关键要素相关
7				相关标准	技术标准	GB/T 26237.4－2014《信息技术 生物特征识别 数据交换格式 第4部分：指纹图像数据》	数据治理关键要素相关
8				相关标准	技术标准	GB/T 26237.5－2014《信息技术 生物特征识别 数据交换格式 第5部分：人脸图像数据》	数据治理关键要素相关
9				相关标准	技术标准	GB/T 26237.8－2014《信息技术 生物特征识别 数据交换格式 第8部分：指纹型骨架数据》	数据治理关键要素相关
10				相关标准	技术标准	GB/T 32630－2016《非结构化数据管理系统技术要求》	数据治理关键要素相关

续表

序号	机构	机构属性	成果数量	标准化成果类别（独立标准/相关标准）	标准化成果类别（技术标准、管理标准、基础性标准）	大数据治理标准相关成果	主题相关性
11	全国信息技术标准化技术委员会	全国专业标准化技术委员会	53	相关标准	管理标准	GB/T 32617－2016《政务服务中心信息公开数据规范》	数据治理关键要素相关
12				相关标准	技术标准	GB/T 31916.1－2015《信息技术 云数据存储和管理 第1部分：总则》	数据治理关键要素相关
13				相关标准	技术标准	GB/T 31916.2－2015《信息技术 云数据存储和管理 第2部分：基于对象的云存储应用接口》	数据治理关键要素相关
14				相关标准	技术标准	GB/T 31916.5－2015《信息技术 云数据存储和管理 第5部分：基于键值（Key-Value）的云数据管理应用接口》	数据治理关键要素相关
15				相关标准	技术标准	GB/T 32909－2016《非结构化数据表示规范》	数据治理关键要素相关
16				相关标准	技术标准	GB/T 32908－2016《非结构化数据访问接口规范》	数据治理关键要素相关
17				相关标准	技术标准	GB/T 34950－2017《非结构化数据管理系统参考模型》	数据治理关键要素相关
18				相关标准	基础性标准	GB/T 35295－2017《信息技术 大数据 术语》	数据治理关键要素相关
19				相关标准	基础性标准	GB/T 35589－2017《信息技术 大数据 技术参考模型》	数据治理关键要素相关
20				相关标准	技术标准	GB/T 34952－2017《多媒体数据语义描述要求》	数据治理关键要素相关

续表

序号	机构	机构属性	成果数量	标准化成果类别（独立标准/相关标准）	标准化成果类别（技术标准、管理标准、基础性标准）	大数据治理标准相关成果	主题相关性
21	全国信息技术标准化技术委员会	全国专业标准化技术委员会	53	相关标准	技术标准	GB/T 35294-2017《信息技术 科学数据引用》	数据治理关键要素相关
22				相关标准	技术标准	GB/T 34945-2017《信息技术 数据溯源描述模型》	数据治理关键要素相关
23				相关标准	管理标准	GB/T 36073-2018《数据管理能力成熟度评估模型》	数据治理关键要素相关
24				相关标准	技术标准	GB/T 31916.3-2018《信息技术 云数据存储和管理 第3部分：分布式文件存储应用接口》	数据治理关键要素相关
25				独立标准	基础性标准	GB/T 34960.5-2018《信息技术服务 治理 第5部分：数据治理规范》	跨领域数据治理相关
26				相关标准	技术标准	GB/T 37740-2019《信息技术 云计算 云平台间应用和数据迁移指南》	数据治理关键要素相关
27				相关标准	技术标准	GB/T 36625.5-2019《智慧城市 数据融合 第5部分：市政基础设施数据元素》	数据治理关键要素相关
28				相关标准	技术标准	GB/T 36478.4-2019《物联网 信息交换和共享 第4部分：数据接口》	数据治理关键要素相关
29				相关标准	技术标准	GB/T 37721-2019《信息技术 大数据分析系统功能要求》	数据治理关键要素相关
30				相关标准	技术标准	GB/T 37722-2019《信息技术 大数据存储与处理系统功能要求》	数据治理关键要素相关

续表

序号	机构	机构属性	成果数量	标准化成果类别（独立标准/相关标准）	标准化成果类别（技术标准、管理标准、基础性标准）	大数据治理标准相关成果	主题相关性
31	全国信息技术标准化技术委员会	全国专业标准化技术委员会	53	相关标准	技术标准	GB/T 36343－2018《信息技术 数据交易服务平台 交易数据描述》	数据治理关键要素相关
32				相关标准	管理标准	GB/T 37728－2019《信息技术 数据交易服务平台 通用功能要求》	数据治理关键要素相关
33				相关标准	基础性标准	GB/T 36344－2018《信息技术 数据质量评价指标》	数据生命周期相关
34				相关标准	技术标准	GB/T 36345－2018《信息技术 通用数据导入接口规范》	数据治理关键要素相关
35				相关标准	技术标准	GB/T 37721－2019《信息技术 大数据分析系统功能要求》	数据治理关键要素相关
36				相关标准	技术标准	GB/T 37722－2019《信息技术 大数据存储与处理系统功能要求》	数据治理关键要素相关
37				相关标准	基础性标准	GB/T 38672－2020《信息技术 大数据 接口基本要求》	数据治理关键要素相关
38				相关标准	基础性标准	GB/T 38667－2020《信息技术 大数据 数据分类指南》	数据生命周期相关
39				相关标准	基础性标准	GB/T 38673－2020《信息技术 大数据 大数据系统基本要求》	数据治理关键要素相关
40				相关标准	基础性标准	GB/T 38676－2020《信息技术 大数据 大数据存储与处理系统功能测试要求》	数据治理关键要素相关

续表

序号	机构	机构属性	成果数量	标准化成果类别（独立标准/相关标准）	标准化成果类别（技术标准、管理标准、基础性标准）	大数据治理标准相关成果	主题相关性
41	全国信息技术标准化技术委员会	全国专业标准化技术委员会	53	相关标准	基础性标准	GB/T 38643-2020《信息技术 大数据 分析系统功能测试要求》	数据治理关键要素相关
42				相关标准	基础性标准	GB/T 38675-2020《信息技术 大数据 计算系统通用要求》	数据治理关键要素相关
43				相关标准	基础性标准	GB/T 38633-2020《信息技术 大数据 系统运维和管理功能要求》	数据治理关键要素相关
44				相关标准	技术标准	GB/T 38664.1-2020《信息技术 大数据 政务数据共享开放 第1部分：总则》	数据生命周期相关
45				相关标准	技术标准	GB/T 38664.2-2020《信息技术 大数据 政务数据共享开放 第2部分：基本要求》	数据生命周期相关
46				相关标准	技术标准	GB/T 38664.3-2020《信息技术 大数据 政务数据共享开放 第3部分：开放程度评价》	数据生命周期相关
47				相关标准	技术标准	GB/T 38666-2020《信息技术 大数据 工业应用参考架构》	数据治理关键要素相关
48				相关标准	技术标准	GB/T 38555-2020《信息技术 大数据 工业产品核心元数据》	数据治理关键要素相关
49				相关标准	技术标准	GB/T 38637.2-2020《物联网 感知控制设备接入 第2部分：数据管理要求》	数据生命周期相关
50				相关标准	技术标准	GB/T 38962-2020《个人健康信息码 数据格式》	大数据场景相关

续表

序号	机构	机构属性	成果数量	标准化成果类别（独立标准/相关标准）	标准化成果类别（技术标准、管理标准、基础性标准）	大数据治理标准相关成果	主题相关性
51	全国信息技术标准化技术委员会	全国专业标准化技术委员会	53	相关标准	技术标准	GB/T 40688 - 2021《物联网 生命体征感知设备 数据接口》	大数据场景相关
52				相关标准	管理标准	GB/T 40685 - 2021《信息技术服务 数据资产管理要求》	数据治理关键要素相关
53				相关标准	管理标准	GB/T 40693 - 2021《智能制造 工业云服务 数据管理通用要求》	大数据场景相关
54				相关标准	管理标准	GB/T 35273 - 2017《信息安全技术 个人信息安全规范》	大数据场景相关
55				相关标准	基础性标准	GB/T 35274 - 2017《信息安全技术 大数据服务安全能力要求》	大数据场景相关
56				相关标准	基础性标准	GB/T 37973 - 2019《信息安全技术 大数据安全管理指南》	大数据场景相关
57	全国信息安全标准化技术委员会	全国专业标准化技术委员会	11	相关标准	技术标准	GB/T 37964 - 2019《信息安全技术 个人信息去标识化指南》	数据治理关键要素相关
58				相关标准	基础性标准	GB/T 37988 - 2019《信息安全技术 数据安全能力成熟度模型》	大数据场景相关
59				相关标准	基础性标准	GB/T 37932 - 2019《信息安全技术 数据交易服务安全要求》	大数据场景相关
60				相关标准	管理标准	GB/T 39725 - 2020《信息安全技术 健康医疗数据安全指南》	大数据场景相关

续表

序号	机构	机构属性	成果数量	标准化成果类别（独立标准/相关标准）	标准化成果类别（技术标准、管理标准、基础性标准）	大数据治理标准相关成果	主题相关性
61	全国信息安全标准化技术委员会		11	相关标准	管理标准	GB/T 39477－2020《信息安全技术 政务信息共享 数据安全技术要求》	大数据场景相关
62		全国专业标准化技术委员会		相关标准	技术标准	GB/T 29766－2021《信息安全技术 网站数据恢复产品技术要求与测试评价方法》	数据治理关键要素相关
63				相关标准	技术标准	GB/T 29765－2021《信息安全技术 数据备份与恢复产品技术要求与测试方法》	数据治理关键要素相关
64				相关标准	技术标准	GB/T 41479－2022《信息安全技术 网络数据处理安全要求》	数据治理关键要素相关
65				相关标准	管理标准	GB/T 40094.1－2021《电子商务数据交易 第1部分：准则》	大数据场景相关
66			9	相关标准	管理标准	GB/T 40094.2－2021《电子商务数据交易 第2部分：数据描述规范》	数据生命周期相关
67	全国电子业务标准化技术委员会	全国专业标准化技术委员会		相关标准	技术标准	GB/T 40094.3－2021《电子商务数据交易 第3部分：数据接口规范》	数据治理关键要素相关
68				相关标准	管理标准	GB/T 40094.4－2021《电子商务数据交易 第4部分：隐私保护规范》	大数据场景相关
69				相关标准	管理标准	GB/T 39326－2020《国际贸易业务流程规范 检验检疫电子证书数据交换》	数据生命周期相关
70				相关标准	管理标准	GB/T 39459－2020《国际贸易业务数据规范 检验检疫电子证书数据交换》	数据治理关键要素相关

续表

序号	机构	机构属性	成果数量	标准化成果类别（独立标准/相关标准）	标准化成果类别（技术标准、管理标准、基础性标准）	大数据治理标准相关成果	主题相关性
71	全国电子业务标准化技术委员会	全国专业标准化技术委员会	9	相关标准	技术标准	GB/T 39460-2020《国际贸易业务数据规范 汇付通知》	数据治理关键要素相关
72				相关标准	技术标准	GB/T 39461-2020《国际物流信息系统数据接口》	数据治理关键要素相关
73				相关标准	管理标准	GB/T 36318-2018《电子商务平台数据开放总体要求》	数据生命周期相关
74	全国信息分类编码标准化技术委员会	全国专业标准化技术委员会	1	相关标准	技术标准	GB/T 41139-2021《信息分类编码及元数据标准 符合性测试要求》	数据生命周期相关
75	全国通信标准化技术委员会	全国专业标准化技术委员会	2	相关标准	管理标准	GB/T 36625.3-2021《智慧城市 数据融合 第3部分：数据采集规范》	数据生命周期相关
76				相关标准	基础性标准	GB/T 36625.4-2021《智慧城市 数据融合 第4部分：共享开放要求》	数据生命周期相关
77	中国标准化研究院	科研机构	10	相关标准	技术标准	GB/T 41302-2022《工业产品数据字典 通用要求》	数据治理关键要素相关
78				相关标准	技术标准	GB/T 21715.5-2021《健康信息学 患者健康卡数据 第5部分：标识数据》	数据治理关键要素相关

续表

序号	机构	机构属性	成果数量	标准化成果类别（独立标准/相关标准）	标准化成果类别（技术标准、管理标准、基础性标准）	大数据治理标准相关成果	主题相关性
79	中国标准化研究院	科研机构	10	相关标准	技术标准	GB/T 21715.8 - 2020《健康信息学 患者健康卡 数据 第8部分：链接》	数据治理关键要素相关
80				相关标准	技术标准	GB/T 21715.6 - 2020《健康信息学 患者健康卡 数据 第6部分：管理数据》	数据治理关键要素相关
81				相关标准	技术标准	GB/T 21715.3 - 2008《健康信息学 患者健康卡 数据 第3部分：有限临床数据》	数据治理关键要素相关
82				相关标准	技术标准	GB/T 21715.2 - 2008《健康信息学 患者健康卡 数据 第2部分：通用对象》	数据治理关键要素相关
83				相关标准	技术标准	GB/T 21715.1 - 2008《健康信息学 患者健康卡 数据 第1部分：总体结构》	数据治理关键要素相关
84				相关标准	管理标准	GB/T 25512 - 2010《健康信息学 推动个人健康 信息跨国流动的数据保护指南》	大数据场景相关
85				相关标准	技术标准	GB/T 21715.7 - 2010《健康信息学 患者健康卡 数据 第7部分：用药数据》	数据治理关键要素相关
86				相关标准	技术标准	GB/T 21715.4 - 2011《健康信息学 患者健康卡 数据 第4部分：扩展临床数据》	数据治理关键要素相关
87	全国金融标准化技术委员会	全国专业标准化技术委员会	2	相关标准	技术标准	GB/T 39662 - 2020《基金行业数据集中备份接口规范》	数据治理关键要素相关
88				相关标准	技术标准	GB/T 39595 - 2020《开放式基金业务数据交换协议》	数据治理关键要素相关

续表

序号	机构	机构属性	成果数量	标准化成果类别（独立标准/相关标准）	标准化成果类别（技术标准、管理标准、基础性标准）	大数据治理标准相关成果	主题相关性
89	全国自动化系统与集成标准化技术委员会	全国专业标准化技术委员会	4	相关标准	管理标准	GB/T 35127－2017《机器人设计平台集成数据交换规范》	数据生命周期相关
90				相关标准	管理标准	GB/T 35119－2017《产品生命周期数据管理规范》	数据生命周期相关
91				相关标准	管理标准	GB/T 39401－2020《工业机器人云服务平台数据交换》	数据生命周期相关
92				相关标准	技术标准	GB/T 39400－2020《工业数据质量 通用技术规范》	数据治理关键要素相关
93	全国智能建筑及居住区数字化标准化技术委员会	全国专业标准化技术委员会	1	相关标准	技术标准	GB/T 39465－2020《城市智慧卡互联互通 充值数据接口》	数据治理关键要素相关
94	全国物流信息管理标准化技术委员会	全国专业标准化技术委员会	1	相关标准	技术标准	GB/T 39322－2020《电子商务交易平台追溯数据接口技术要求》	数据治理关键要素相关
95	全国行政审批标准化技术工作组	全国专业标准化技术工作组	1	相关标准	技术标准	GB/T 39046－2020《政务服务平台基础数据规范》	数据治理关键要素相关

续表

序号	机构	机构属性	成果数量	标准化成果类别（独立标准/相关标准）	标准化成果类别（技术标准、管理标准、基础性标准）	大数据治理标准相关成果	主题相关性
96	全国社会信用标准化技术委员会	全国专业标准化技术委员会	2	相关标准	技术标准	1. GB/T 40478－2021《企业信用监管档案数据项规范》	大数据场景相关
97				相关标准	技术标准	2. GB/T 41195－2021《公共信用信息基础数据项规范》	大数据场景相关
98	中共中央组织部	中央、国家机关部委	2	相关标准	技术标准	GB/T 38858－2020《干部网络培训平台数据要求》	数据治理关键要素相关
99				相关标准	技术标准	GB/T 38863－2020《干部网络培训平台数据接口技术要求》	数据治理关键要素相关
100	全国畜牧业标准化技术委员会	全国专业标准化技术委员会	1	相关标准	技术标准	GB/T 24874－2010《草地资源空间信息共享数据规范》	数据生命周期相关
101	全国地理信息标准化技术委员会	全国专业标准化技术委员会	8	相关标准	技术标准	GB/T 25528－2010《地理信息 数据产品规范》	数据治理关键要素相关
102				相关标准	技术标准	GB/T 40522－2021《移动互联下地理位置数据关联描述》	数据治理关键要素相关
103				相关标准	技术标准	GB/T 40767－2021《地理空间数据交换基本要求》	大数据场景相关
104				相关标准	技术标准	GB/T 40849－2021《全息位置地图数据内容》	大数据场景相关

续表

序号	机构	机构属性	成果数量	标准化成果类别（独立标准/相关标准）	标准化成果类别（技术标准、管理标准、基础性标准）	大数据治理标准相关成果	主题相关性
105	全国地理信息标准化技术委员会		8	相关标准	技术标准	GB/T 41149－2021《基础地理信息数据质量要求与评定》	大数据场景相关
106		全国专业标准化技术委员会		相关标准	技术标准	GB/T 41443－2022《地理信息应急数据规范》	大数据场景相关
107		全国专业标准化技术委员会		相关标准	技术标准	GB/T 41449－2022《时序卫星影像数据质量检查与评价》	大数据场景相关
108				相关标准	技术标准	GB/T 41453－2022《地理信息 权限数据字典》	大数据场景相关
109	自然资源部（测绘地理）	中央、国家机关部委	1	相关标准	技术标准	GB/T 41446－2022《基础地理信息本体范例数据规范》	大数据场景相关
110	全国社会保险标准化技术委员会	全国专业标准化技术委员会	1	相关标准	管理标准	GB/T 29424－2012《企业年金基金数据交换规范》	数据生命周期相关
111	全国智能运输系统标准化技术委员会	全国专业标准化技术委员会	8	相关标准	管理标准	GB/T 29101－2012《道路交通信息服务 数据服务质量规范》	数据治理关键要素相关
112				相关标准	管理标准	GB/T 28788－2012《公路地理信息数据采集与质量控制》	数据生命周期相关

续表

序号	机构	机构属性	成果数量	标准化成果类别（独立标准/相关标准）	标准化成果类别（技术标准、管理标准、基础性标准）	大数据治理标准相关成果	主题相关性
113	全国智能运输系统标准化技术委员会	全国专业标准化技术委员会	8	相关标准	技术标准	GB/T 31455.6－2015《快速公交（BRT）智能系统 第6部分：调度中心与场站台控制系统通信数据接口规范》	数据治理关键要素相关
114				相关标准	技术标准	GB/T 31442－2015《电子收费 CPU 卡数据格式和技术要求》	数据治理关键要素相关
115				相关标准	技术标准	GB/T 31455.5－2015《快速公交（BRT）智能系统 第5部分：调度中心与车载信息数据接口规范》	数据治理关键要素相关
116				相关标准	技术标准	GB/T 31455.7－2015《快速公交（BRT）智能系统 第7部分：公交优先设备与交通信号控制机通信数据接口规范》	跨领域数据治理相关
117				相关标准	管理标准	GB/T 37373－2019《智能交通 数据安全服务》	数据治理关键要素相关
118				相关标准	技术标准	GB/T 37380－2019《面向个人移动便携终端智能交通运输信息服务应用数据交换协议》	数据生命周期相关
119	工业和信息化部（通信）	中央、国家机关部委	1	相关标准	管理标准	GB/T 34079.3－2017《基于云计算的电子政务公共平台服务规范 第3部分：数据管理》	大数据场景相关

续表

序号	机构	机构属性	成果数量	标准化成果类别（独立标准/相关标准）	标准化成果类别（技术标准、管理标准、基础性标准）	大数据治理标准相关成果	主题相关性
120	全国资产管理标准化技术委员会	全国专业标准化技术委员会	1	相关标准	管理标准	GB/T 37550－2019《电子商务数据资产评价指标体系》	大数据场景相关
121	全国海洋标准化技术委员会	全国专业标准化技术委员会	1	相关标准	技术标准	GB/T 14914.6－2021《海洋观测规范 第 6 部分：数据处理与质量控制》	大数据场景相关
122	中国机械工业联合会	行业协会组织	1	相关标准	技术标准	GB/T 41272－2022《生产过程质量控制 质量数据通用接口》	大数据场景相关

数据管理能力成熟度进行评估。数据管理能力划分为数据战略、数据治理、数据架构、数据应用、数据安全、数据质量、数据标准和数据生命周期等 8 个能力域，该标准经过 2020 年的试点评估后，已取得广泛的关注和一定的成绩，为企业的数据管理能力提升提供了重要路径和关键手段。

对大数据治理各标准归口单位及数量进行统计，目前大数据治理相关标准制定的主要力量是全国专业标准化技术委员会，其下属 16 个分会已牵头大数据治理相关标准的制定，共制定大数据治理相关标准 115 项；其次是中央、国家机关部委，工业和信息化部，中共中央组织部和自然资源部共归口了 4 项大数据治理相关标准；科研机构、全国专业标准化技术工作组和行业协会组织各归口了 1 项大数据治理相关标准，具体数量统计情况如图 6-1、图 6-2 所示。

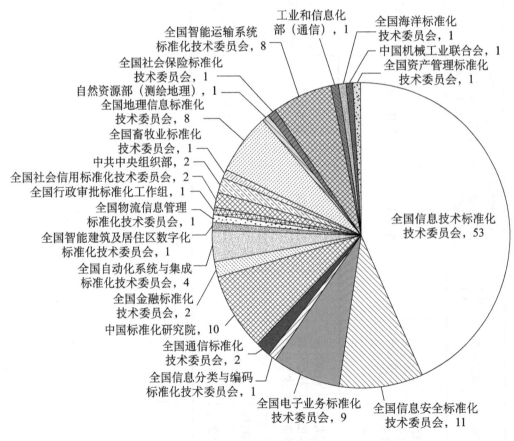

图 6-1 大数据治理相关标准归口单位及数量统计

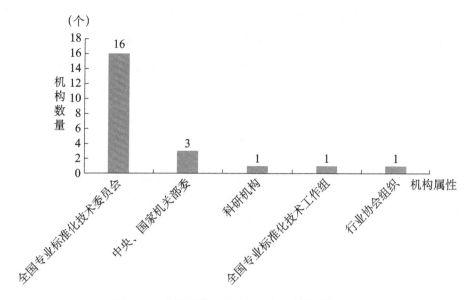

图 6-2　大数据治理相关标准归口单位属性统计

6.3 大数据治理标准体系

6.3.1 大数据治理标准体系的构建逻辑

上一节的调查显示，国际、国内不同的利益相关方正陆续研究大数据治理的相关标准，根据与大数据治理相关的大数据架构、术语、数据管理和交换、数据安全和隐私、数据资产管理、数据质量管理、元数据管理等专题成立了专门的委员会。将目前大数据治理相关标准有效联结，构建立足于大数据治理研究与实践的大数据治理标准体系是大数据治理标准化建设的关键。

目前业界代表性的大数据治理标准体系有：（1）全国信息技术标准化技术委员会大数据标准工作组和中国电子技术标准化研究院提出的大数据标准体系，由 7 个类别标准组成，分别为基础标准、数据标准、技术标准、平台/工具标准、治理与管理标准、安全和隐私标准、行业应用标准；（2）中国信息通信研究院提出的数据治理标准体系，包括基础共性、数据基础设施、数据资产管理、数据流通、数据安全 5 个方面。大数据标准体系和数据治理标准体系构建的主要特点是基于大数据的相关产业与实践，主要体现在业务要素方面。本书第 4 章提出了信息资源管理协同创新的大数据治理框架，从宏观、中观、微观三个层次对大数据治理的规划、规则制度、规范要素进行了统一梳理和描述。与大数据治理框架相比，大数据治理标准体系不仅要满足一体化、联结化和互操作的大数据治理需求，也要关注前沿的大数据技术和实践现状。国际标准中数据治理的标准化协同要求为构建大数据治理标准体系提供了信息资源管理协同创新的参考（安小米等，2021）（见表6-3）。在宏观层-规划视角，要实现数据资产管理统筹与协调能力、数据管理政策要素的协同；在中观层-规则制度视角，要实现数据资产管理计划的设计、实施、监控等过程的协同；在微观层-规范视角，要实现数据管理中的数据质量、数据隐私安全保障的协同。

表6-3　国际标准中数据治理的标准化协同要求

治理视角	数据治理标准化协同要求
宏观层-规划视角	多元治理主体权责协同
	绩效评价协同
	数据标准协同
	数据共享规则协同
	数据价值链及生态战略体系构建协同
	数据平台构建多利益相关方协同
中观层-规则制度视角	开放数据PDCA协同
	数据管理过程协同
	数据商业化过程协同
微观层-规范视角	风险管控协同
	跨系统数据互操作协同
	数据连续性管控协同
	数据权管控协同
	数据质量管理协同
	数据资源服务利用协同
	数据隐私安全保障协同

6.3.2　大数据治理标准体系的框架结构

根据宏观层-规划视角、中观层-规则制度视角、微观层-规范视角，提出规划性标准-规则制度性标准-规范性标准的信息资源管理协同创新的大数据治理标准体系的框架，如图6-3所示。该标准体系有以下基本特征：目的性协同创新，体现为大数据治理标准体系围绕统一的目的建设，使大数据治理标准体系具备适合面向大数据业务全流程管理需要的功能并具备协调统一的次序；整体性协同创新，体现为构建一套相互依存、相互制约的标准组合，大数据治理标准体系形成有机整体，具有整体性功能；

结构性协同创新，标准体系内的标准按照大数据治理业务重要要素及其关系组合起来，既有结构形式也有程序形式。

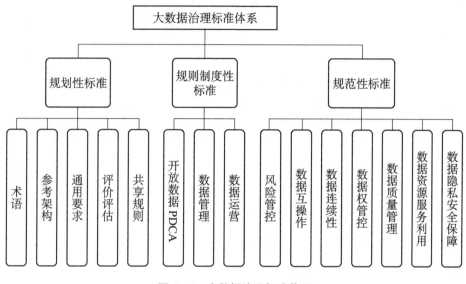

图 6-3　大数据治理标准体系

（1）规划性标准。规划性标准主要用于大数据治理顶层设计的协同保障，为标准体系其他部分建设提供支撑和参考，包括术语、参考架构、通用要求、评价评估、共享规则。

（2）规则制度性标准。规则制度性标准主要用于大数据治理的数据资产管理计划的整体活动过程协同，为标准体系的规划性标准和规范性标准建设提供连接和参考，包括开放数据 PDCA、数据管理、数据运营。

（3）规范性标准。规范性标准主要用于大数据治理的数据质量和数据隐私安全保障，为标准体系其他部分建设提供规范性支撑，包括风险管控、数据互操作、数据连续性、数据权管控、数据质量管理、数据资源服务利用、数据隐私安全保障。

6.4　大数据治理标准化工作方向与建议

6.4.1　大数据治理标准化工作方向

大数据治理工作标准化调查现状显示，国际上尚无专门的大数据治理标准化工作机构，大数据治理标准化工作往往以某一议题嵌入各国标准化组织或工作组中；在国内，大数据治理标准化工作目前主要由全国专业标准化技术委员会负责牵头制定，由中央、国家机关部委和科研机构牵头的较少。除此之外，大数据治理相关标准不够全面，与大数据治理标准体系规划的大数据治理相关标准仍有一定的差距。本节根据大数据治理工作现状，提出大数据治理标准化工作发展的两大方向。

一是重视大数据治理标准化工作，实施大数据治理标准化战略。《促进大数据发展行动纲要》和《国家标准化发展纲要》等文件的出台为大数据治理领域迈向高质量发展之路提供了方向及实施路径，对于实现大数据赋能、促进数字经济发展，实现社会经济可持续发展与高质量发展具有奠基性及引领性作用。大数据治理工作应贯彻信息资源管理协同创新思想，从国家层面、行业层面和组织层面制定跨领域跨层级协同创新的大数据治理标准化战略。

二是加强大数据治理标准化培训，提供大数据治理标准化工作的组织人才保障。人才是促进大数据治理工作标准化的关键，加大大数据治理标准化人才培养力度，增加大数据治理标准化培训机会，将大数据治理标准化人才培养嵌入组织机构的人力资源发展规划中，在组织层面重视通过标准化提升大数据治理能力，提高工作人员的大数据素养和标准素养。

6.4.2　大数据治理标准化工作建议

基于信息资源管理协同创新和大数据治理标准化工作现存的问题，提出大数据治理标准化工作的四点建议：

（1）在大数据治理相关标准制定阶段，保证主体协同创新。大数据治理标准化工作不应该是某个利益相关方单独完成的，应该统筹考虑各个领域的大数据治理标准化需求，加大产学研用资源凝聚力度，广泛吸纳相关单位参与国家大数据治理标准化工作，并吸取多元主体的意见，建立大数据治理标准化多元主体协同创新体。构建不同领域，如商业、互联网、工业、政务、电力、生态环境等多领域沟通协调的标准化工作机制，加强大数据治理标准化工作对大数据技术在垂直领域深入应用的支撑力度。同时，标准制定阶段应该具有国际视野，树立人类命运共同体意识，与国际领域的相关标准化工作同步，尽可能吸收和借鉴国际经验和国际已有的标准化成果，保证我国大数据治理规则和标准的国际话语权和话语影响力，积极主动贡献中国经验和中国智慧。

（2）在大数据治理相关标准应用阶段，大力宣传推广。高度重视大数据治理相关标准宣传推广工作，考虑不同应用场景和不同利益相关方的特殊性需求。意识到大数据治理相关标准是开展大数据治理工作的基础、遵循和保障。标准化工作通过科学管理指导实践，促进实际工作的开展和经济效益的提升。在实际应用过程中要加大大数据治理相关标准的宣传和推广力度，通过让多主体多联盟参与宣传共同体小组的工作，统一各领域各行业的共识，促进大数据行业和产业高质量发展，丰富应用案例。

（3）在大数据治理相关标准领域方面，加强跨领域数据治理。从大数据治理相关国家标准调查结果来看，目前科技、商业领域的大数据治理相关标准制定领先于其他领域。在未来，互联网、政务、电力、生产等不同领域的大数据治理相关标准制定应互联互通，加强跨领域的数据治理，打通行业应用屏障，促进内容多元与协同创新，制定更多有效的基础性标准，加强用例规范的研究和制定，为持续改进数据治理要素及要求、提升数据治理能力提供依据和规则。

（4）建立健全大数据治理标准化工作体制机制，引入标准联络官制度。随着大数据在各行各业应用的不断深入，大数据治理也成为各行各业越来越关注的议题。需进一步加强全国信息技术标准化技术委员会关于大数据治理标准化工作的组织，学习 ISO 国际标准化组织的先进经验，增设标准联络官，以加强国际标准委员会下不同标准技术专业委员会的联系、沟通和协同，通过国家标准立项、各个制定会议和标准联络官的作用，促进多学科跨领域的知识融合和观点交流，通过标准联络官提出不同视角的建设性意见，保证大数据治理相关标准的公平公正与高质量。

6.5　小结

本章从大数据治理标准化研究相关动议出发，对当前大数据治理领域国际国内标准的建设现状进行了调查和总结，揭示了大数据治理标准化研究和标准化工作的发展进程，归纳了大数据治理标准化研究和工作中存在的问题，在此基础上明确了"重视大数据治理标准化工作，实施大数据治理标准化战略"和"加强大数据治理标准化培训，提供大数据治理标准化工作的组织人才保障"两大工作方向。

本章从信息资源管理协同创新的视角出发，对大数据治理标准化工作从"制定主体协同创新、宣传联盟协同创新、内容跨领域协同创新、工作制度协同创新"四个方面，提出了"保证主体协同、大力宣传推广、加强跨领域数据治理、引入标准联络官制度"四大建议。大数据治理标准化建设是各行各业各领域共同面对的应用性议题，各利益相关方应共同参与到大数据治理相关标准的制定、宣传、推广和应用中，为大数据治理标准化工作贡献行业和领域的知识，为构建信息资源管理协同创新的大数据治理标准化工作而努力。

参考文献

[1] 促进大数据发展行动纲要. (2015 - 09 - 05). http：//www. gov. cn/zhengce/content/ 201509/05/content_10137. htm.

[2] 国务院办公厅关于印发《2018 年政务公开工作要点》的通知. (2018 - 04 - 24). http：// www. gov. cn/zhengce/content/2018-04/24/content_5285420. htm.

[3] 中华人民共和国国民经济和社会发展第十四个五年规划和 2035 年远景目标纲要. (2021 - 03 - 13). http：//www. gov. cn/xinwen/2021-03/13/content_5592681. htm.

[4] 谢丽萍，李彬，康鸿跃，等. 市场主体智慧监管数据治理的技术研究与标准制定：以成都市市场主体监管为例. 中国标准化，2021（15）.

[5] 孙广芝，朱会彦，张立芬，等. 数据标准在税务数据治理中的应用初探. 中国标准化，2015（9）.

[6] 戴炳荣，闭珊珊，杨琳，等. 数据资产标准研究进展与建议. 大数据，2020，6（3）.

[7] 李鸣，郝守勤，何震. 数据治理国际标准研究. 信息技术与标准化，2017（Z1）.

[8] 张绍华，杨琳，高洪美，等.《数据治理规范》国家标准解读. 信息技术与标准化，2017（12）.

[9] 张明英，潘蓉.《数据治理白皮书》国际标准研究报告要点解读. 信息技术与标准化，2015（6）.

[10] 代红，张群，尹卓. 大数据治理标准体系研究. 大数据，2019，5（3）.

[11] 黄如花. 我国政府数据共享开放标准体系构建. 图书与情报，2020（3）.

[12] 光亮，张群. ISO/IEC JTC 1/WG 9 大数据国际标准研究及对中国大数据标准化的影响. 大数据，2017，3（4）.

[13] 大数据标准化白皮书. (2020 - 09 - 21). http：//www. cesi. cn/images/editor/20200921/20 200921083434482. pdf.

[14] 张一鸣. 数据治理过程浅析. 中国信息界，2012（9）.

[15] 史丛丛，张媛，逄锦山，等. 政务数据标准化研究. 信息技术与标准化，2020（10）.

[16] 王露. 提升数据标准化水平和治理能力. 社会治理，2018（1）.

[17] 中国标准化委员会. 信息技术服务 治理 第 5 部分：数据治理规范. 北京：中国标准出版社，2018.

[18] 中国国家标准化管理委员会，国家市场监督管理总局. 智慧城市 术语. 北京：中国标准出版社，2018.

[19] 中国国家标准化管理委员会，国家市场监督管理总局. 信息技术 大数据 术语. 北京：中国标准出版社，2017.

［20］中国国家标准化管理委员会，国家市场监督管理总局．信息技术服务 治理 第5部分：数据治理规范．北京：中国标准出版社，2018．

［21］中国国家标准化管理委员会，国家市场监督管理总局．数据管理能力成熟度评估模型．北京：中国标准出版社，2018．

［22］中共中央 国务院印发《国家标准化发展纲要》．（2021－10－10）．http：//www.gov.cn/zhengce/2021-10/10/content_5641727.htm.

［23］"十四五"国家信息化规划．（2022－12－27）．http：//www.cac.gov.cn/2021-12/27/c_1642205314518676.htm.

［24］数据治理标准化白皮书（2021年）．（2021－12－15）．https：//www.digitalelite.cn/h-nd-1955.html.

［25］Gupta U，Cannon S. A practitioner's guide to data governance：a case-based approach. Bradford：Emerald Group Publishing，2020.

［26］Tallon P P. Corporate governance of big data：perspectives on value，risk，and cost. Computer，2013，46（6）.

［27］Seiner R S. Non-invasive data governance：the path of least resistance and greatest success. Bradley Beach，N. J.：Technics Publications，2014.

第 7 章
大数据治理的技术赋能方法及其实现路径

7.1 引言

在大数据治理体系中，大数据技术作为大数据治理实现的方法而存在。大数据治理的各种理念、框架、政策等唯有通过实践方可落地成为现实，技术则为大数据治理提供了实现的能力和具体路径，因而本章主要探讨信息资源管理协同创新视角下技术如何助力大数据治理实践。

由于以大数据技术为切入点探讨技术赋能方法及实现路径较为普遍化和一般化，为增强针对性，本章选定在大数据平台的场景下探讨这一研究问题。根据前述章节，大数据治理的要素分为治理目标、治理主体、治理客体、治理活动与过程、治理要素与工具，由于大数据治理平台更加强调融合属性与动态过程，因而在大数据治理平台的场景下，治理活动与过程、治理要素与工具等融合在主体及客体当中。在此基础上，由于当前政府大数据治理平台融合了跨部门、跨系统的特殊性，具有系统平台、多元主体及多样数据的特征，因而本章特别选定政府大数据平台的特定场景，在其中探讨政府大数据平台、平台上的主体、平台上的数据在大数据治理中的赋能方法及实现路径。

7.2 大数据治理技术赋能的视角

现有与大数据治理技术相关的研究，并未将其置于大数据平台的场景下，因而对于大数据治理技术的探讨较为零散化与一般化。具体而言，现有研究从大数据平台、大数据主体协同与大数据资源连接三个方面分别阐释了与大数据治理技术相关的内容，如表 7 - 1 所示。

表 7 - 1　现有大数据治理技术相关研究内容

技术主导的大数据平台	静态视角的大数据主体协同	微观层次的大数据资源连接
大数据技术：云计算、大数据 大数据平台应用实例：交通、社会网络、医学等	主体类型：信息提供商、信息消费者、数据管理员	大数据分析技术：测量、算法、分析、步骤等
大数据工具：Apache Ha-doop、MapReduce、BDAS Spark、HDFS	大数据生态：数据提供者、大数据应用提供商、大数据框架提供商、数据消费者、系统管理者及数据生命周期管理者 大数据分析推进组织创新，并形成由不同能力区分的组织类型	大数据治理技术：数据规范、数据清洗、数据交换和数据集成、元数据、数据质量、数据安全、数据资产等
大数据平台参考架构：云分析参考架构、大数据分析参考架构、大数据生态系统参考架构、大数据参考架构、基础设施参考架构		数据连接原则：共享开放、互动协同、透明可信、受控开放，数据所有权、数据使用权、数据自主权，去中心化，数字隐私、数字伦理

7.2.1　技术主导的大数据平台

新一代信息技术的应用促进了各类大数据平台的建设，与大数据平台相关的研究呈现出技术主导的特点。

大数据平台基础技术支撑相关研究

在支撑大数据平台实现的技术中，关键性技术如云计算和大数据，前者为分布式大数据处理提供了底层引擎，后者则实现了分布式多数据集查询及结果的提供（Hashem et al.，2015）。在大数据技术体系中，围绕数据生命周期，形成数据收集/准备、数据存储、资源管理、计算框架、数据分析、数据展示等技术，这些技术构成连接数据源与用户的中间媒介（工业和信息化部电信研究院，2014）。

大数据具体工具相关研究

应对大数据挑战，离不开大数据相关工具研发与创新。作为 Apache 基金会提出的开发和运行处理大规模数据的开源软件框架，Hadoop 生态系统的介绍（2018）中提及的具体工具包含 HDFS、MapReduce、Yarn、Zookeeper、Hive、HBase 等。针对不同大数据平台间如何集成与优化的问题，现有研究提出设计自动化平台选择器，通过聚类状态及资源使用选择最佳平台的解决方案（Chang et al.，2016a；Chang et al.，2016b）。

大数据平台参考架构相关研究

参考架构的相关定义指出，其主要用于提供推荐结构、产品及服务集成以形成解决方案。据此，大数据平台参考架构主要形成对大数据相关结构、产品及服务的经验总结。现有文献中提出的参考架构主要由产业界提出，具体如博思艾伦咨询公司提出的云分析参考架构、IBM 提出的大数据分析参考架构、微软提出的大数据生态系统、SAP 提出的大数据参考架构、Oracle 提出的大数据参考架构、图形处理单元机器学习库提出的参考架构等（Borodo et al.，2016）。这些参考架构主要由数据源、数据分析、知识发现及辅助决策四部分构成，其本质是技术参考架构，即对支撑大数据平台搭建的技术构成和关系的整体部署。

除此以外，与多源数据汇聚相关的基础设施，其相关参考架构涉及的内容则更为完善，除技术参考模型外，包含功能（业务）参考模型及信息（数据）参考模型。在技术参考模型中，更多是对基础设施、系统、平台、工具、服务、网络（IS 18004：PART 1：2021）的层次及关系的整体阐释，功能参考模型则是利益相关方对基础设施应实现的功能进行识别，信息参考模型则是从抽象层面捕获系统中产生的信息（IS 18006：PART 1：2021；IS 18000：PART 1：2020；IS 18010：PART 1：2020）。综合而言，多源数据汇聚基础设施相关的参考架构设计，不再单独聚焦于纯粹的技术层面的考虑，而是更多地纳入"以人为中心"的思想，融入战略、管理、组织等方面的因素。

针对大数据平台相关技术、具体工具及参考架构的探讨，为大数据平台技术的实现提供了有益参照，构成大数据平台其他方面的研究基础。但现有研究仍存在以下局限：第一，技术维度的大数据平台与其所处的情境相分离，仅依靠对其技术议题的单一探讨存在研究视角层面的局限，因而难以实现对大数据平台的完整认知；第二，技术维度的大数据平台对平台上的主体及客体涉及较少，虽然相较于平台主体，平台客体即数据资源处理是大数据平台技术探讨的核心，但现有研究主要关注数据资源处理过程与技术，对平台上数据资源本身及其相关管理议题关注较少，对于不同对象间的互动更是无从谈起。

7.2.2 静态视角的大数据主体协同

由于大数据资源来源广泛，由大数据连接的各类主体如何协同同样是大数据治理关注的议题之一，对此，现有研究主要表现为静态视角的角色与职责划分。

大数据主体协同要素相关研究

鉴于仅将大数据视为一种技术无法充分发挥其效能，因而对大数据技术因素的关注转向对其社会性因素的关注。在现有研究中，具体的社会性因素包括：第一，主体角色间的连接。主要涵盖信息提供商与信息消费者之间的对接，尤其是在信息消费者信息需求、信息环境的描述方面，需要二者共同合作以开展参与式设计（Englmeier，2015）。第二，新兴角色出现。为有效实现信息管理，首席数据官一职开始出现，作为数据管理者，该角色主要围绕集体协调与效能发挥开展工作（Englmeier，2015）。第三，关注业务因素。对数据驱动的商业模式的分类形成了不同的业务模型，体现了业务因素与业务模型在捕获大数据价值中的重要作用（Hartmann et al.，2014）。

大数据生态系统构建相关研究

大数据主体协同作为生态系统构建议题主要关注系统内不同角色之间的协调。就横向的角色分工而言，在美国 NIST 国家大数据参考架构中，大数据生态系统中涉及的角色划分为数据提供者、大数据应用提供商、大数据框架提供商、数据消费者、系统监管者、系统管理者。该参考架构通过对生态系统中不同角色职责与权限的规范，以促进不同角色间的分工与协作。针对其中的具体议题，如在不同角色间实现数据共享，涉及共享对象、范围、时间及利益等，不同主体间的协作方式直接影响生态系统效率的提升（Pigni et al.，2016）。就纵向的能力区分而言，根据大数据在组织创新中作用的差异，以及不同类型组织采取的应对措施与实践，生态系统中的角色被划分为领导者、奋进者和努力者（Marshall et al.，2015）。

针对大数据主体协同要素、大数据生态系统构建的探讨，揭示了大数据相关角色划分及生态构建等方面的内容。现有对大数据主体协同的研究尚且存在以下局限：第一，未将大数据主体协同置于大数据平台上，因而不同主体间的凝聚未能在同一空间展开，进而对于主体协同的细节揭示不足。第二，主要强调大数据价值创造与发挥中主体协同的一般性因素，缺乏针对性和系统性。第三，对不同主体间协同的机制探索不足，现有研究主要围绕角色及能力区分展开，未能在其中形成动态协作的过程。

7.2.3　微观层次的大数据资源连接

大数据中多源异构数据的连接是数据价值发挥的关键，现有研究主要围绕微观层次的数据连接开展探讨。

数据处理

为促进数据资源连接及有效管理，数据处理用于实现对数据资源的加工整理，其关键性的环节和技术包括数据采集、数据清洗、数据交换和数据集成等（吴信东等，2019）。在此基础上，大数据分析的算法和过程进一步促进数据价值发现的实现，具体包括大数据分析的分类、聚类、相关算法等，大数据分析的过程则涉及从提出问题到选择算法再到结论验证的系列过程（Berman，2013）。

数据治理框架

为了更好地推进数据连接，数据治理框架的构建成为组织共识，现有数据治理框架的主要内容包括元数据、数据质量、数据安全、数据资产等，这些数据治理的举措主要用于实现数据管理的规范化和标准化，以及为不同数据资源的连接提供共同遵守的规则（张小晖和郝洁，2020）。除了数据作为治理对象以外，流程、算法也逐步被纳入数据治理框架中，并在其中融入受控、可信、权属等因素（Janssen et al.，2020）。

数据治理中社会性因素的引入

除了针对数据实施的各项数据处理操作以及建立的数据治理框架，大数据资源连接开始关注其中的社会性因素。该趋势产生的背景在于，各项新技术带来变革的同时，存在新技术伦理方面的风险，因而组织的数据治理框架开始关注其中的个人隐私及安全性问题（Yallop et al.，2020）。为有效应对此类风险，开放透明（Janssen et al.，2016）、互动协同、共享（印鉴等，2020）等成为数据生态构建的重要原则。与此同时，为有效推进数据连接，针对数据权属关系的探讨被引入其中，如数据所有权与使用权分离（谭培强和谢谨，2020）、利用区块链技术实现去中心化的数据治理（Liu et al.，2020）。

现有研究对于大数据资源连接的探讨，包含数据处理、数据治理框架、数据治理中的社会性因素。但对于大数据资源连接的研究尚且存在以下局限：第一，在一般意义上提出的数据连接的各项举措，未能突出多源、异构数据如何在大数据平台的场景下进行有效连接的具体路径；第二，除了在微观层次将数据作为对象，现有研究未将宏观层次数据连接的制度设计纳入考虑，因而难以更为全面地应对数据资源连接的系统问题。

7.3 大数据治理的技术实现路径

贵州省在推进大数据战略的实践中，建立了云上贵州系统平台。就平台主体及平台数据而言，云上贵州系统平台连接了 21 个国家部委及省市数据，横向连接了 65 个省直部门，形成了一体化数据共享交换开放体系（周雅颂，2019）。云上贵州系统平台作为贵州省实现政府数据全省统筹的关键信息基础设施，现已实现政务用户及应用系统的全面接入（贵州省大数据发展管理局，2018），在提升政府治理能力、推动产业发展、服务改善民生中发挥了重要作用（数博会，2019）。这与本章界定的政府大数据平台、平台上主体、平台上数据的框架一致，并且具有典型性。因而，本章对于大数据治理技术赋能方法及实现路径的探讨，选定云上贵州系统平台作为案例进行研究。

在政府大数据平台、平台上主体、平台上数据分析框架下，对技术赋能方法及其实现路径问题的探讨，主要来源于三个方面的研究数据：一是对云上贵州系统平台建设者、管理者及相关人员的前期访谈，具体来自云上贵州大数据产业发展有限公司、贵州省大数据发展管理局、贵阳块数据城市建设有限公司、提升政府治理能力大数据应用技术国家工程实验室等；二是文件资料，包括围绕云上贵州系统平台收集的相关政策、标准、指南等；三是二手资料，包括通过期刊数据库、网络获取的相关材料（马广惠和安小米，2019）。

7.4 大数据治理技术赋能方法的实现路径

现有研究中针对大数据治理技术赋能的研究，主要从技术主导、静态视角及微观层次出发，但尚且存在管理关注缺乏、动态协作不足、宏观制度欠缺等局限。在此背景下，本章对于大数据治理技术赋能方法及其实现路径的探讨，选取社会技术系统理论作为依据，该理论显著的优势在于将技术性因素与社会性连接同时纳入，通过对其中的场景、主体协同及数据连接的分析，形成对大数据治理技术赋能方法实现路径议题更为完整的认知。在该理论指导下进行分析，从而实现政府大数据平台的媒介场景营造、动态协作机制促成政府大数据平台主体协同、宏观制度设计推进政府大数据平台数据连接三方面的内容。

7.4.1　社会技术系统理论视角下的大数据治理技术赋能

现有与大数据技术赋能方法相关的研究，在关注技术因素的同时，已转向对大数据中社会性因素的关注。在此趋势下，本章对于大数据治理技术赋能的研究选择社会技术系统理论，其原因不仅在于本章将政府大数据平台视为技术、主体、数据三者共存融合的场景，更在于政府大数据平台中的技术性因素更为强调其中的社会性连接。

社会技术系统理论的提出目的在于批判技术决定论。技术决定论的局限在于，忽略技术发展的社会及文化环境，并且技术与社会间的关系被简化为因果关系（黄晓伟和张成岗，2017；Murphie et al.，2003）。在此背景下，社会技术系统理论的提出及其出发点，在于超越技术决定论。具体而言，社会技术系统由一个或多个社会网络及物理网络构成，同时受社会规则及物理规则的影响，是包含社会要素及技术要素的系统（Van Dam，2009）。社会技术系统理论强调将技术置于社会情境中加以考虑（Griffith et al.，2001），关注人与技术之间的相互作用，核心在于社会技术系统由社会及技术子系统构成，二者为统一的整体。

现有研究同样认为基础设施可被视为社会技术系统，与从技术或工程视角理解基础设施相比，社会技术系统理论视角下的基础设施更强调将人的参与及机构因素集成到基础设施的设计与运行过程中（Little，2004）。在社会技术系统理论中，主要包含社会子系统、技术子系统及整体系统层面两个子系统交互。在本章对于云上贵州系统平台上大数据治理技术赋能的分析中，其中子系统交互对应于政府大数据平台，社会子系统对应于平台上的主体协同，技术子系统对应于平台上的数据连接，具体内容如表7-2所示。

表7-2　云上贵州系统平台大数据治理技术赋能方法及其实现路径

类别划分	主要表现	相关内容来源
政府大数据平台	全省非涉密系统迁移至云上贵州系统平台	《贵州省推进"一云一网一平台"建设工作方案》《贵州省政务信息系统整合共享工作方案》
	全省职能部门数据集成至云上贵州系统平台	《应用系统迁云指南》；截至2016年12月7760万条数据互联互通，截至2018年9月云上贵州系统平台承载共计563个应用系统
	主体间新型社会关系构建 数据间新型数据关系构建 主体与数据间互动关系生成	《贵州省大数据发展管理局主要职责内设机构和人员编制规定》

续表

类别划分	主要表现	相关内容来源
政府大数据平台-主体协同	协同缘起于业务 协同过程取决于业务 业务影响协同结果	数据铁笼、精准扶贫、应急管理等具体应用建设
	政府业务部门 管理协调方 平台建设方	《贵州省省级政务云资源管理实施细则》
	组织职责、内设机构及人员编制政策 合作协议 保密协议	《贵州省大数据发展管理局主要职责内设机构和人员编制规定》《云上贵州云计算服务协议》云上贵州平台上大扶贫数据交换机制中签订数据保密协议、数据传输协议
政府大数据平台-数据连接	数据集成 数据分级分类 数据清洗 数据整合 数据共享交换 数据应用	DB 52/T 1126－2016《政府数据 数据脱敏工作指南》、DB 52/T 1123－2016《政府数据 数据分类分级指南》、《贵州省大数据清洗加工规范》、《贵州省政府数据共享开放条例》、《贵州省政务数据资源管理暂行办法》云上贵州数据共享平台法人、人口、空间地理和宏观经济四大基础数据库
	数据资源目录 数据资产登记 数据处理规范	DB 52/T 1124－2016《政府数据资源目录 第1部分：元数据描述规范》、DB 52/T 1125－2016《政府数据资源目录 第2部分：编制工作指南》、DB 52/T 1411－2019《政府数据资源目录 第3部分：共享数据资源目录》、《贵州省政府数据资产管理登记暂行办法》
	数据所有权、处置权 数据使用权	《云上贵州数据共享交换平台数据资源发布管理使用指南》、云上贵州系统平台项目情况

7.4.2 政府大数据平台的媒介场景营造

相较于技术主导视角的大数据平台，政府大数据平台更加突出其媒介场景的作用，即通过基础设施共建共享、政务资源动态集聚、社会技术系统连接，为平台上的主体及数据营造一种连接的场景依托。

基础设施共建共享

区别于仅从技术视角理解大数据平台，政府大数据平台搭建的背景在于，在信息化发展过程中，由于信息系统建设在技术、语言、功能上的差异，传统信息化环境下由各业务部门、各垂直体系建立的信息系统难以满足大数据时代"三融五跨"的实际需求，这不仅造成系统割裂、难以共享等问题，而且带来重复投资、资源浪费的现象。政府大数据平台的搭建通过集中建设和资源共享的方式，实现了基础设施层面的统筹管理。根据《贵州省政务信息系统整合共享工作方案》，各业务部门及垂直体系信息系统向政府大数据平台实行迁移和部署，一方面缓解了传统环境下信息孤岛引发的难以连接、难以协同、难以统筹的问题，避免了新的政务基础设施分散与割裂的现象产生；另一方面通过基础设施集中实现了与基础设施关联的信息系统主体与信息系统中承载的各类数据资源的集中统筹，这为后续更核心的数据资源的流通与价值发挥奠定了物理基础。

在搭建政府大数据平台的过程中，针对一般性大数据平台的各类技术、工具、参考架构等同样可作为政府大数据平台的有益参照。其中，云计算技术在政务基础设施共建共享中发挥了重要作用，云计算作为一种分布式计算技术，不仅有效支撑了基础设施的集中统筹，而且实现了各类资源的按需获取，有利于实现共建共享及资源节约。

政务资源动态集聚

在基础设施共建共享的基础上，政府大数据平台除了汇聚各类信息系统之外，更为关键的是促进由平台连接的主体集成及数据集成，这主要表现为贵州省省直部门的云迁移及平台上的数据资源集聚。

对于主体集成而言，由于业务职能分工的差异，政府部门承担的职责不同。传统信息化环境下，政府部门因履行职责需要与其他部门的对接主要采取非正式的沟通与协调。进入大数据时代，由于政府部门面临业务问题的复杂程度与应对难度的增加，仅靠单一部门的资源与力量难以有效解决业务问题，因而部门间协作成为必然选择与趋势。在此背景下，政府大数据平台的搭建实现了政府各部门在同一平台集聚，由此数据资源管理主体、信息化建设主体、业务实施主体等的主体关系协调将在同一空间展开。

相较于传统信息化环境下政府各部门分散、自发的线下协调，政府大数据平台上的主体协调则更为正式、规范。对于数据集成而言，大数据时代的数据资源体量巨大、类型多样、处理速度快，这些特点不仅构成大数据的特性，同样是数据资源价值发挥的关键。由于数据资源存在于不同部门、不同系统与不同地点，难以形成应对业务问题的数据全貌，反而引发数据壁垒、数据质量、数据割裂等诸多问题，因而数据资源的有效集成十分必要。由此，政府大数据平台的搭建实现了分散的各类数据资源在同一平台的集成，这构成数据资源价值发挥的前提和基础。在政府大数据平台上，有关同一主体的各类数据资源及数据资源生命周期的全貌得以呈现，这有利于利用数据为应对具体的业务问题而构建数据资源之间的连接。

社会技术系统连接

现有文献中技术视角的大数据平台未将其置于具体的社会情景下，而技术无法脱离社会情景而存在，在此意义上，政府大数据平台不仅被视为一种特殊的大数据平台，更是一种社会技术系统下的大数据平台。在政府大数据平台上，平台作为一种连接渠道，由基础设施共建共享带来主体集成及数据集成，并促成各类主体及数据之间的不同连接。平台作为一种新型数字基础设施，有助于实现数字能力与数字资源的相互促进（黄璜等，2020）。

具体而言，由数据共享交换平台搭建及数据共享交换关系的存在而促成的连接，一是主体间的连接，在主体集成的基础上，因具体业务需求产生及职能履行需要，主体间的常态化协作成为趋势，在不同类型的平台主体之间包含了各类协调、管理、合作、支撑等各类社会关系的构建；二是数据间的连接，在数据集成的基础上，为满足业务办理对于相关数据资源的需求，同时减少数据重复采集、促进数据价值发挥，数据之间的连接体现为不同类型、不同来源的数据之间新型数据关系的构建；三是主体及数据间的连接，在主体连接及数据连接的基础上，形成平台主体及数据间的连接，即主体与数据间的互动关系，主体间的连接不能缺乏具体的内容依据，数据间的连接同样无法忽视数据的承载主体。这三种形式的连接在动态与流通过程中，促进了平台上各类资源的价值发挥。

7.4.3　动态协作机制促成政府大数据平台主体协同

对于大数据平台上的主体协同，除了各类主体的角色与职责的划分，更为关键的是主体间动态协作机制的搭建。在政府大数据平台上，主要通过业务属性促成、协调机制构建、社会工具治理形成主体协同的动态过程。

业务属性促成

业务协同在数字政府建设中发挥重塑政务运作业务流程的作用，同时有利于促进跨层级业务的整合（赵娟和孟天广，2021）。不同政府部门在政府大数据平台上集聚，为不同主体间协同提供了物理层面的连接。在更进一步的主体协同中，业务属性促成了平台不同主体间的自觉协同。

具体而言，第一，主体协同是由业务引起的。政府大数据平台上不同类型主体的集成，并非自然引发其中主体间动态关系的生成。由于不同政府部门承担的业务工作不同，鉴于应对业务问题的要求，不同部门间的协同关系构建来源于业务关联性，业务关联直接决定了主体协同的内容、范围与方式等。第二，主体协同的过程是由业务决定的。在根据业务关联建立的主体协同关系的基础上，应对业务问题的主体根据开展业务活动的需要而构建主体间的新型协同关系，参与业务问题解决的主体同样以业务为核心进行决策，进而决定了主体协同的过程如何开展。第三，主体协同的结果是与业务相关的。在主体协同过程之后，具体的业务场景构成主体协同发挥作用的情景，并且形成主体协同关系施加影响的范围和依据。

协调机制构建

要想促进政府大数据平台上集聚的不同类型主体的协同关系构建，就需要建立协调机制理顺不同主体间的关系。与静态地按主体区分而形成的数据资源管理主体、信息化建设主体、业务实施主体等的划分不同，政府大数据平台中主体协同关系的构建更多关注的是动态关系。

就法定职责而言，贵州省大数据发展管理局在业务层面负责推进政务信息系统整合、数据共享开放、大数据与政务服务融合应用，在工具层面负责统筹协调电子政务基础设施建设（贵州省大数据发展管理局，2022）。这些职责的履行，在政府大数据平台上具化为下述主体及角色：第一是政府业务部门，其中又分为因职能履行需要而发起协同的部门，以及支撑业务工作顺利开展的协同参与部门，这构成主体协同的核心；第二是管理协调方，根据层级差异，涵盖由各业务部门领导组成的大数据领导小组，在领导层面促成并达成主体协同，以及专门负责协调主体协同发起方及参与方的大数据局，主要负责统筹大数据发展工作；第三是平台建设方，主要承担政府大数据平台的建设、运营及维护工作，不参与主体协同的具体决策。在涉及具体的主体协同议题时，政府各业务部门提出并主导协同关系构建，管理协调方在组织层面促进资源配置与管理协调，平台建设方则承担主体协同的技术实现及决策执行工作。

社会工具治理

对于由业务属性促成的自觉性主体协同关系的形成，以及由协调机制保障的主体协同关系，仍有待通过社会工具治理实现对主体协同关系的固化及经验积累。

具体而言，政府大数据平台的社会工具治理是通过签订协议、发布政策工具等形成对主体协同关系的约束及固化。现有研究表明，政策工具可用于厘清权责利关系及复杂构成要素（宋懿等，2018）。与之相关的内容，如政策工具中对于大数据局主要职责、内设机构及人员编制的规定（贵州省人民政府办公厅，2017），给予了大数据局参与主体协同关系构建的职责与地位，有效保障了大数据局参与大数据发展协调事务与工作。再如对于契约性工具，政府业务部门在构建主体协同关系的过程中，主体协同中的利益相关方采取签订协议的方式形成对协同关系的认定及约束，其中既包含在主体协同初期签订的合作协议，又包含在协同关系达成后签订的保密协议等。这些协议约定了双方必须共同遵守的约定，为其中的发起方与参与方在遵守约定的基础上开展沟通协调提供了依据及参照，可有效推进主体协同的进程。

7.4.4 宏观制度设计推进政府大数据平台数据连接

数据连接作为大数据平台建设的目的及重要内容，除了微观层次促进数据连接的各项措施以外，还需要将数据连接的制度设计纳入考虑范围，对于政府大数据平台而言，主要通过数据处理举措、数据治理工具、数据权责划分实现。

数据处理举措

在政府大数据平台上，对来自不同业务部门及信息系统的数据，由于其内容、结构、类型、质量等各不相同，因而难以直接在平台中实现不同数据资源的连接。为了促进平台上数据资源的流通与价值的发挥，平台功能中包含针对数据实施的系列操作与处理方式，以促进不同数据间的连接（贵州省大数据发展管理局，2018）。

政府大数据平台上数据处理的关键性举措包括：一是数据集成，将各业务部门的数据集聚至政府大数据平台上；二是数据分级分类，对政府数据进行区分归类及安全定级（贵州省质量技术监督局，2016）；三是数据清洗，对平台上的数据缺失、不准确、不一致等问题进行处理；四是数据整合，对数据进行分别定义组合后形成新的数据源，以基础库、主题库及专题库为代表；五是数据共享交换，促进数据资源在不同业务部门间流通；六是数据应用，根据具体的业务活动及业务场景实现特定领域内的数据价值发挥，现已在贵州省政用、民用、商用领域取得一系列成果（数博会，2019）。

数据治理工具

为了有效加强对平台上数据资源的管理，更好地促进平台数据资源连接，政府大数据平台采用系列数据治理工具，以提升数据资源连接的程度与效果。

与之相关的数据治理工具包括：第一，为政府大数据平台构建数据资源目录。数据资源目录的构建实现了对数据的序化，有利于形成对平台数据全貌的整体认知，是后续推进数据资源连接的基础。对此，贵州省围绕政务数据资源目录形成了系列地方标准，具体如 DB 52/T 1124 - 2016《政府数据资源目录 第 1 部分：元数据描述规范》、DB 52/T 1125 - 2016《政府数据资源目录 第 2 部分：编制工作指南》、DB 52/T 1411 - 2019《政府数据资源目录 第 3 部分：共享数据资源目录》。第二，数据资产登记。针对大数据资源，尤其是与政务服务相关的内容开展数据资产登记，通过数据资产的有效集中助力数据资产价值增值。第三，数据处理规范制定。包括数据分级分类标准、数据清洗加工标准、数据资源发布使用指南等规范的制定及使用，如 DB 52/T 1126 - 2016《政府数据 数据脱敏工作指南》、DB 52/T 1123 - 2016《政府数据 数据分类分级指南》、《贵州省大数据清洗加工规范》等。这些规范为开展平台数据处理提供了统一规定，为平台上体量巨大的数据资源连接提供了共同遵守的规范。

数据权责划分

对于政府大数据平台上的数据连接，除了针对数据资源进行的各类操作及建立的各类规范以外，数据资源连接仍需考虑社会性因素，即对依附于数据连接所产生的各项权责关系的处理及分配。处理好数据确权问题，对于规范政务数据采集、使用和管理至关重要（周雅颂，2019）。

关于数据权责划分，具体内容包括：在数据共享交换阶段，数据共享交换的内容、范围、形式等决策制定及决策结果由哪一主体负责；在平台数据资源的应用环节，数据应用的范围、规则、场景等由哪一方主体决定，对这些权责的类型划分及具体安排直接影响平台数据资源连接的方式及效果。其中，数据资源提供方在数据资源连接中享有数据资源的所有权、处置权，数据共享交换及数据应用须在该确定范围内遵循该项权责；数据资源应用方则对于获取的数据资源享有使用权，可在既定范围内开展对数据资源的有效利用。数据权责在不同主体间的清晰划分，将有效减少平台数据连接的矛盾并促进数据资源流通及价值发挥。

7.5　小结

围绕大数据治理如何实现技术赋能这一研究问题，为探索大数据治理的技术赋能方法及其实现路径，本章选取了大数据平台尤其是政务大数据平台这一场景，具体以云上贵州系统平台作为案例研究对象，在政府大数据平台这一场景下开展研究。通过对云上贵州系统平台从政府大数据平台、平台主体协同、平台数据连接三个维度进行分析，指明了政府大数据平台的技术赋能方法及其实现路径。

第一，在纯技术视角下大数据平台中的技术、工具及参考架构支撑的基础上，大数据平台技术赋能的路径为基础设施共建共享、政务资源动态集聚、社会技术系统连接，这些举措打破了不同信息资源之间的割裂与隔绝状态，进而形成了由平台连接的统一场景和共同空间，为平台上主体间、数据间及主体与数据间的交互提供了实现的可能及条件。第二，基于不同角色划分及职责规定，大数据平台上主体间协同的关键在于搭建动态协作机制，具体包括尊重业务属性开展协同、搭建协调机制促进协同过程、利用社会工具固化协同结果，这些举措促成了大数据平台上多元主体的动态协作过程，促成了大数据平台上的主体协同由零散、自发向系统、序化状态的转变。第三，除了大数据平台上促进数据连接的各项微观措施外，大数据平台上的数据连接应当纳入宏观的制度设计考虑，相关举措如实施各类平台数据处理举措、采用数据治理工具规范数据连接过程、针对数据连接形成清晰的数据权责划分，这些内容不仅促进了数据连接规范化进程的形成，同时可从宏观层面系统地推进大数据平台上的数据连接。

对大数据治理的技术赋能方法及其实现路径的研究说明，仅从技术主导、静态视角、微观层次出发，难以系统性、整体性、协同性地揭示大数据治理技术赋能问题。基于社会技术系统理论开展研究，在关注大数据平台技术性因素的同时，更加突出了对其中社会性连接的重视，这主要通过媒介场景营造、动态协作机制、宏观制度设计加以实现。在此基础上，未来仍需探讨和研究大数据治理技术赋能的具体规则、内在机理、实现方式、应用场景、应用示范等内容。

参考文献

［1］Hadoop 生态系统的详细介绍 . （2018 - 03 - 26）. https：//blog. csdn. net/wdr2003/article/details/79692886.

［2］北京大学课题组，黄璜，曾渝，等 . 平台驱动的数字政府：能力、转型与现代化 . 电子政务，2020（7）.

［3］工业和信息化部电信研究院 . 2014 大数据白皮书 . （2014 - 06 - 18）. http：//www. cac. gov. cn/2014-06/18/c_1111184441. htm.

［4］贵州省大数据发展管理局 . 法定职责 . （2022 - 02 - 19）. https：//dsj. guizhou. gov. cn/zwgk/xxgkml/jggk/fdzz/.

［5］贵州省大数据发展管理局 . 云上贵州系统平台项目情况 . （2018 - 09 - 29）. http：//dsj. guizhou. gov. cn/zwgk/xxgkml/zdlyxx/dsjyytg/201809/t20180927_10392519. html.

［6］贵州省人民政府办公厅 . 贵州省大数据发展管理局主要职责内设机构和人员编制规定 . （2017 - 01 - 25）. http：//dsj. guizhou. gov. cn/xwzx/tzgg/201706/t20170616_10391695. html.

［7］贵州省人民政府办公厅．贵州省政务信息系统整合共享工作方案．（2018－01－03）．https：//www. guizhou. gov. cn/ztzl/2017szfnzzt/dsj _ 9371/zcjd_9372/201801/t20180103_70983690. html.

［8］贵州省质量技术监督局．政府数据 数据分类分级指南．（2016－09－28）．https：//www. doc88. com/p－6925914778328. html.

［9］黄晓伟，张成岗．技术决定论形成的历史进路及当代诠释．南京师大学报（社会科学版），2017（3）．

［10］马广惠，安小米．政府大数据共享交换情境下的大数据治理路径研究．情报资料工作，2019，40（2）．

［11］宋懿，安小米，马广惠．美英澳政府大数据治理能力研究：基于大数据政策的内容分析．情报资料工作，2018（1）．

［12］谭培强，谢谨．多方安全计算助力金融数据治理．中国金融，2020（22）．

［13］吴信东，董丙冰，堵新政，等．数据治理技术．软件学报，2019，30（9）．

［14］印鉴，朱怀杰，余建兴，等．大数据治理的全景式框架．大数据，2020，6（2）．

［15］云上贵州：大数据的先行先试．（2019－02－13）．http：//www. cac. gov. cn/2019-02/13/c _1124108100. htm.

［16］云上贵州三大平台助力政府数据"聚、通、用"．领导决策信息，2017（4）．

［17］赵娟，孟天广．数字政府的纵向治理逻辑：分层体系与协同治理．学海，2021（2）．

［18］张小晖，郝洁．智能化，可视化的大数据治理体系的研究与应用．数字技术与应用，2020（2）．

［19］周雅颂．数字政府建设：现状、困境及对策：以"云上贵州"政务数据平台为例．云南行政学院学报，2019，21（2）．

［20］数博会．（2019－05－26）．www. gz. xinhuanet. com/ztpd/zggjsbh_2019/index. htm.

［21］Berman J J. Principles of big data：preparing，sharing，and analyzing complex information. London：Elsevier，2013.

［22］Borodo S M，Shamsuddin S M，Hasan S. Big data platforms and techniques. Indonesian Journal of Electrical Engineering and Computer Science，2016，1（1）．

［23］Chang B R，Tsai H F，Tsai Y C，et al. Integration and optimization of multiple big data processing platforms. Engineering Computations，2016a，33（6）．

［24］Chang B R，Tsai H F，Wang Y A. Optimized multiple platforms for big data analysis. New York：IEEE，2016b.

［25］Englmeier K. Role and importance of semantic search in big data governance. Berlin：Springer International Publishing，2015.

［26］Griffith T L，Dougherty D J. Beyond socio-technical systems：introduction to the special issue. Journal of Engineering and Technology Management，2001，18（3－4）．

［27］ Hartmann P M，Zaki M，Niels F，et al. Big data for big business? a taxonomy of data-driven business models used by start-up firms.（2014－06－25）. http：//citeseerx. ist. psu. edu/viewdoc/download? doi＝10. 1. 1. 998. 2951&rep＝rep1&type＝pdf.

［28］ Hashem I A T，Yaqoob I，Anuar N B，et al. The rise of "big data" on cloud computing：review and open research issues. Information Systems，2015，47（47）.

［29］ Janssen M，Brous P，Estevez E，et al. Data governance：organizing data for trustworthy artificial intelligence. Government Information Quarterly，2020，37（3）.

［30］ Janssen M，Kuk G. The challenges and limits of big data algorithms in technocratic governance. Government Information Quarterly，2016，33（3）.

［31］ Little R. A socio-technical systems approach to understanding and enhancing the reliability of interdependent infrastructure systems. International Journal of Emergency Management，2004，2（1－2）.

［32］ Liu X，Sun S X，Huang G. Decentralized services computing paradigm for blockchain-based data governance：programmability，interoperability，and intelligence. IEEE Transactions on Services Computing，2020，13（2）.

［33］ Marshall A，Mueck S，Shockley R. How leading organizations use big data and analytics to innovate. Strategy & Leadership，2015，43（5）.

［34］ Murphie A，Potts J. Introduction："culture"and "technology". London：Palgrave，2003.

［35］ Pigni F，Piccoli G，Watson R. Digital data streams：creating value from the real-time flow of big data. California Management Review，2016，58（3）.

［36］ U. S. Department of Commerce. NIST big data interoperability framework：volume 6，reference architecture.（2018－06）. https：//nvlpubs. nist. gov/nistpubs/SpecialPublications/NIST. SP. 1500-6r1. pdf.

［37］ Van Dam K H. Capturing socio-technical systems with agent-based modelling.（2019－10－30）https：//www. koenvandam. com/phd/koenVanDam-phoThesis-Summary. pdf.

［38］ Yallop A C，Aliasghar O. No business as usual：a case for data ethics and data governance in the age of coronavirus. Online Information Review，2020（7）.

08
第 8 章
大数据治理的应用及理论发展

8.1 引言

党的十八大以来，习近平总书记在多个重要场合强调"制度的生命力在于执行"。对于大数据治理来说，治理理念、方式方法、内容、框架要素、政策、标准从本质上说也是一项规划、规制、规范、制度的制定和设计工作，而制度的执行与制度的制定具有同等重要性。在思考制度设计合理性的同时，也要考虑采取何种措施来保证所制定出来的制度能够在实践中有效执行。

本章聚焦面向大数据治理发展及应用的组织架构模式、运行模型、运行机制及其评估的评判分析与解构和重构。在对大数据治理运行模式、运行模型、运行机制及评估体系和方法等方面进行文献分析的基础上发现，现有研究规划较多，落地较少；当前尚缺少覆盖多利益需求、多层次关系、多要素配置、全闭环治理的综合治理运行机制研究；缺少场景化的运行模式及机制研究；缺乏统一的覆盖数据生命周期治理的评估体系及可操作、可管控和可持续改进的评测工具研究。本章在协同创新理论、综合集成论、执行力模型等理论基础上，提出了多项目标体系互联、多元主体联盟制度互信、多维活动联通规则互认、多级环境要素联结规范互通的综合治理运行模式、运行模型和运行机制。本章基于已有研究成果，在借鉴国际领域适用最为广泛的成熟度及基准模型评估方法的基础上，提出了大数据治理成熟度评估体系与评估方法。

8.2 大数据治理应用及理论基础

8.2.1 大数据治理组织架构模式

在传统的数据管理活动中，数据治理行为是他组织的，即设有专门的数据治理机构和计划方案，并严格按照计划方案开展数据治理活动。在大数据环境下，数据治理的方式实现了从他组织到自组织的转变，演变为合作者自主结合、自我完善的战略性、灵活性自组织活动。张涛（2021）提出，大数据治理组织框架模式大致可以分为集中式治理、分布式治理、联合式治理三种基本类型，模式的设计和选择取决于数据治理组织现有的架构、数据治理目的和组织对集中与协作的文化倾向。从现有文献研究来看，大体也集中于这三种模式，具体如下。

集中式治理模式

集中式治理即一个数据治理组织监督主题领域中所有与大数据治理相关的活动，包括数据的识别、定义、升级，以及解决与数据安全、数据访问、数据质量、合规性、数据所有权、策略、标准、术语或数据治理程序相关的问题。大数据的集中式治理主要集中在各地方的政务数据治理领域，一般由大数据治理机构牵头承担政府数据治理的主管责任，统筹协调政府数据治理工作，目前已经有很多地方政府通过设立专门的大数据管理局来承担政府数据治理工作。黄璜和孙学智（2018）指出，现有大数据治理机构较多为政府直属机构或政府部门管理机构，通常基于原有数据职责进行重组，主要关注宏观战略规划和促进数字产业发展，但由于隶属部门不同，机构在职责上也会表现出较为明显的差异。

分布式治理模式

分布式治理即由多个数据治理组织分别负责各自业务领域的数据治理活动，每个业务领域的数据治理操作模型和标准基本上趋于一致，但也会受到不同业务领域所面临的具体问题、组织文化等因素的影响而有所不同。目前，在中央层面，我国尚未建立统一的政府数据治理组织，马广惠和安小米（2019）通过分析贵州省市两级大数据治理的实践进一步表明，当前大数据治理主体相互独立，其中企业负责基础设施搭建，大数据领导及管理部门负责治理政策及标准制定，政府各业务部门负责数据梳理及登记，对数据资源集成与组织的治理相对处于静止状态。在企业层面，大部分企业已经完成了企业资源计划、客户关系管理、供应链、协同办公等企业信息化系统的建设，但是由于数据分散在众多系统中，且不同企业业务情况有很大差异，因此缺乏统一数据定义标准和数据分类标准，数据治理还比较分散。

联合式治理模式

联合式治理即一个数据治理组织与多个业务单元进行协调，以维护数据定义和数据分类标准的一致性。在这种组织模式框架中，由一个数据治理组织统一确定数据治理的策略、框架、标准等，然后再由不同业务单元结合自身的实际情况完成数据治理任务。在大数据治理的研究中，学界基本统一认为大数据的联合治理主要涉及政府、企业、公共组织、社区和公民个人等主体，其中政府作为大数据治理中的关键角色，已经从传统的数据权力所有者、控制者和监管者逐步转向数据权力的协调者和社会协同治理的服务者，大数据治理活动已经从过去的信息孤岛转向跨层级、跨领域、跨地域、跨系统、跨部门和跨业务的信息资源融合与创新服务，并与多利益相关方进行合作。曾小锋（2016）提出，在大数据时代政府不再是唯一的治理主体，企业、社会组织、个人将融入治理体系，从而实现多元协作共治的局面。徐艳红和伍小乐（2018）从社会资本角度来观察社会协同治理的参与主体，认为在大数据时代，形成了政府主导、社会协同、公民参与的多元主体治理格局。王忠和殷建立（2014）基于利益相关方视角将个人数据隐私治理过程中利益相关方分为数据产生者、数据收集者、数据处理者、数据应用者及监督者 5 种角色，并通过权力利益矩阵分析提出构建多元主体协同治理机制。

8.2.2　大数据治理体制模式

大数据治理体制模式主要体现在管理机构组织架构模式以及市场化运营模式。前者体现在管理机构的管理层级与权限设置等不同特点的不同模式，后者体现在市场化运营的不同模式。

组织架构模式

我国大数据治理体制按管理机构的组织架构特点分为以下三种模式：大数据治理领导机构与经济和信息化管理机构平行的独立式模式，大数据治理领导机构位于信息化主管部门之下的嵌入式模式，大数据治理机构与经济和信息化管理机构联合式模式。

（1）独立式模式。

1）贵州省：省长挂帅，汇聚全省之力发展大数据。贵州省集全省之力发展大数据。为加快推进全省大数据产业发展，省政府于 2014 年 6 月决定成立贵州省大数据产业发展领导小组，由省长担任组长，省委常委、副省长为副组长，各委办局主管领导为成员。2017年1月，贵州省成立贵州省大数据发展管理局，为正厅级直属事业单位，将省经济和信息化委员会承担的有关大数据治理、大数据应用和产业发展（除电子信息制造业外）、信息化（除"两化融合"外）等职责，整合划入省大数据发展管理局。省信息中心（省电子政务中心、省大数据产业发展中心）由省大数据发展管理局管理，大数据发展管理局内设办公室、政策法规与标准规范处、规划投资处、产业发展处、数据资源管理与安全处、基础设施处、应用推广处、对外交流与宣传处、人事人才处等9个机构。

机构的主要职责为：负责起草相关地方性法规、规章草案，拟订大数据、信息化行业技术规范和标准并组织实施；负责统筹数据资源建设、管理，促进大数据政用、民用、商用，统筹政府数据采集汇聚、登记管理、共享开放，推动社会数据汇聚融合、互联互通，统筹推进大数据安全体系建设和安全保障工作；负责全省大数据产业发展和行业管理；负责提出大数据、信息化领域固定资产投资规模及方向，指导大数据基金的建立和管理；负责大数据、信息化领域对外交流合作；负责大数据、信息化人才队伍建设工作。

2）武汉市：全市统筹，政产学研齐头并进。2014年，《武汉市大数据产业发展行动计划（2014—2018年）》正式印发，成立了由市人民政府分管副市长任组长、市直各相关部门和单位分管负责人为成员的市大数据产业发展工作领导小组，负责统筹协调审议全市大数据产业发展工作及重大事项。领导小组下设办公室，负责推进全市大数据产业发展和政府部门的信息采集、整理、共享与创新应用等工作。组建了由行业与政策专家、企业家、投资者、产业组织者等为成员的市大数据产业专家咨询委员会，定期就产业发展中的重大问题开展研究与论证，为产业发展提供决策咨询服务。成立了武汉大数据发展战略研究院，利用高等院校现有的研究成果和已经取得的若干国际标准，加强大数据相关基础和应用研究，推动基于云计算、大数据的各类技术成果在国民经济信息化各领域中的应用。

（2）嵌入式模式。

1）上海市：嵌入式统筹，明确大数据发展职责。上海市在市经信委设立市大数据发展处，挂靠在经信委信息化推进处，具体职责为拟订并组织实施国民经济和社会信息化应用、信息化与工业化融合发展中长期规划和年度计划，参与拟订相关的支持政策、技术规范和标准；负责市级建设财力投资信息化项目和市本级预算单位信息化项目支出预算的前置审核，组织实施电子政务绩效评估；指导推进国民经济和社会发展领域信息化应用，负责重大信息化建设项目的组织规划和协调推进；组织推进信息化与工业化融合，指导推进应用信息技术改造提升传统产业和企业信息化建设；指导、协调、推进信息资源开发利用与共享工作；组织、指导、协调区县信息化工作；负责信息化推进有关统计分析工作。

2）广州市：嵌入式统筹，明确大数据发展重点领域。2014 年 2 月，广东省在省经济和信息化委员会下设广东省大数据管理局。2015 年 5 月，广州市成立大数据管理局，为市工信委直属行政单位。大数据管理局内设 3 个机构——规划标准科、数据资源科（视频资源管理科）、信息系统建设科，配行政编制 15 名，其中局长 1 名（市副局级）、副局长 2 名（副处级）。大数据管理局主要职责包括：研究拟订并组织实施大数据战略、规划和政策措施，引导和推动大数据研究和应用工作；组织制定大数据收集、管理、开放、应用等标准规范；负责统筹规划建设工业大数据库，建立企业能耗、环保、安全生产监测指标等数据库，支撑两化融合公共信息平台的运行；组织建设两化融合公共信息平台和工业大数据平台，统筹协调城市管理智能化视频系统建设，推进视频资源整合共享和综合应用；承担广州超算和云计算技术平台的推广应用等。

（3）联合式模式。

1）沈阳市：联合式统筹，智慧城市与大数据协调共进。2015 年 6 月，沈阳市成立大数据管理局（正局级），沈阳市经济和信息化委员会主管领导任沈阳市大数据管理局局长，主要负责"智慧沈阳"的规划和实施，协调政务信息资源共享，打破政府机构现存的数据共享壁垒。

沈阳市大数据管理局下设大数据产业处、标准与应用处和数据资源处。其主要职责是负责组织制定"智慧沈阳"的总体规划和实施方案；研究制定大数据战略、规划和相关政策；组织制定大数据的标准体系和考核体系，统筹推动全社会大数据库建设，组织制定大数据采集、管理、开放、交易、应用等标准规范；指导大数据产业发展；研究制定全市电子政务建设的总体规划、实施方案并组织实施；组织协调政务信息资源共享；统筹协调信息安全保障体系建设等工作。

2）重庆市渝北区：联合式统筹，促进大数据产业集聚发展。重庆在大数据领域布局早、发力准，以园区为载体重点培育大数据产业链。渝北区是重庆发展大数据的创新高地，2014 年 3 月，市长主持召开的市政府常务会议决定规划建设重庆仙桃大数据产业园（简称仙桃谷），布局大数据、云计算等新兴产业。为统一管理协调全区大数据发展，渝北区整合主管机构职能，组建了中共重庆市渝北区网络安全和信息化领导小组办公室，职能在原有互联网信息办网络舆情监管的基础上进行了大幅扩充，将原属于经信委的信息化、互联网产业发展等职能整合到一起，成为全区主抓信息化和互联网新兴产业发展的牵头部门。为更好地指导产业发展，渝北区网信办在仙桃谷挂牌办公，实现和产业、园区的融合发展、无缝对接，依托仙桃谷大力发展数据感知、存储处理、挖掘分析以及金融、健康、设计等大数据产业，形成产业集聚和辐射效应。

市场化运营模式

(1) 政府主导模式。

以重庆市渝北区为例。2014 年 4 月，仙桃大数据产业园启动建设，重点布局大数据、小传感、海存储、云应用四大产业板块，发展金融大数据、健康大数据、教育大数据、跨境电商等高附加值产业，面积 1.77 平方公里。仙桃谷坚持市场化导向、商业运营实体发展模式，组建仙桃谷运营平台——重庆仙桃数据谷投资管理有限公司，注册资本 3 亿元，为渝北区政府国有独资公司，内设行政部、财务部、总工办、工程部、投资发展部、园林部等部门，公司主营业务包括数据谷项目投资、建设，投资信息咨询等。

渝北区政府积极为运营公司发展提供保障。政府以低廉的价格（约为周边市场价的 30%）把土地转让给国营独资运营公司，利用两江新区的优惠政策，把市区两级财政税费都返还给运营公司，依靠对入园企业提供租金、咨询服务等获取部分收益。政府参股投资入园企业，如 ARM、钱宝公司等公司。据了解，2014 年渝北区投资钱宝公司 2.5 亿元人民币，占 25% 的股份。渝北区政府后续拟对运营公司进行分拆，运作几个平台分别上市，以有效解决大数据发展所面临的土地、政策、资金等问题。

渝北区集中建设以仙桃谷为核心的大数据、小传感、海存储、云应用产业生态体系，主要包括三大战略板块：一是大数据核心基础产业，主要包括数据挖掘、数据存储和数据传感三大产业集群；二是大数据应用产业，主要包括工业、航空、健康、教育、金融、设计、城市管理、跨境贸易等八大特色领域；三是大数据智能衍生产业，渝北区提出未来大数据产业创新发展"WAR"战略，即全力发展无人机（UAV）、虚拟现实（VR）、人工智能（AI）、机器人（robot）四大未来智能产业。

重庆市渝北区发展模式具有政府主导、市场化运作，打造产业园区的特点。

(2) 市场主导模式。

以广州市为例。2016 年 3 月，广州市政府发起并批准设立广州数据交易服务有限公司，由北京亚信数据有限公司、广州市信息安全测评中心、广州交易所集团有限公司共同出资，正式挂牌成立并开始运营，面向全国提供创新型数据交易服务，以政府指导、市场化运作模式促进数据流动，规范数据交易行为，维护数据交易市场秩序，保护数据交易各方合法权益，向社会提供完整的数据交易、支付、结算、交付、安全保障、数据资产管理等服务。

公司采用交易会员制，严格会员管理，优化产业生态，凡在境内依法登记注册的企业法人、机关单位、事业单位、社会团体和民办非企业单位均可免费成为会员单位，享有信息查询服务、需求/产品发布服务、参与交易及定期会员活动服务等。

2016 年 6 月，"广数 Data Hub"正式上线运营，具备数据交易以及大数据全要素价值流通与共享交易功能，供数据源方和数据购买方进行数据的交易、支付和结算，促进跨行业、跨领域的数据流通汇聚，为大数据产业链上相关企业实现数据变现提供需求发布、数据导航、数据订购等服务，让数据生产出新的价值。

公司围绕数据全要素流通流程，主要提供数据及资源要素交易组织、数据产品及数据咨询三方面服务：一是围绕大数据产业链中的数据源、数据技术及基础设施资源的广泛交易需求，提供数据及资源交易组织服务；二是通过收集、加工、脱敏后的 API 接口、数据包和报告的形式，提供"开箱即用"数据产品服务；三是针对数据的加工处理和应用，提供包括数据应用方案、数据技术以及数据跨行业合作等领域的数据咨询服务。

公司在促进数据流通的同时，通过运用各种行政指令以及法律法规来维护市场交易秩序，保护交易各方的合法权益，规范数据的交易行为。公司不是数据的拥有方，不从事数据的加工和服务，而是提供一个独立的市场实现数据的流通，完成数据买卖双方的数据交易撮合服务，数据的加工和服务由产业链上的技术、咨询服务公司来完成。

广州市发展模式具有采用会员制、以服务企业需求为主的特点。

（3）第三方主导模式。

以武汉市为例。为推动全市大数据产业发展，武汉市政府支持设立第三方中立的、具有公信力的大数据交易中心——武汉长江大数据交易中心，负责维护数据交易市场的正常秩序，打造完善、健康、有序的交易产业链条，推行大数据交易标准、交易安全制度等规则制定，采取有效的技术措施保障交易系统安全高效，确保数据的采集、交易和服务不损害国家利益、社会公共利益和他人合法权益。

武汉长江大数据交易中心采用市场化的运作方式，以推动政府及社会各领域数据的开放、融合为宗旨，以大数据应用为导向，汇聚数据清洗、数据加工、数据咨询、数据创意等全产业链资源，沉淀数据分析技术和供需场景，将多维度数据源与业务逻辑无缝衔接，逐步构建大数据交易生态系统，解决数据流通困局。

武汉长江大数据交易中心通过光谷大数据联盟聚合数据源提供方、数据需求方、数据清洗加工方、数据建模方、数据咨询方等上下游龙头企业，以长江大数据研究院为抓手撬动高校科研单位及市场机构的资金、技术资源，借助长江大数据产业基金推进创新研究成果的产品化与市场化，逐步实现"交易平台＋发展联盟＋研究院＋产业基金"四位一体的战略布局，打造集数据要素、技术要素、应用要素、服务要素、创意要素、资本要素于一体的大数据全要素流通生态，使大数据真正成为推动区域经济转型发展的新动力。

2016 年 7 月，武汉长江大数据交易中心 DataHub 交易平台正式上线，可以让数据像商品一样，实现便捷交易，形成大数据交易生态。比如保险公司希望知道过去一年的交通事故率，生鲜超市希望知道顾客的消费习惯，金融机构希望知道客户征信方面的信息，这些数据的生产、采集、清洗、加工、应用等，都可以通过大数据联盟的上下游企业完成，在保障数据安全与隐私的前提下，让数据在阳光下流通。

武汉市发展模式具有设立第三方机构、覆盖交易全环节的特点。

（4）政府和社会资本合作模式。

以贵州省、上海市和沈阳市为例。

贵州省：组建国资公司，负责大数据管理运营。2014 年 11 月，贵州省组建以推动全省大数据产业发展为主要职责的国有全资平台公司——云上贵州大数据产业发展有限公司。公司通过合资合作等方式成立项目子公司、控股公司或参股公司，负责运营云上贵州系统平台、数据技术服务、工业云、北斗示范应用及政府数据资源开发应用等业务，并协助政府所属事业单位开展基础共享数据库的建设与运维，主要负责商务运营。公司负责大数据电子信息产业投融资平台搭建，发起管理大数据电子信息产业发展基金，孵化培育大数据电子信息产业企业、承担建设和运营云上贵州系统平台任务。公司主要经营大数据基础设施服务、数据处理与存储服务、信息技术咨询服务、软件开发及信息系统集成服务、云平台服务、云应用服务、大数据相关增值服务、大数据挖掘分析服务、数据交易交换服务、互联网信息服务、互联网接入服务、其他信息技术及互联网服务、直接投资、产业基金、金融信息服务、股权投资基金管理服务。2014 年 12 月，贵阳成立大数据交易所，2015 年 4 月正式挂牌运营。交易所不交易底层数据，而是基于底层数据，通过数据的清洗、分析、建模、可视化的结果，彻底解决保护隐私及数据所有权的问题，该交易所实行 7×24 小时的交易时间。截至 2016 年 7月，贵阳大数据交易所可交易的数据产品已经超过 3 500 个，交易金额突破 1 亿元，数据覆盖金融大数据、政府大数据、医疗大数据、社会大数据等 30 个类别。

上海市：成立国有控股公司，以交易为突破点。2016 年 4 月，由上海市人民政府批准，上海市经济和信息化委员会、上海市商务委员会联合批复，成立了国有控股混合所有制企业——上海数据交易中心有限公司。公司由上海市信息投资股份有限公司、中国联合网络通信集团有限公司、中国电子信息产业集团有限公司、申能（集团）有限公司、上海仪电控股（集团）公司、上海晶赞科技发展有限公司、万得信息技术股份有限公司、万达信息股份有限公司、上海联新投资管理有限公司等联合发起成立，注册资本 2 亿元。公司承担着促进商业数据流通、跨区域机构合作和数据互联、政府数据与商业数据融合应用等工作职能。公司以国内领先的"技术＋规则"双重架构，结合面向应用场景的交易规则，将在全面保障个人隐私和数据安全的前提下推动数据聚合流动，推动泛长三角地区乃至全国数据交易机构的互联互通和深度合作，形成健全规范的商业数据交易、交换机制，共同促进商业数据资产流通，充分释放数据资源衍生产品红利。公司以面向应用场景的产业需求为导向，以完善的会员注册审核、去身份化元数据规制、自主挂牌控制、ID 标识匹配、统一结算与清算等平台功能，实现商用数据衍生产品的在线连续聚合交易。数据交易平台不响应用场景合理维度之外的任何数据请求、不存储任何交易方的数据、不传输任何个人的隐私数据（PII 信息）、不允许使用方非授权数据留存，有效保障数据交易效率、交易安全和个人隐私。公司制定了明确的数据交易流程：首先是会员注册，所有意向成员均需在线填写成员注册信息，并提交所需注册材料，通过审核之后获取交易账号。其次是需求对接，数据供应方需要在数据标签库中选取可供应标签数据产品，添加主体标识、维度主键、标签赋值、供应限度、时间约束、价格约束等六要素中对应的数据属性描述，形成可供应数据产品；而数据需求方在交易大厅中查询所有数据供应方已挂牌的可供应产品，根据自身需求将所需产品加入购物车，系统将自动生成针对各数据供应方的购买订单请求。经过供需双方拟价确认之后，生成数据商品订单，进入数据配送环节，交易系统根据订单内容，生成配置文件并将其部署至交易双方的专用服务器，进行数据的实时配送。最后是账务清算，数据交易系统会自动记录所有数据配送系统日志，结合对应订单的内容，在结算周期内生成结算与清算日志，并在后续的结算与清算环节中向各成员定期发送结算与清算结果。在数据交易品的组织设计上，公司开设了两大应用——营销应用与征信应用，面向这两大应用对 30 个数据单品进行挂牌。在营销应用领域，数据单品包括性别推测、年龄段推测等基础信息推测和浏览行为偏好列表、电商购买意向列表、应用使用偏好列表等。在征信应用领域，主要的数据单品交易需要进行身份要素验证，主要支持三要素（身份证、姓名、手机）、四要素（身份证、姓名、手机、银行卡）验证，后续将扩展到五要素、六要素等加入多维度身份要素的验证。

沈阳市：国企运营，政产学研用协同发展。2015年7月，沈阳大数据运营有限公司正式挂牌成立，由沈阳创业投资管理集团有限公司和东北大学校办产业东网科技有限公司共同出资，公司由政府主导、市场化运作，兼顾社会公益价值和市场经济价值，旨在协助政府构建城市级数据产业基础，促进数据创新应用，助力政务、行业、企业等各领域数据资源开放与资产化。公司为混合所有制，创投集团出资1 020万元，占股51%，东网科技出资980万元，占股49%，全部以现金出资。公司将逐步引入国内外知名互联网企业及其他数据分析处理、数据营销、数据应用、金融服务等相关企业，不断创新完善数据运营模式，通过组建大数据产业联盟、大数据产业投资基金、大数据交易中心，优化大数据产业发展环境，最终建成东北地区大数据集散和信息交互、开发、流通的中心，力争奠定东北大数据中心战略位置。沈阳市形成以企业为主体，政产学研用协同发展的大数据产业发展机制，发挥大型骨干企业的引领作用，联合特色鲜明、灵活高效的创新型中小企业，共同构建以数据为核心资源的涵盖研发、加工、采集、存储、商业化应用及衍生服务的大数据产业生态体系。

8.2.3 大数据治理运行模型

模型是指对于某个实际问题或客观事物、规律进行抽象化之后的一般表达，可以根据实现的目标以及手段划分为数据模型、程序模型、结构模型、逻辑模型、方法模型、分析模型、管理模型。在大数据综合治理的场景下，现有的治理模型更多属于管理模型与数据模型。典型的数据治理模型包括包冬梅CALib模型、DGI数据治理模型、DAMA数据治理模型、ISACA数据治理模型、HESA数据治理模型、MIS数据螺旋治理模型、IBM数据治理模型、GM-SRBD科研大数据治理模型等。

大数据治理实施的直接目标和首要任务就是构建一个通用科学的大数据治理模型，关于大数据治理模型构建的研究，最早由大型信息咨询公司和标准化组织发起，随后延伸到学术界。当前对于构建大数据治理模型的研究成果大体可以分为数据治理要素模型和数据治理过程模型两类。

要素模型

大数据治理模型的构建涉及多种要素和内容的集成管理。IBM数据治理模型分为成效、支持要素、核心准则和支撑准则四个层次，具体如图8-1所示；DGI数据治理模型包括规则与协同工作规范、人员与组织机构、过程三大部分；DAMA数据治理模型包括功能子框架和环境要素子框架，主要解决数据管理的 10 个功能和 7 个要素之间的匹配问题。不同于 DGI 数据治理模型，我国《数据治理白皮书》提出的模型包括原则框架、范围框架、实施和评估框架三个方面的内容。国际信息系统审计与控制协会（Information Systems Audit and Control Association，ISACA）构建了包括行政资助、文化、管理指标、培训与意识培养的大数据治理模型，该模型的特点是可根据组织需求适当扩大或缩小治理范围，充分体现人的能动性与主导作用。

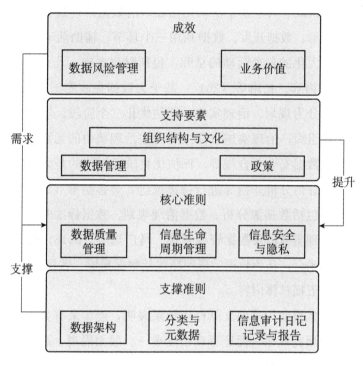

图 8-1　IBM 数据治理模型

在具体研究中，Weber 等（2009）提出了由数据质量角色、决策域和责任组成的灵活的数据治理模型，并概述了数据治理的权变方法，形成了一个责任分配矩阵。Khatri 等（2010）提出了数据治理的决策域模型，该模型包含数据准则、数据质量、元数据、数据访问和数据生命周期五个决策域，并阐述了在同一组织决策域的不同水平的集中、分散和共享决策权，该模型在此后的研究中被学界广泛采纳。Martijn 等（2015）提出了数据治理的概念和驱动力模型，包括技术架构、过程架构和商业架构三层体系，同时通过设计数据治理的因果模型确定了数据治理活动的影响因素，引发了对于数据治理模型具有特殊性的思考。程广明（2016）将大数据治理模型理解为人与组织、策略和能力的三维架构，其中人与组织是治理主体，涉及政府、企业界、学术界、社会组织、自然人等，策略是治理工具，能力则是治理手段。

过程模型

大数据治理模型是进行大数据管理、利用、评估、指导和监督的一整套解决方案，包括制定战略方针、建立组织架构和明确职责分工等。

Haider（2018）构建了针对资产管理的数据治理模型，该模型通过不同视角之间的联系将数据质量、集成度、标准化、互操作性和风险管理等嵌入其中，指明了数据治理实施的方向。郭斌和蔡静雯（2020）依据价值链理论，指出政府数据治理模型由基本活动和辅助活动构成。其中基本活动是指在政府数据治理过程中不可缺少的实质性活动，包括数据采集、数据开发、数据利用三个环节；辅助活动是协助基本活动以实现数据公共价值最大化的各项活动的总和，包括财政支持、人力资源管理、技术开发和制度保障等四项内容。杨琳等（2017）基于大数据在政府治理领域的应用分析，认为大数据治理可以分为规划、治理实施、评估优化三个阶段。规划阶段包括制定实施方针以及构建治理组织；治理实施阶段主要关注治理域中的元数据管理、主数据管理、数据质量管理、数据安全与合规等；评估优化阶段则指的是大数据应用主管部门对治理实施结果进行评估分析并指导进行持续改进。吴善鹏等（2019）指出，政务大数据治理的主要活动包括数据源分析、数据治理规划、数据标准管理、数据治理策略管理、常态化数据治理实施以及数据资源管理。马广惠等（2018）则立足于跨系统和跨部门的政府大数据平台，认为数据治理问题包括数据集成、数据一致性、数据处理、数据存储和数据共享五项具体内容。

对国内大数据治理模型构建的文献梳理结果表明，近年来有关大数据治理模型构建已经取得了一定的研究成果，但还存在维度单一、层面隔离、缺少协同合作多样化治理的局限，对于建立一个通用的，覆盖多主体、多学科、多维度的大数据模型的研究还比较缺乏。

8.2.4 大数据治理运行机制研究

运行机制是指系统内部各要素之间的相互关联、作用及制衡，以及这些内部因素产生影响、发挥功能的作用过程、作用原理及其运行方式。大数据治理运行机制解决的是"大数据治理采取何种方式、何种路径运行"的问题，并不是一个单纯的运行机制，而是一个由不同维度的机制组成的综合型机制。当前对于大数据治理运行机制的研究成果大体可以从管理视角和技术视角进行梳理归纳。

管理视角

构建大数据治理运行机制是大数据治理活动顺利进行的必然选择，翟云（2018）

认为，科学顺畅高效的大数据治理运行机制是实现大数据治理目标的重要保证，因此构建了包括信息扩张、市场拉动、政府公信、绩效评价和法律保障的五维机制，机制的动态关联和高度耦合让大数据治理的场景更加丰富，五者之间的互动和演绎让大数据治理困境有望从根本上得到解决。郑大庆等（2017）指出，决策机制、激励与约束机制、协同机制等成为大数据治理的关键运行方式；生命周期、利益相关方、流通方式构成治理工具实施应用的三个重要维度。这些战略、组织、机制等要素成为重要的管理工具，该趋势同样契合了从治理客体角度对主体、组织架构等的关注。

不同学者从大数据治理的应用场景总结了大数据治理的运行机制。安小米等（2018）提出，政府大数据治理亟待构建互联互通互信互认的融合机制，亟待解决建设主体领导力与协同能力问题及认同规则问题，亟待解决共享与开放依据和管制规则问题，亟待解决互联互通规则与隐私及安全风险管控规则的冲突问题，亟待解决处置与留存合法合规合约规则问题。洪伟达和马海群（2019）构建了包含目标协同、理念协同、主体协同、客体协同、工具协同等内容的我国政府数据治理协同机制。吴刚和陈桂香（2018）提出，高校大数据治理运行机制需要统筹考虑影响大数据治理的相关因素，具体建立自上而下的执行机制、自下而上的采集机制以及多元协同的互动机制。辛璐和唐方成（2019）基于制度的战略管理视角，论述了在数据治理、知识产权保护、创新绩效评价与人才管理等层面建立大数据激励制造业企业创新发展的保障与激励机制。陈火全（2015）认为，数据治理的网络安全策略不仅需要完善网络安全性的信誉机制，还需要建立社会信誉机制和法律机制来加强隐私的保护。

技术视角

大数据治理的高效运行必须有一定的技术条件作为支撑，通过建立统一的大数据平台实现对数据的集中管理及有效整合。数据架构是系统和软件架构层面的描述，没有统一的数据架构会导致数据冗余、数据不完整、数据不一致等问题，造成数据交换和共享的困难。数据架构涉及数据获取、数据组织、数据分析、决策服务等工作，可以采取分层架构的方式。在大数据基础资源层，肖炯恩和吴应良（2018）从政府数据资源的管理现状入手，指出政府数据共享交换机制包括分布式服务总线交换机制、数据集中共享机制、基于数据即服务的共享交换三种，用户角色管理机制和数据交换流程机制是构建政府全量数据共享交换系统的两个重要方面。在大数据架构层，方滨兴等（2016）从大数据生命周期的发布、存储、分析和使用 4 个阶段入手，提出数据隐私保护涉及匿名、加密存储、第三方审计、访问控制、数据脱敏和脱密技术等。肖人毅（2014）总结了基于不经意随机访问存储器（ORAM）、对称加密、公钥体制以及文档的排名查询和模糊查询四个方面的数据保护技术。数据防护安全主要是采用现代信息存储手段对数据进行主动防护，如通过磁盘陈列、数据备份、异地容灾等手段保证数据的安全。数据隐私保护的主要目的是解决在不泄露用户隐私的前提下提高数据利用率及价值。资武成（2021）基于区块链"去中心化"视角深入研究创新生态系统的数据治理机制和治理过程，不仅重塑了政府的职能边界和治理机制，也通过数据所有权和使用权的交易，促进了创新生态系统利益相关方共同创造价值。大数据应用层包含数据可视化、数据共享、应用接口及应用服务等方面的内容，何晓斌等（2020）从大数据技术下的基层社会治理入手，提出其存在自下而上的诉求反应和自上而下的治理整合两种作用机制，本质是技术手段对基层社会治理主体的赋能。

8.2.5　大数据治理评估体系与评估方法

大数据治理成效评估作为大数据治理的关键环节，其效用可以体现在三个方面：一是通过成熟度评估，消除数据冗余、提升数据质量，使大数据价值挖掘等应用可以更快更有效地开展；二是进行数据质量评估，可以为组织内跨专业、跨系统的数据集成与应用提供有力支持；三是通过安全风险评估，可以及时发现有待改进的问题，并制定改进措施予以完善，形成闭环管理。

成熟度评估

数据体系评估是数据管理体系规划的起点，通过成熟度评估可以了解当前数据治理的实施状态和方向，从而实现对数据管理能力的量化评价，为实现数据价值最大化提供依据。当前国内专门提出数据治理成熟度模型设计的文献还较少，这表明国内还未意识到该项研究的重要性和必要性。

美国卡内基·梅隆大学软件工程研究所在 20 世纪 80 年代提出能力成熟度模型（Capability Maturity Model，CMM），该模型最初主要用来评估软件生产过程的标准化程度和软件企业的能力，经过调整后也用来评价数据管理水平。根据 CMM 提供的方法，可以将成熟度分为初始、重复、定义、管理、优化、创新 6 个阶梯式的级别，成熟度不断升级的过程也就是数据管理水平不断积累和创新的过程。程广明（2016）在CMM 基础上提出了包括初始级、基本级、定义级、管理级和优化级 5 个评价等级以及15 个评价指标的大数据治理成熟度评估模型。当前比较通用的数据管理能力成熟度模型源于系统和软件工程的数据成熟度集成模型，IBM 数据治理成熟度模型共使用了 11个类别来度量数据治理能力，具体包括数据风险管理、价值创造、组织结构与文化、数据管理、政策、数据质量管理、信息生命周期管理、数据安全与隐私、数据架构、分类与原数据、审计信息记录与报告，这 11 个类别又分为成效、支持要素、核心准则、支撑准则四个相关联的组。我国于 2018 年发布了国家标准 GB/T 36073 - 2018《数据管理能力成熟度评估模型》（DCMM），该模型包含数据战略、数据治理、数据架构、数据标准、数据质量、数据安全、数据应用、数据生命周期 8 个关键过程域，描述了每个过程域的建设目标和度量标准，可以作为组织进行数据管理工作的参考模型，具体如图 8 - 2 所示。包冬梅等（2015）在其设计的 CALib 模型的实施与评估中，讨论了数据治理成熟度评估的意义，但并未建立具体的成熟度模型。

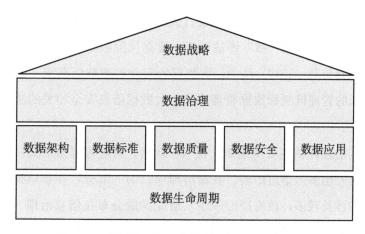

图 8 - 2　数据管理能力成熟度评估模型（DCMM）

数据质量评估

Weber 等（2009）将数据质量管理定义为：以质量为导向的数据资产管理，即计划、规定、组织、使用和处理支持决策和运营业务流程的数据，从而持续性地提高数据质量。数据质量评估是数据质量管理的基础，关键在于评估指标维度的选取，大数据治理评估维度的选取要基于数据质量特征、数据生命周期、数据使用问题、数据应用情景等。

常用的数据质量评估维度如下：莫祖英等（2015）认为，从数据的生产者和管理者角度数据的质量要求应包括规范性、安全性、增值性，这些属于客观数据质量范畴；从数据使用者角度则应具有可靠性、可用性、可获取性、及时性和可理解性，这些属于主观数据质量范畴。朱建平和陈飞（2010）从数据收集、数据处理、数据公布三个环节阐述了统计数据质量评价构想，包括数据收集过程中的客观性、适用性、准确性，数据处理过程中的方法健全性、可靠性、可比性，数据公布过程中的及时性、完整性和可获得性。

安全风险评估

当前，数据安全治理问题日渐突显，数据的跨组织和跨系统流通、数据应用的复杂性以及数据分析挖掘技术的迅速发展，进一步加速了数据被盗用和滥用的安全风险。在现有的大数据安全治理领域，数据安全治理主要包括数据本身、数据防护及数据隐私安全三个方面，因此大数据的安全评估也可以从这三个方面入手。

陈文捷和蔡立志（2016）认为，可以从数据的可信性和隐私保护程度两个方面进行安全评估，数据的可信性主要包括相关性、准确性、及时性、完整性、一致性，数据的隐私保护程度可以从差异度、方差、信息熵、匿名化程度、数据泄露风险度等方面来计算。此外，也有学者从管理层面进行大数据治理的安全风险评估，刘白和廖秀健（2016）提出，需推行循"数"评估制度，建立风险数据价值实现流程，确保评估结果的科学性。刘艺等（2019）认为，大数据的安全治理与标准统一的数据安全可信保障服务、全面的管理机制和数据管理工具、大数据信息安全相关的法律法规和组织管理等紧密相关。

当前大数据治理评估主要从组织、技术、政策、管理等视角定义一系列大数据评估要素，相关研究也多为信息治理、数据治理项目的一部分，并非单独一个项目，且企业和组织机构涉及较多，政府层面较少，研究零散分布在信息治理、数据治理、企业信息管理等领域，专门进行大数据治理评估研究的文章很少，且均借鉴以上领域的研究成果，对于大数据治理运行评估的相关研究还比较缺乏。此外，现有大数据治理在宏观层缺乏统一的数据生命周期治理评估体系；现有评估方法缺少对多利益相关方的多样化评估需求的综合集成，如对数据资产管理、数据质量管理、数据生命周期管理和数据风险管理等多维度需求的综合考虑；现有研究成果缺少可操作、可管控和可持续改进的评测工具；现有电子政务绩效评估和信息化项目评估缺少对大数据治理的系统评估。

综上所述，现有研究在治理运行中有如下不足：第一，现有治理框架本身的研究局限所导致的治理运行问题。第二，规划较多，落地较少，落地的模型、工具、要素配置等不足，缺少覆盖多利益关系、多层次流程、多要素配置、全闭环治理的综合治理运行机制。第三，缺少场景化的具体治理模式及机制。

8.3 大数据综合治理模式、模型、机制与评估

针对上文提出的缺少覆盖多利益关系、多层次流程、多要素配置、全闭环治理的综

合治理运行机制等理论和实践问题，本研究提出在综合治理理论和方法论基础上，构建大数据综合治理模式、模型、机制及评估体系与方法。

8.3.1　综合治理理论基础

在我国，综合治理的概念最早于 1979 年提出，并被作为整顿社会治安秩序的指导方针（中国大百科全书，2009）。随着时代的发展，综合治理这一概念的外延发生了一些变化，衍生出环境治理、社会治理等语境下的综合治理。本章所论述的综合治理是大数据治理视角之下的综合治理，有别于针对数据本身的治理，可以将治理的要素划分为治理层级、治理领域、治理对象、治理目标、治理效用以及治理特点。综合治理在宏观上表现为共治、善治的多维度治理；在中观上以法治的管控为主，治理体现成套性；在微观上要求各环节、单位实现互联、互通、互动的高效准确治理。安小米团队从依法治理数据可用、源头治理数据有用、精准治理数据易用、长效治理数据善用等四个维度提出了政府数据综合治理与利用能力的框架（安小米等，2021）。

目前，基于数据治理的实践，总结综合治理的模型、模式、机制以及评估体系与方法，是我国当前法律、战略、管理与数据等层面的必然要求。在法律层面，关于数据资源可持续利用的法律法规存在较为严重的冲突；在战略层面，国家缺少视信息为资产的战略与策略；在管理层面，由于政府、企业等各类主体在大数据治理的过程中突破了传统政府数据治理的单一性与独立性，使整体数据生态变得更加复杂；在数据层面，缺少数字连续性管理意识、数据生命周期管理和可持续再用的规划（安小米等，2019）。综合治理可行性的实现则可归因于开放数据推动、数据管理多样与关联加深等内部因素以及外部对数据安全与隐私、数据价值实现与公平分配的关注（夏义堃，2015）。本章聚焦综合治理中的可持续发展与实践，以促进有效、高效、长效的治理模型、模式、机制与评估的发展。

协同创新理论

协同创新理论多用于解决多个创新参与者或利益相关方努力实现共同目标和愿景、促进创新资源共享、相互补充以实现最大整体效果和集体利益时出现的问题。协同创新理论已被用于解决实践中的复杂问题，如治理网络（Sorensen，2014）、企业能力提升（Lin et al.，2019）、国家档案资源的有效整合（An et al.，2017）、绿色供应链（洪学海等，2019）和国际化（Chebbi et al.，2017）。该理论的核心是强调面向共同的协同目标和愿景的多个协同利益相关方能组成创新利益相关方联盟，实现复杂非线性活动的连接及多个创新要素的连接，最终实现协同创新的目标（安小米等，2014）。具体而言，该理论具有以下特征：首先，该理论强调创新目标和愿景的协同。创新目标和愿景的协同是促进各方参与协同创新活动的前提，也决定了协同创新活动的发展目标和方向，基本目的是促进知识创新和组织的整体运行效果。在确立基本目标的基础上，可以根据协同创新的动机、类型和时间进一步细分目标。例如政府创新、企业创新和大学创新的目的都是提升创新参与效果；建立技术、管理、概念和组织创新等以促进不同的创新类别，建立部门、系统、区域和社会创新以促进不同层次的创新。其次，该理论强调参与者或利益相关方的协同。尽管协同的参与者呈现出多样化的情况，例如组织内的不同参与者、组织内外的不同参与者以及整个组织内的不同参与者，但该理论强调参与者之间的伙伴关系形成和联盟体系构建，通过优势互补，权责明确，最终实现协同共赢（安小米，2013）。再次，该理论强调在不同层次上协调复杂的非线性活动过程。协同活动过程本身是一个复杂的系统，可能包括社会、经济、文化、技术和心理等多种因素的相互作用，同时导致不可预测的活动结果。因此，有必要采用多种协同方法和机制，将不同的活动联系起来，促进相互关系，以实现协同效果（安小米等，2015）。最后，该理论强调多个要素的协同作用。协同创新活动也是多个要素的集成和匹配过程，提高资源使用效率、实现优势互补和资源共享是其共同特征。不同的协同创新活动有不同的要素，人才、知识、系统和技术是相对常见的重要要素（Gloor et al.，2006；Serrano et al.，2007）。

综合集成论

自 1990 年钱学森先生提出"开放的复杂巨系统理论及其方法论是定性定量相结合的综合集成方法"以来，综合集成论正式进入学术界视野。综合集成论先后经历了理论奠基阶段、继承发展阶段、应用深化阶段、成熟推进阶段和创新升华阶段（安小米等，2018）。当前，综合集成论已经在智慧地球、智慧城市、创新 2.0 等新领域进行理论研究延伸并呈现应用拓展趋势。综合集成论是一种整体而系统的方法，其强调将不同的独立部分整合为一个完整统一的整体，其在多种场景下有不同的核心要义，例如其强调人、知识、工具的集成；强调定性与定量方法的集成，理论与实践的集成，动态与静态过程的集成，宏观与微观层次的集成，集中与分散状态的集成；强调使用数据和技术促进物理系统（空间）、数字系统（空间）和社会系统（空间）的有效整合，促进城市韧性增强及可持续发展、城市居民生活质量提高、城市公共服务水平提升（安小米等，2021）。

执行模型

通过对若干代表性的政府制度执行模型的梳理可以看出，当前的执行模型通常基于以下几个原则和思想来构建：第一，制度的执行是有阶段性的执行过程。其中计划、评估是制度执行过程中的核心环节。第二，制度的执行是依赖多要素共同作用的整合过程。其中，目标要素、主体要素、环境要素是制度执行的核心要素（见表 8-1）。

表 8-1　代表性执行模型梳理

序号	执行模型	模型框架及内容	文献来源
1	公共行政执行权力结构分析的 GVIIRRTCQ 模型	GVIIRRTCQ 模型：目标结构（goal structure）、价值结构（value structure）、利益结构（interests structure）、激励结构（incentive structure）、资源结构（resource structure）、制度结构（rule structure）、技术结构（technology structure）、交往结构（communication structure）、量化结构（quantity structure）	杨小虎和张韬，2019
2	史密斯的政策执行过程模型	理想化的政策（idealized policy）、执行机构（implementing organization）、目标群体（target group）、环境因素（environmental factors）	王令军和龚佳佳，2021
3	麦克拉夫林的政策执行互动模型	政策执行者与政策受影响者之间是一种基于主体平等的基础上的相互交流的过程。政策执行者与受影响者之间利益需求存在不一致性。政策执行者的目标和手段富有弹性。政策执行的手段主要包括行政手段、经济手段、法律手段、说服引导手段、科技手段等；与传统的自上而下采用行政手段的方式不同，政策执行的互动主要是采用柔和的说服引导手段，辅之以行政手段、法律手段、经济手段、科技手段等。政策执行的效果要以受影响者的评价为标准	张龙，2020
4	政策执行循环模型	该模型是一个以循环为特色的政策执行分析框架，把政策执行过程分为三个不同的阶段。一是纲领发展阶段：将立法机关的意图转化为行政机关执行政策的规范和纲领；二是资源分配阶段：将政策执行所需要的资源公平公正地分配给执行者；三是监督阶段：对政策执行过程与成果加以评估，确认执行者应承担的行政责任，监督包括监督、审计和评估三种形式	张彤和范佳惠，2017
5	爱德华的政策执行模型	影响政策执行效果的因素主要包括交流与沟通、资源、政策执行者偏好和官僚组织结构，其相互制约，直接或者间接对最终的政策执行效果产生重要影响	曾俊可等，2021

8.3.2　方法论支持

要素论

要素是构成系统的基本单元，是系统的重要来源和基础，也叫部分。在系统中，要素之间相互独立，又按一定的方式相互联系和相互作用，形成一定的结构。要素论是对系统中的各个要素进行分析组合，使系统达到最优的状态。

我国大数据治理正在逐渐引起各方关注。管理学认为，任何管理都是对系统的管理，而系统在一定的结构状态下能够有机地调整各构成要素之间的关系，保障系统功能的实现，系统的结构状态和结构要素关系对管理有着很重要的影响。一个管理结构主要包括以下方面：功能与目标、组织的基本构成方式、组织结构和环境结构。大数据治理运行，顾名思义，就是指大数据治理系统的结构和运行机理，其要素主要包括数据治理运行的功能与目标、基本构成方式、结构和环境结构。每个结构要素都有相应的功能作用，缺少任何构成要素都会对大数据治理造成不利影响，甚至是损害。因此，需要对我国大数据治理各种要素进行分析，使各个要素之间相互协作，从而把握其内部联系与规律性，达到有效地控制与改造系统的目的。

管理过程论

过程是指事物发展经过的程序。参考管理的过程论，本章提出需要重视从治理活动的过程出发研究管理机制的理论，认为治理是由一些基本步骤（如计划、组织、控制等）所组成的独特过程，这些步骤之间相互联系、交错运转，形成了治理过程的整体运动。过程论的首创者法约尔提出了管理的五个步骤：计划、组织、指挥、协调、控制。

本章之所以运用过程论的思想，就是要考虑大数据治理的各个阶段和过程。大数据治理的逻辑过程包括数据采集、转换、组织、存储、检索、开发和传递服务等环节，以及与计划、组织、指挥、协调、控制相契合的完整体系。需要对数据涉及的有关采集、整合、存储、元数据、保存、分析等环节进行统一设置，保证大数据治理运行的统一性和适用性。

管理层次论

层次是指系统内部及其功能所固有的等级次序。不同层次具有不同的结构形式和质量，高一级层次是由低一级层次各要素演化和相互作用逐渐形成的新系统。因而，不同层次既有某些自己的特征，又有某些共同的特征。可以将与管理有关的元素分解成各个不同的层次,在每一个层次中又设置相应的管理机制,层次论就是在此基础之上进行分析的方法。在运用层次论对大数据治理进行分析时,大数据治理的层次是根据数据资源产生和运动的普遍规律来确定的。每一个更高层次的大数据治理都是建立在低一级层次的大数据治理基础上,各层次之间具有不可分割的连续性,每一个大数据治理层次又有具体的对象、任务、目标和功能,由此构成了大数据治理的完整性。这种大数据治理层次结构体系是由低级到高级、由微观到宏观、由分散的无控制的信息到综合的有组织的数据集合逐级上升。它符合管理科学中由局部到整体、由简单到复杂的基本原则。

8.3.3　大数据综合治理模式、模型与机制

在大数据背景下,大数据治理体制机制建立健全需要多学科和跨学科理论综合集成,当前研究多关注基于数据、技术和业务的多管理要素融合的数据资源互通互惠,对跨层级、跨地域、跨部门、跨系统和跨业务的多管理层级融合的数据资源协同管理和安全服务关注不足,对数据资源生命周期的安全服务及其互信互认供给服务亟待研究。

在大数据时代背景下,通过对大数据治理体制机制的相关文献梳理研究,发现文献中存在协同机制、责任机制、产权机制、信息共享机制、信息安全机制、反馈机制、法律机制、治理机制等 26 类数字资源管理的体制机制(安小米等,2019)。基于专家问卷调查,对各种机制进行合并归类,基于宏观、中观、微观视角,总结提炼出了协同机制、动力机制、运行机制、保障机制、约束机制 5 大类关键性体制机制,作为主要问题及对策研究的依据(安小米等,2020)。

针对上述研究所得到的机制,以及根据协同创新理论和综合集成理论的要义,本研究提出了综合治理模式,并具体提出了多项目标体系互联-多元主体联盟制度互信-多维活动联通规则互认-多级环境要素联结规范互通的综合治理模型,包括 26 种机制内容,具体如下。

多项目标体系互联

目标机制:大数据治理的多个利益相关方具有不同的优势和责任,但有着相同的目标和愿景,并为此相互合作,最终促进组织大数据治理共同目标的实现。在具体维度上,包括大数据价值发挥的治理目的和愿景,即从组织角度考虑大数据治理促进组织有效管理和运行的目标实现,还包括大数据本身的治理目标和愿景,即依法治理数

据可用、源头治理数据有用、精准治理数据易用、长效治理数据善用等多个维度的多种利用相关方需求考虑的数据治理目标（安小米等，2021）。

多元主体联盟制度互信

（1）组织机制。组织机制是大数据治理稳定可持续发展的基本保证，具体涉及大数据治理机构设置、组织领导、责任体系、工作机制的明确，并在此基础上特别强化部门协调和资源统筹机制，从组织层面确保治理措施的落地。此外，设计与大数据治理相适应的组织结构，需要考虑决策权、授权和控制三个方面。大数据治理组织结构设计的具体步骤如下：建立责任分配模型（RACI），即确定谁负责、谁批准、咨询谁和通知谁，识别出大数据治理的利益相关方；确立新角色和既有角色的适当组合；适时考虑任命大数据主管；在传统治理的基础上适时考虑增加大数据责任；建立承担大数据治理责任在内的混合式信息治理组织。

（2）合作机制。合作机制是指各利益参与方在充分考虑各自权利、利益的基础上，履行各自职责，从而实现共同目标的一种组织模式。在大数据治理领域，任何组织或个人都无法单方面地对全部的数据问题进行有效的治理。大数据治理需要多元主体的合作参与，从而实现资源的优势互补，进而更有效地进行大数据治理。基于这样的逻辑指导，对多元主体合作机制的设计可以从多元主体角色定位入手，明确资源统筹、宏观规划的引导者与监管者，明确具体的操作者与实践者，明确配合者和参与者。另外，还要根据大数据治理流程，基于不同类别利益相关方的价值诉求与价值实现方式，建立多元数据治理与合作机制。

（3）协调机制。需要协调、调整系统与外部环境之间、系统内部纵横向之间的各种关系，使之分工合作、权责清晰、相互配合，有效地实现系统目标和提高整体效能。制度体系协调机制的构成要素包括协调理念、协调准则、协调内容、协调形式和协调反馈。这些构成要素发挥作用需要一个良好的运作层作为技术支撑，涉及各参与者的参与程度、沟通协调氛围的营造、协调策略的制定和执行、各协调主体信息沟通平台的建立。大数据治理需要吸收和注入多种新型治理主体，以形成对传统数据管理机制的补充和替代。多元主体介入后，就需要设计科学合理的协调机制，使大数据治理效果得到最大的发挥。

（4）责任机制。责任机制是指组织内多利益相关方参与的责任落实体系。大数据相关责任人即大数据治理相关参与者，包括大数据利益相关方、大数据治理委员会、大数据管理团队。大数据利益相关方包括大数据产生者、收集者、处理者、整合者、应用者和监督者。他们可能在同一个组织，也可能来自不同的组织；同一个利益主体可能由多方承担，同一方可能同时是多个利益主体。大数据治理委员会一般由数据利益相关方组成，他们主要负责规划大数据战略、建立相关的政策和标准、起草大数据治理文件，并提交给更高级别的治理委员会和治理联盟审批。大数据管理团队是大数据治理的执行人员，他们执行大数据治理委员会制定的战略和政策，包括定义、监控以及解决与大数据有关的具体事务。

（5）激励-约束机制。激励与约束是两种不同的管理活动。激励主要指提高管理者工作热情、积极性和创造性，使其潜能得到充分发挥；而约束主要指解决人际关系、行为方向等问题，确保成员个人目标与组织目标一致。激励与约束旨在解决组织发展的动力与方向。在大数据治理的情景下，激励-约束机制的效果取决于价值创造和风险管控与经营管理人员目标利益的相关程度，以及违反了相关要求而受到的惩罚程度。激励-约束机制设计的重要内容之一就是使报酬具有充分的激励数额与合理的结构，激励机制的实现依靠大数据资源价值创造的业绩评价和报酬契约，引导经营管理人员作出有利于实现大数据价值的行为或决策，降低代理成本。

（6）产权机制。产权机制是指既定产权关系和产权规则结合而成的且能对产权关系实现有效的组合、调节和保护的制度安排。大数据治理需要明确数据产权的来源和归属，重视核心数据产权主体的利益分配，加强数据产权成果的转让，建立数据产权评估制度以及建立数据产权贡献激励机制，从而实现利益主体的协同共赢。

（7）收益分配机制。收益分配机制是指建立一定的利益补偿机制和成本分担机制，既解决数据强势部门共享数据积极性不高的问题，也解决数据强势部门之间数据资源的非均衡不对称问题，从而实现大数据资源利用与信息共享联盟的达成与有效运作，最终实现大数据治理的可持续发展。

多维活动联通规则互认

（1）监督（监管）机制。

监督机制涉及多元主体参与监督政策运行环节。健全完善检查考核内容体系、健全完善检查考核方式方法、强化考核结果反馈以及运用健全责任追究制度机制，首先需要建立健全大数据治理责任追究制度体系，其次需要健全完善责任追究责任体系，明确监督内容、监督依据、监督方式和监督途径，并实时评估监督效果。

（2）授权机制。

授权是组织运作的关键，是以人为对象，将完成某项工作所必须的权力授予其他人员。授权机制更多是大数据产权下的落实问题，目的在于分级分类地实现不同利益主体对大数据的获取、利用、管理、流转各个方面的授权，以确保大数据治理在安全平等可控的环境下展开。

（3）反馈机制。

需要建立健全制度执行信息反馈机制，通过定期调查研究、民意测验综合信息的分析，及时了解掌握大数据治理制度在执行过程中存在的问题和制度本身的缺陷，适时进行修改和完善，并结合实际不断推出新的治理制度，形成系统全面的治理制度体系。

（4）应急机制。

应急机制是指针对大数据治理中的特殊事件、突发事件的紧急处理机制，属于一种应急预案。事先做好防备及应对策略，可以避免事件进一步扩大或事态加重，尽可能减少损失。应急机制要求通过提前演练等方式做好应急准备，使得在应急实践中能快速反应并有效应对。

（5）审计机制。

审计机制是指通过审计记录，应用科学方法进行系统审核，查明部门的大数据治理状况，在此基础上提出审计报告，作出客观公正评价的制度。审计机制有事前审计、事中审计、事后审计等全流程审计模式，目的在于客观全面把握大数据治理的基础、进展和成效，以适时调整治理战略与策略。

（6）预警机制。

预警机制是指大数据治理过程中预先发布警告的制度，即通过及时提供警示的机构、制度、网络、举措等构成的预警系统，实现信息的超前反馈，为及时布置、防风险于未然奠定基础。预警机制有利于应对与解决在治理过程中存在的突发风险问题。

（7）投诉机制。

投诉机制是指通过各种渠道向大数据治理者表达不满、抱怨的制度。通过设置专门的投诉渠道为利益相关方就大数据生命周期各个环节产生的数据形成中的问题、处理中的问题、流转中的问题、利用中的问题等进行投诉反馈，便于相关主体进行反思调整，促进相关问题及时妥善解决。

（8）安全保障机制。

安全保障机制是指成立大数据治理应急指挥机构，建立技术、物资和人员保障系统，落实重大大数据治理事件的报告、处理制度，形成有效安全防控管理。安全保障机制应该贯穿大数据治理的整个生命周期，形成系统性、整体性、全流程、全维度的安全保障。

（9）创新机制。

创新机制促使大数据治理转变发展方式。要构建从数据、信息、知识到智慧行动的个人以及组织素养培育机制，实施个人、组织和社会活动的数据连续性计划，改善数据化到信息化的数字人文环境，维护数字记忆，挖掘数据多元价值，实现数字身份认同，支持竞争与创新，促进数字社会互信互认，构建有价值、有意义、有梦想、有温度的智慧社会，为构建人类命运共同体作出中国贡献，提供全球治理规则，提供中国方案及其服务。

（10）风险控制机制。

风险控制机制是指在风险预判和计量的基础上，针对不同风险特性确定风险规避、风险分散、风险对冲、风险转移、风险补偿等相应风险控制策略并有效实施的过程。大数据治理过程中可以通过预判、监测、决策等风险控制方法，对突发事件进行管控，降低有可能出现的失败或者低效率风险，提高大数据治理项目的成功率。

（11）决策机制。

决策机制是指决策组织本身固有的内在功能，即决策组织本身渗透在各个组成部分中并协调各个部分，使之按一定的方式进行的一种自动调节、应变的功能。大数据治理要构建用数据说话、用数据决策、用数据管理、用数据创新的组织治理新方式，实现基于数据的科学决策，提高组织治理的针对性和有效性，助力组织高效运行。

（12）评估机制。

评估机制是指对大数据治理的规划、设计、实施、评价、审计、报告和持续改进的执行机制，具体通过设置评估原则、评估框架、评估要素和评估要素应用等进行实践落实与应用，进而形成大数据治理的持续改进效应，在不断反思调整中取得螺旋上升式的绩效提升。

（13）服务机制。

要在大数据治理过程中建立服务机制，强化各部门的服务意识与觉悟，提供多种服务手段和工具，改善服务环境，提升整体服务质量。

多级环境要素联结规范互通

（1）保障机制。

对于大数据治理而言，平台、经费、人才、法律法规标准等核心要素保障是必不可少的，其将在大数据治理运行中提供基本的供给。其中，平台使大数据治理活动开展实现"有地办事"，提供了基本的应用场景；经费保障使大数据治理活动开展实现

"有钱办事"，为大数据治理活动的开展提供必要的经费和物质保障，确保各类制度贯彻落实；人力保障使大数据治理活动开展实现"有人管事"，为大数据治理活动开展提供基本的智力支持；法律法规标准保障使大数据治理活动开展实现"有章可循"，确保治理活动依法依规顺利开展。

（2）信息技术工具机制。

大数据治理的目标在于提升数据利用的可用性、有用性、易用性、善用性，这些目标的实现离不开信息技术工具的利用。特别是在数据自动采集和关联、数据质量探查和提升、数据自助服务和智能应用等方面都要依托新技术的运用与实现。

（3）法律机制。

在大数据治理中存在多方利益相关主体，在保障多利益方相关权益的问题上离不开法律法规的保障，特别是在利益协调、纠纷调处、权力制约、权利救济等方面都需要法律法规来促使大数据治理活动平稳安全开展。

（4）信息共享机制。

信息共享机制是指信息资源共享系统各组成要素相互联系、相互作用的关系及其功能。良好的信息资源共享机制可以有效地保证信息资源共享的效果和信息资源共享系统的可持续发展。在大数据治理中，只有对各种治理信息资源进行协同共享，才能产生各主体之间的协同效应，促使协同目标的实现。

（5）资源配置机制。

资源配置机制对相对稀缺的资源在各种不同用途上加以比较并作出选择。大数据治理过程中，组织资源、人力资源、财力资源、技术资源等都是较为稀缺的资源，应该针对大数据治理的部分重要目标，集中资源促进重点问题和要害问题的解决。

8.3.4　大数据综合治理评估体系与方法

成熟度模型作为一个解释性或标准化的概念，广泛应用于计算机、管理、医疗等多种不同领域。其中计算机领域有诺兰成长阶段模型、能力成熟度模型、SPICE 软件过程改进和能力提升模型，管理领域有企业管理成熟度模型、项目管理成熟度模型、质量管理成熟度模型、知识管理成熟度模型、数据管理成熟度模型，医疗领域有医疗信息成熟度模型、医疗连续性成熟度模型。

目前成熟度模型主要基于组织、技术、文化三类视角，不同视角下的成熟度模型的定义或描述、应用梳理如表8-2所示。

表 8-2　成熟度模型的定义或描述、应用

研究视角	定义或描述	应用	文献来源
基于组织/过程	改进后的诺兰模型将信息系统进化分成初始、扩展、控制、集成、数据管理、成熟 6 个阶段	信息系统管理	Nolan，1975；Nolan，1979；Nolan，1982
基于组织/过程	软件过程成熟度是某一特定过程被明确定义、管理、测量、控制、有效的程度	能力成熟度模型	Paulk et al.，1993
	软件过程成熟度等级分为初始、可重复、可定义、已管理、已优化	能力成熟度模型	Fraser et al.，1997
	能力成熟度模型集成由初始级、可重复级、已定义级、已管理级、优化级 5 个能力等级组成	能力成熟度模型集成	Fraser et al.，2002
	企业信息管理成熟度模型由无认知、有认知、被动回应、积极主动、管理型、高效型 6 个阶段组成，目的是使企业管理者判断组织处于哪个水平	企业信息管理成熟度模型	Newman，2008
基于技术/对象	一个特定对象，如软件、机器或其他类似产品，达到预定义的成熟水平是何种程度	业务协作基础设施	Gericke et al.，2006
	目标对象定义的成熟度阶段包括：记录参与者发展水平，支持网络目标定义，允许新合作伙伴集成到网络预计所需的时间和精力，允许监控网络项目的进展，不同参与者之间进行基准测试		
基于文化/人员能力	工作人员知识创造和能力提升的程度。知识管理是社会化、外化、组合化、内化的螺旋式上升过程	组织知识创造	Nonaka，1994；张宇杰等，2018

　　模型评价标准与规则是针对评价维度（功能域）的成熟度级别制定的相应评估标准。各模型基本以定性评价为主，主要是根据所划分的评价维度，列出每个评价维度在每个成熟度级别的特征及要求，各组织根据现状分析其在该项评价维度所处的级别。相关的成熟度模型评估方法有评价指标、评价指标描述、评价标准、评价指标取证要点、评价指标算法、评价要素权重等（王志鹏和张璨，2017；叶兰，2020）。

　　本书在对大数据治理成熟度评估时，利用评价指标、评价指标描述等方法，将评价指标分为四个等级，根据核查结果参照模型后进行评估，得出当前大数据治理成熟度水平。本书推荐的评估方法具有较强的实施性，易于比较组织间的成熟度水平，在大数据

治理的发展过程中能客观准确地发现数据治理中的问题，并进行相应的改进与发展。

TR 259 准则提供了一个智能城市成熟度及基准模型，旨在捕捉一座城市转变为更智能城市过程的关键方面。这个模型借鉴了大量知名的城市创新领域的资源，从标准和行业组织到政策和最佳实践组织，以使管理者能够对其所在城市的成熟度水平进行客观评估。该模型能够快速评估一个城市在城市智慧化相关的五个关键维度上的优势和劣势，并设定明确的未来 2 到 5 年的转型目标。它还能够帮助城市与类似城市进行比较，并选出能与其合作共同应对类似挑战的其他城市。

TR 259 准则认为智慧城市的智慧维度评估比较复杂，体现在城市生活运用数据智能的不同领域，且每个城市达到智慧的路径不同。成熟度涵盖领导力和治理能力、利益相关方参与度和市民关注度、数据有效利用、集成的信息通信技术基础设施、当前智能程度五个广义领域，以及更多更细的层级——八级评测标准。智慧城市和大数据治理在成熟度领域、实现路径、技术手段等方面均有相同之处，因此将该准则作为大数据治理成熟度基准模型。

本书基于已有研究成果，借鉴国际领域适用最为广泛的成熟度及基准模型的阶段划分 TR 259 准则，提出以下大数据治理成熟度模型。

模型层级

根据现有的模型研究并结合我国大数据治理业务实际情况，将大数据治理成熟度分为五个层级，分别为初始、管理、定义、量化管理、优化。通过这五个层级，依据组织当前的大数据治理具体表现，可以对组织的大数据治理成熟度进行划分（见表 8 - 3）。

表 8 - 3　大数据治理成熟度模型

成熟度	描述
初始	组织没有意识到大数据治理的重要性，没有统一大数据治理的流程和人员或部门，数据混乱、过期或遗失
管理	组织意识到大数据治理的重要性，指定相关人员进行初步管理，但对大数据治理知识掌握较少，采取一定的大数据治理措施但相互独立且不连续，开始制定治理流程和开发管理工具
定义	成立大数据治理部门，建立大数据治理标准，制定大数据治理规范，定义大数据治理过程，明确大数据治理责任，各管理要素相互配合，管理人员掌握专业大数据治理知识并主动解决问题、提升技术，拥有完备的大数据治理方法和工具
量化管理	大数据治理部门成为主要业务部门，能够提供完善服务，组织制定大数据治理基准模型，建立与大数据治理相关所有功能的质量、性能、绩效衡量指标体系，采用统计和其他定量技术进行分析，并对大数据治理和服务水平进行监控，管理过程流畅、连续性强
优化	拥有较高的数据分析和数据服务水平，拓展数据应用，提升数据价值，持续检测、迭代优化大数据治理标准、流程、模型和评价指标体系，为组织提供战略决策以达到大数据治理最佳实践并进行分享

成熟度评价指标

主要从动力机制、运行机制、约束机制、保障机制、协同机制五个维度构建模型评价指标；以生命周期管理模型中的管理过程为依据和结构框架，遵循数字连续性（digital continuity，DC）管理要求，借鉴 ITU－T、数据处理和管理焦点组（Focus Group on Data Processing and Management，FG－DPM）的研究成果，结合已有研究成果和调研得出的具体业务需求进行内容映射和拓展，提取大数据治理成熟度的要素指标和执行指标，构建出大数据治理成熟度评价指标体系（见表8－4）。

表8－4　大数据治理成熟度评价指标体系

一级指标	二级指标	三级指标	四级指标
生命周期活动	适当信息描述	数据可说明性	环境说明
	完整保存计划	服务水平协议	登记清单
			标准
	观察与参与	知识产权与许可	开放数据和隐私数据
			数据使用和再利用的许可
		数据分发	技术管理
			不同利益相关方数据授权
	管理与维护	风险管理	安全
			隐私
			风险评估
			变更管理
		事故管理	系统韧性
			分析
			跟踪
			提升
		数据价值链维护	识别
			注册
			处置
			评估
		持续改进过程	优化

续表

一级指标	二级指标	三级指标	四级指标
连续活动	概念化	架构	捕获方法
			存储选项
	创建或接收	数据粒度	标准
		格式	标准
			结构
		元数据特性	管理性元数据
			描述性元数据
			技术性元数据
			结构性元数据
			保存性元数据
	评估和选择	评估	标准
		选择	策略
	摄取	移交	文件
			政策
			法律要求
	保存活动	真实性	策略
		可靠性	策略
		完整性	策略
		可用性	策略
	存储	安全	安全和隐私
		存储环境	环境说明
	访问、使用和再利用	可获取性	访问控制
		可利用性	绩效标准
		可追溯性	认证程序
	转化	创新	功能和操作

续表

一级指标	二级指标	三级指标	四级指标
临时活动	处理	典型操作程序	聚集和组合
			清洗和筛选
			分类和标引
			去标识化、去匿名化、去伪名化
			预先处理和处理
			分析解析
			阅读和查询
			可视化
		过程流程图	文件
	重估	评估	标准
		重选	策略
	迁移	优化	功能和操作

评价指标操作指南与方法

根据构建出的大数据治理成熟度模型及其评价指标体系，提出评价自查清单，如表 8-5 所示。

在应用大数据治理成熟度模型对组织进行评估时，应用实施指南中的各项指标，对组织的大数据治理活动中是否存在对应的措施或文件等一一检查，在核查表中记录结果。以现今开展的大数据治理活动核查为基础，参照大数据治理成熟度模型各层级的描述说明，对组织的大数据治理活动进行再评估，得出组织当前的大数据治理成熟度层级。

根据当前组织所处的成熟度层级及大数据治理措施，结合不同成熟度层级的大数据治理要求，制定并实施成熟度层级提升优化改进措施，形成一套完整的大数据治理成熟度层级制度，可以更好地帮助组织逐步完善大数据治理机制，提升数据治理水平。

在大数据时代，数据成为继电力、石油之后的又一新型战略性资源，将有效驱动劳动力、资本、土地、技术、管理等要素网络化共享、集约化整合、协作化开发和高效化利用，并在推进国家治理现代化水平、突破传统资源增长极限、促进保障和改善民生等方面发挥重要作用。根据研究目标，以习近平总书记提出的"三融五跨"为指引，依据国家对大数据、大数据治理的部署要求，本书在学术文献分析、政策文件分析、问卷调查、专家座谈、典型案例及试点示范等研究基础上，开展了对浙江、广东、贵州、

表8-5 成熟度评价自查清单

一级指标	二级指标	三级指标	四级指标	说明	核查
生命周期活动 注：贯穿数据生命周期的活动，数据管理过程中从至始至终应该注意的问题	适当信息描述	数据可说明性	环境说明	关于数据形成的基本环境背景说明	有□ 无□
	完整保存计划	服务水平协议	登记清单	完整保存计划应具备的软硬件登记清单	有□ 无□
			标准	实施完整保存计划存在的绩效保存标准	有□ 无□
	观察与参与	知识产权与许可	开放数据和隐私数据	对开放数据利用和再利用时的权利的界定	有□ 无□
			数据使用利用和再利用时的许可	数据被利用和再利用时的权利限许可	有□ 无□
		数据分发	技术管理	确保数据分发精确的技术管理措施	有□ 无□
			不同利益相关方数据授权	对不同利益相关方数据授权	有□ 无□
	管理与维护	风险管理	安全	风险管理中的安全防护措施	有□ 无□
			隐私	风险管理中的隐私保护措施	有□ 无□
			风险评估	风险管理中的风险评估措施	有□ 无□
			变更管理	风险管理中的变更管理措施	有□ 无□
			系统韧性	遇到事故时数据管理系统的应急反应能力和系统恢复能力	有□ 无□
		事故管理	分析	事故之后的情况分析	有□ 无□
			跟踪	事故之后的跟踪调查	有□ 无□
			提升	事故之后的改进措施	有□ 无□
		数据价值链	识别	进行数据资产管理过程中的数据资产识别	有□ 无□
			注册	数据资产的注册	有□ 无□
		维护	处置	数据资产的处置	有□ 无□
			评估	数据资产的价值评估	有□ 无□
		持续改进过程	优化	数据管理持续改进过程中的优化措施	有□ 无□

续表

一级指标	二级指标	三级指标	四级指标	说明	核查表
连续活动 注：数据管理活动流程中连续、有序的活动，缺少任意一项整个管理活动将不完整	概念化	架构	捕获方法	捕获数据的方法	有☐　无☐
		数据粒度	存储选项	数据存储的选项	有☐　无☐
		格式	标准	数据粒度的划分标准	有☐　无☐
			标准	数据形成时格式划分的标准	有☐　无☐
			结构	数据形成时的数据结构要求	有☐　无☐
	创建或接收		管理性元数据	对数据管理机制进行规范的元数据	有☐　无☐
		元数据特性	描述性元数据	描述数据资源内容的元数据，人可识别，机器识别	有☐　无☐
			技术性元数据	记录数据资源特点信息的元数据	有☐　无☐
			结构性元数据	记录数据资源如何组织的元数据	有☐　无☐
			保存性元数据	记录数据资源保存信息的元数据	有☐　无☐
	评估和选择	评估	标准	数据的评估标准	有☐　无☐
		选择	策略	数据的选择策略	有☐　无☐
	摄取		文件	数据从一个利益相关方移交到另一个利益相关方的文件要求	有☐　无☐
		移交	政策	数据从一个利益相关方移交到另一个利益相关方的政策要求	有☐　无☐
			法律要求	数据从一个利益相关方移交到另一个利益相关方的法律要求	有☐　无☐
	保存活动	真实性	策略	保证数据真实性的策略	有☐　无☐
		可靠性	策略	保证数据可靠性的策略	有☐　无☐
		完整性	策略	保证数据完整性的策略	有☐　无☐
		可用性	策略	保证数据可用性的策略	有☐　无☐

续表

一级指标	二级指标	三级指标	四级指标	说明	核查表
连续活动 注：数据管理流程活动中连续、有序的活动，缺少任意一项将管理活动不完整	存储	安全	安全和隐私	存储过程中安全和隐私的保护措施	有□ 无□
		存储环境	环境说明	存储环境的具体情况	有□ 无□
	访问、使用和再利用	可获取性	访问控制	访问数据时根据权限的访问控制	有□ 无□
		可利用性	绩效标准	数据利用中的绩效标准	有□ 无□
		可追溯性	认证程序	数据的认证程序确保数据可追溯，如电子签名等	有□ 无□
	转化	创新	功能和操作	在原有数据上实现创新的功能和操作	有□ 无□
临时活动 注：根据数据管理活动过程中的具体情况开展的活动	处理	典型操作程序	聚集和组合	数据的聚集和组合	有□ 无□
			清洗和筛选	数据的清洗和筛选	有□ 无□
			分类和标引	数据的分类和标引	有□ 无□
			去标识化、去匿名化、去伪名化	数据去标识化、去匿名化和去伪名化的措施	有□ 无□
			预先处理和处理	对数据的预先处理和处理	有□ 无□
			分析解析	对数据的分析解析	有□ 无□
			阅读和查询	使数据可被阅读和查询的措施	有□ 无□
		过程流程图	可视化	使用可视化技术呈现数据	有□ 无□
	重估		文件	包含数据处理过程流程的文件	有□ 无□
		评估	标准	数据重估过程中的评估标准	有□ 无□
		重选	策略	数据重估过程中的重选策略	有□ 无□
	迁移	优化	功能和操作	数据如格式和结构优化过程中的功能和操作	有□ 无□

北京、宁波、沈阳等代表性地方以及国家发展改革委、工业和信息化部、自然资源部等部委的实地调研及评估，并与相关部门的官员、企业家、学者进行了交流座谈，通过评估总结了我国大数据治理的基本现状及特征，梳理了存在的主要问题，提出了针对性的大数据治理解决思路建议，为构建大数据治理规则体系提供实践基础和客观依据，助力数字中国建设，为数字经济、智慧社会发展提供决策支撑。

8.4　小结

本章针对现有文献在大数据运行模式、运行模型、评估体系与方法研究领域的局限，在协同创新理论、综合集成论、执行力模型等理论基础上，提出了多项目标体系互联、多元主体联盟制度互信、多维活动联通规则互认、多级环境要素联结规范互通的综合治理模型与运行模型和机制，并基于团队的成果（安小米等，2021）和国际领域适用最为广泛的成熟度及基准模型的阶段划分 TR 259 准则提出了大数据治理成熟度评估体系与评估方法。

从信息资源管理协同创新视角来看，大数据治理的发展和应用，特别是在治理模型、运行模型、运行机制上，充分遵循了协调创新视角中所强调的"主体联盟、活动联通、要素联结"核心理论观念，充分印证了信息资源管理协同创新理论在大数据治理中的适用性，指出了大数据治理在应用实践中的核心突破口。因此，在大数据治理发展和应用中，应在整个协同框架基础上，主抓主体、活动、要素等协同维度中所强调的具体运行机制，以期取得良好的治理效果。

参考文献

［1］安小米，王丽丽，许济沧，等 . 我国政府数据治理与利用能力框架构建研究 . 图书情报知识，2021，38（5）.

［2］安小米，白文琳，钟文睿 . 支持协同创新体能力构建的知识管理方案设计 . 科技进步与对策，2015，32（6）.

［3］安小米，白献阳，洪学海 . 政府大数据治理体系构成要素研究：基于贵州省的案例分析 . 电子政务，2019（2）.

［4］安小米，郭明军，魏玮，等 . 大数据治理体系：核心概念、动议及其实现路径分析 . 情报资料工作，2018（1）.

［5］安小米，马广惠，宋刚 . 综合集成方法研究的起源及其演进发展 . 系统工程，2018，36

(10)．

　　[6] 安小米，宋懿，郭明军，等．政府大数据治理规则体系构建研究构想．图书情报工作，2018，62（9）．

　　[7] 安小米，魏玮，闵京华．ISO、IEC 和 ITU－T 智慧城市定义分析（英文）．中国科技术语，2021，23（4）．

　　[8] 安小米．国外智慧城市知识中心构建机制及其经验借鉴．情报资料工作，2013（4）．

　　[9] 包冬梅，范颖捷，李鸣．高校图书馆数据治理及其框架．图书情报工作，2015，59（18）．

　　[10] 曾俊可，杨成伟，胡用岗．我国校园足球政策执行困境及优化策略研究：基于爱德华政策执行模型视角．体育科技文献通报，2021，29（10）．

　　[11] 曾小锋．大数据时代政府治理面临的双重境遇与突破路径．领导科学，2016（8）．

　　[12] 陈芳．企业实施数据治理的核心内容及条件保障．信息资源管理学报，2018，8（4）．

　　[13] 陈火全．大数据背景下数据治理的网络安全策略．宏观经济研究，2015（8）．

　　[14] 陈文捷，蔡立志．大数据安全及其评估．计算机应用与软件，2016，33（4）．

　　[15] 程广明．大数据治理模型与治理成熟度评估研究．科技与创新，2016（9）．

　　[16] 翟云．中国大数据治理模式创新及其发展路径研究．电子政务，2018（8）．

　　[17] 方滨兴，贾焰，李爱平，等．大数据隐私保护技术综述．大数据，2016，2（d1）．

　　[18] 郭斌，蔡静雯．基于价值链的政府数据治理：模型构建与实现路径．电子政务，2020（2）．

　　[19] 何晓斌，李政毅，卢春天．大数据技术下的基层社会治理：路径、问题和思考．西安交通大学学报（社会科学版），2020，40（1）．

　　[20] 洪伟达，马海群．我国政府数据治理协同机制的对策研究．图书馆学研究，2019（19）．

　　[21] 黄璜，孙学智．中国地方政府数据治理机构的初步研究：现状与模式．中国行政管理，2018（12）．

　　[22] 刘白，廖秀健．基于大数据的重大行政决策社会稳定风险评估机制构建研究．情报杂志，2016，35（9）．

　　[23] 刘冰，庞琳．国内外大数据质量研究述评．情报学报，2019，38（2）．

　　[24] 刘艺，邓青，彭雨苏．大数据时代数据主权与隐私保护面临的安全挑战．管理现代化，2019，39（1）．

　　[25] 马广惠，安小米，宋懿．业务驱动的政府大数据平台数据治理．情报资料工作，2018（1）．

　　[26] 马广惠，安小米．政府大数据共享交换情境下的大数据治理路径研究．情报资料工作，2019，40（2）．

　　[27] 莫祖英，白清礼，马费成．"政府公开信息质量"概念及内涵解析．情报杂志，2015，（10）．

[28] 数据管理能力成熟度评估模型．(2018 - 10 - 01)．https：//www. doc88. com/p- 6763892
797727. html.

[29] 数据治理．(2019 - 03 - 01)．https：//baike. baidu. com/item/％E6％95％B0％E6％8D％
AE％E6％B2％BB％E7％90％86/3819997? fr＝aladdi.

[30] 王令军，龚佳佳．近十年我国高等学校招生制度的政策执行过程及其他：基于史密斯模型
分析．教育教学论坛，2021（41）.

[31] 王志鹏，张璨．数据中心服务能力成熟度模型国际技术报告研究．信息技术与标准化，
2017（6）.

[32] 王忠，殷建立．大数据环境下个人数据隐私治理机制研究：基于利益相关者视角．技术经
济与管理研究，2014（8）.

[33] 吴刚，陈桂香．高校大数据治理运行机制：功能、问题及完善对策．大学教育科学，
2018（6）.

[34] 吴善鹏，李萍，张志飞．政务大数据环境下的数据治理框架设计．电子政务，2019（2）.

[35] 夏义堃．国际组织开放政府数据评估方法的比较与分析．图书情报工作，2015，59（19）.

[36] 肖炳恩，吴应良．大数据背景下的政府数据治理：共享机制、管理机制研究．科技管理研
究，2018，38（17）.

[37] 肖人毅．云计算中数据隐私保护研究进展．通信学报，2014，35（12）.

[38] 辛璐，唐方成．构建大数据驱动制造业创新发展的治理机制．管理现代化，2019，39
（6）.

[39] 徐艳红，伍小乐．大数据时代的社会协同治理框架再造：基于"主体-机制-目标"的分析．
理论导刊，2018（1）.

[40] 杨琳，高洪美，宋俊典，等．大数据环境下的数据治理框架研究及应用．计算机应用与软
件，2017，34（4）.

[41] 杨小虎，张韬．国家治理现代化背景下的行政执行力文化创新：基于 GVIIRRTCQ 模型分
析．领导科学，2019（14）.

[42] 叶兰．数据管理能力成熟度模型比较研究与启示．图书情报工作，2020，64（13）.

[43] 张龙．农家书屋政策执行的解释工具与策略选择：基于 M. 麦克拉夫林的政策执行互动模
型．新世纪图书馆，2020（2）.

[44] 张绍华，潘蓉，宗宇伟．大数据治理与服务．上海：上海科学技术出版社，2016.

[45] 张涛．数据治理的组织法构造：以政府首席数据官制度为视角．电子政务，2021（9）.

[46] 张彤，范佳惠．政策循环模型视角下精准扶贫政策执行研究：以保定古洞村为例．智富时
代，2017（8）.

[47] 张宇杰，安小米，张国庆．政府大数据治理的成熟度评测指标体系构建．情报资料工作，
2018（1）.

［48］郑大庆，范颖捷，潘蓉，等．大数据治理的概念与要素探析．科技管理研究，2017，37（15）．

［49］朱建平，陈飞．统计数据质量评价体系探讨．商业经济与管理，2010（12）．

［50］资武成．创新生态系统的数据治理范式：基于区块链的治理研究．社会科学，2021（6）．

［51］Lin H，Yip G，Yang J，et al．Collaborative innovation for more value：how to make it work．Journal of Business Strategy，2019，41（2）．

［52］An X M，Bai W L，Deng H P，et al．A knowledge management framework for effective integration of national archives resources in China．Journal of Documentation，2017，73（1）．

［53］ISACA．Big data governance．（2020-05-10）．http：//www. isaca. org/downloads/Big-Data-Governance. pdf.

［54］Chebbi H，Yahiaoui D，Thrassou A．Multi-country collaborative innovation in the internationalisation process．International Marketing Review，2017，34（1）．

［55］DAMA．The DAMA guide to the data management body of knowledge．New York：Technics Publications，2009.

［56］Data Governance Institute．The DGI data governance framework．（2019-10-01）．https：//www. datagovernance. com/the-dgi-framework/.

［57］Fang W．Understanding the dynamic mechanism of inter-agency government data sharing．Government Information Quarterly，2018，35（4）．

［58］Fraser M D，Vaishnavi V K．A formal specifications maturity model．Computer Standards & Interfaces，1997，40（2）．

［59］Fraser P，Moultrie J，Gregory M．The use of maturity models/grids as a tool in assessing product development capability. New York：IEEE，2002.

［60］Gericke A，Rohner P，Winter R．Networkability in the health care sector necessity，measurement and systematic development as the prerequisites for increasing the operational efficiency of administrative processes．Adelaide：University of South Australia，2006.

［61］Gloor P，Paasivaara M，Schoder D，et al．Correlating performance with social network structure through teaching social network analysis．Boston：Springer，2006.

［62］Haider A. Asset lifecycle data governance framework．（2018-03-06）．https：//link-springer-com. proxy2. lib.

［63］IBM. IBM data governance council maturity model．（2018-07-27）．https：//www-935. ibm. com/services/uk/cio/pdf/leverage wp data gov council maturity model. pdf.

［64］Khatri V，Brown C V. Designing data governance. Communications of the ACM，2010，53（1）．

［65］Martijn N，Hulstijn J，Bruijne M，et al. Determining the effects of data governance on the performance and compliance of enterprises in the logistics and retail sector. Cham: Springer, 2015.

［66］ Newman D, Logan D. Gartner introduces the EIM maturity model. Stamford: Gartner, 2008.

［67］ Nolan R L. Managing the crises in data processing. Harvard Business Review, 1979, 57 (3) .

［68］ Nolan R L. Managing the data resource function. Minnesota: West Publishing Co. , 1982.

［69］ Nolan R L. Thoughts about the fifth stage. ACM Sigmis Data ase: the Database for Advances in Information Systems, 1975, 7 (7) .

［70］ Nonaka I. A dynamic theory of organizational knowledge creation. Organization Science, 1994, 5 (1) .

［71］ Paulk M C, Curtis B, Chrissis M B, et al. Capability maturity model. Software Engineering Institute, 1993, 48 (3) .

［72］ Serrano V, Fischer T. Collaborative innovation in ubiquitous systems. Journal of Intelligent Manufacturing, 2007, 18 (5) .

［73］ Sorensen E. The metagovernance of public innovation in governance networks. Bristol: Policy and Politics Conference, 2014.

［74］ Weber K, Otto B, Osterle H. One size does not fit all: a contingency approach to data governance. Journal of Data and Information Quality, 2009, 1 (1) .

第9章
大数据治理的发展
及应用实践

9.1 引言

本章采用案例研究的方法，对第 4 章所提出的大数据治理框架和要素、第 8 章所提出的运行模型与机制的治理实践进行映射和诠释，并对治理实践提出意见和建议。依据案例选择的代表性原则、特殊性原则和便利性原则，本章选择北京市大数据中心治理实践和北京市城市管理综合执法大数据平台建设实践作为案例研究对象。

北京市作为我国政治中心、文化中心、国际交往中心和科技创新中心，在政府大数据治理上具备良好的政治、经济、社会和技术环境，且北京市政府大数据治理手段多样，治理效果良好，具有较好的示范性效果。此外，北京市大数据中心和北京市城市管理综合行政执法局执法保障中心是本书研究团队长期合作和深度调研的机构，对于实地调研、获取一手资料都有便利之处。本书撰写的调研访谈资料及案例研究材料和案例研究报告均获得调研主体知悉、同意授权使用。

9.2 案例分析框架

针对本书提出的宏观层、中观层、微观层三个治理层次中的 9 个关键要素和 31 个基础要素，以及多项目标体系互联、多元主体联盟制度互信、多维活动联通规则互认、多级环境要素联结规范互通 4 个维度的综合治理模型和 26 种机制内容，重点考察实践应用案例的具体映射情况，如表 9-1 和表 9-2 所示。

表 9-1 大数据治理框架及要素分析框架

层级	关键要素	要素内容	要素说明
宏观层	治理目标	竞争力提升	提升大数据赋能的竞争力
		价值创造	提高决策质量，创新治理方式，实现数据资产化管理
		风险管控	大数据安全和隐私保护
		运营合规	组织遵守法规和规范
		质量保证	大数据治理的高质量保证
	治理战略/方法论	多利益相关方视角	大数据治理的各个利益相关方考虑
		统筹协同	大数据治理各方、各过程的协调统一
		概念体系	大数据治理基本核心概念所构成的体系
		体系框架	大数据治理的体系框架
		要素框架	大数据治理核心要素所构成的框架
中观层	治理活动	政策	大数据相关的法律、法规、政策、方针、制度
		管理机制	大数据的管理方式和关系
		信息治理计划	对信息进行治理的相关计划
	治理路径选择	模式	大数据治理方式的形式化描述
		模型	大数据治理基本概念组成的特征化表示
		流程、价值链	大数据生命周期管理
		标准/指南	大数据治理中的标准化和规范化
	治理路径协同	跨领域、跨行业、跨地域、跨层级	大数据治理跨领域、跨行业、跨地域、跨层级不同治理路径的协同
微观层	治理主体	大数据治理机构	大数据治理的决策机构、组织协调机构
		大数据管理者	大数据治理的操作实施机构
		大数据专家	大数据决策中的战略咨询
	治理客体	政府数据/信息	政府部门中的各种数据/信息
		数据来源	不同类型数据的源头
		属性特征	数据的属性、特征
		数据载体	数据呈现所依靠的载体
		数据活动	数据生命周期的各项活动
	治理工具与保障	信息基础设施	信息技术中的基本硬件和软件
		大数据技术	与大数据相关的各类分析、预测技术和方法
		监管工具	对大数据治理起监管作用的各项审计和报告工具
		培训教育（人）	对人员的各类培训和教育，以提高大数据治理人员素质
	治理应用与服务	场景	大数据应用与服务的各类治理场景

表 9 - 2　综合治理模型及机制分析框架

四个维度	机制内容
多项目标体系互联	目标机制
多元主体联盟制度互信	组织机制
	合作机制
	协调机制
	责任机制
	激励-约束机制
	产权机制
	收益分配机制
多维活动联通规则互认	监督（监管）机制
	授权机制
	反馈机制
	应急机制
	审计机制
	预警机制
	投诉机制
	安全保障机制
	创新机制
	风险控制机制
	决策机制
	评估机制
	服务机制
多级环境要素联结规范互通	保障机制
	信息技术工具机制
	法律机制
	信息共享机制
	资源配置机制

9.3　案例研究分析

9.3.1　北京市大数据治理

北京市大数据治理是伴随着智慧北京建设逐步推进的。北京市信息化发展起步较早，从发展阶段来看，北京市智慧城市建设先后经历了数字北京阶段（1999—2010

年）、智慧北京阶段（2011—2015 年）、新型智慧北京阶段（2016—2018 年），目前正在向数字生态城市阶段跨越式前进。其中，网上阶段以提升政府委办局效率的优政为目标；云上阶段以提升政府整体效率为主、提升百姓满意度（惠民）为辅；数上阶段以提升百姓满意度与提升政府整体效率同步发力，同时以兴业为目标降低社会成本；智上阶段以"云物大智移"融合应用为主，实现以事为本向以人为本的全面转变。

目前，北京市作为新型智慧城市建设的首批实践城市，正处于由云上向数上，即由新型智慧北京向数字生态城市的过渡阶段，通过数据治理实现技术融合、业务融合、数据融合和跨层级、跨地域、跨系统、跨部门、跨业务的"三融五跨"模式，同时呈现出向以信息资源开发利用和融合应用为核心的智上阶段演进的特征。北京市智慧城市建设阶段演进如图 9-1 所示。

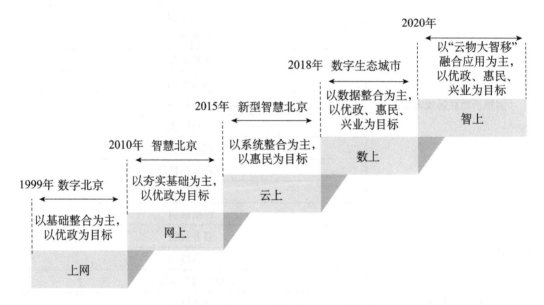

图 9-1　北京市智慧城市建设阶段演进

资料来源：北京市经济和信息化局 . 北京市大数据建设简明读本 . 北京：首都师范大学出版社，2020.

近年来，北京市出台了大量大数据治理的政策文件，具体可分为三个层面：一是北京市关于大数据治理的顶层规划，如《北京市数字经济促进条例》《北京市"十四五"时期智慧城市发展行动纲要》《北京市促进数字经济创新发展行动纲要（2020—2022 年）》《北京市大数据和云计算发展行动计划（2016—2020 年）》《北京市人民政府关于积极推进"互联网＋"行动的实施意见》《北京市知识产权保护条例》等文件。二是业务规划，如《北京市公共数据管理办法》《北京市政务信息资源管理办法（试行）》《北京市人民政府关于加强政务服务体系建设的意见》《北京市"十四五"时期优化营商环境规划》《北京市目录链管理规则（试行）》等文件，是北京市大数据治理的核心和细分政策。三是基础规划，如《北京市城市空间大数据平台建设方案》《北京新型智慧城市感知体系建设指导意见》《北京市"十四五"时期重大基础设施发展规划》《北京市数据中心统筹发展实施方案（2021—2023 年）》《关于加快新型基础设施建设支持试点示范推广项目的若干措施》等文件，是北京市大数据治理的基础和支撑政策。

2018 年 4 月，北京市大数据行动计划正式启动实施，该计划提出了"四梁八柱深地基"顶层设计（见图 9-2），目标是实现数据资源全面汇聚共享，使大数据成为提升政府治理能力、加强城市精细管理、提高民生服务水平、促进经济高质量发展的重要引擎和支撑。该计划围绕"四梁"——安全、优政、惠民、兴业四大目标，从支撑"八柱"等若干重要领域的大数据应用需求出发，本着统筹、集约、高效等原则，建设了作为"深地基"核心的北京市大数据平台"汇管用评"的闭环技术框架，为智慧城市建设打下了硬实力和软基础。2021 年 3 月，北京市发布了《北京市"十四五"时期智慧城市发展行动纲要》，围绕"建设全球新型智慧城市标杆城市"的总体目标，在"四梁八柱深地基"框架基础上，夯实新型基础设施，推动数据要素有序流动，充分发挥智慧城市建设对政府变革、民生服务、科技创新的带动潜能，统筹推进民、企、政融合协调发展的智慧城市 2.0 建设，如图 9-3 所示。

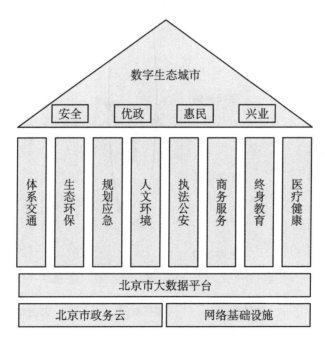

图 9-2 北京市"四梁八柱深地基"顶层设计

资料来源：北京市经济和信息化局 . 北京市大数据建设简明读本 . 北京：首都师范大学出版社，2020.

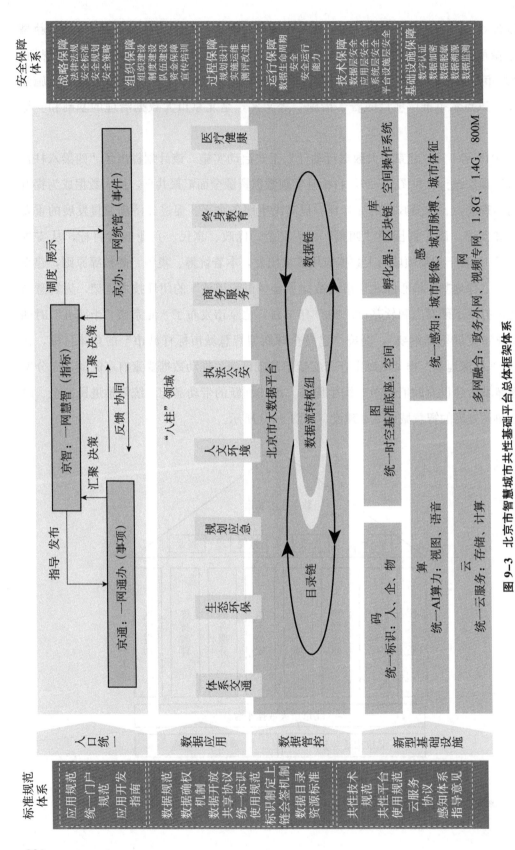

图 9-3 北京市智慧城市共性基础平台总体框架体系

资料来源：林峰璞，朱蓉华，朱芳，等.北京智慧城市"基座"技术架构与服务模式研究.中国电信建设，2022（1）.

224

北京市强化顶层设计、创新基层治理，通过构建橄榄型城市治理模式（见图 9 - 4），破解条块分割痼疾，激活市场社会各方力量参与城市共建、共治、共享，实现"以人民为中心"的发展，是推进城市治理的重要探索。橄榄型城市治理模式基于物联网、云计算、大数据、区块链等新一代信息技术的应用，强化综合规划决策和综合执法监察"两个综合"的牵引，以及面向创新 2.0 的众创共治生态营造，将有力推动城市规划、城市建设、城市运行管理一体化，城市决策、执行、监督协力，政府、市场、社会共治的新局面。

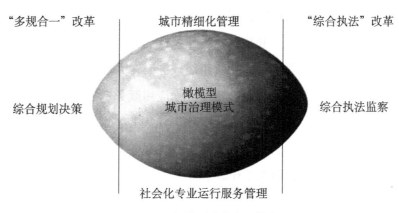

图 9 - 4　橄榄型城市治理模式

资料来源：宋刚，刘志，黄玉冰. 以大数据建设引领综合执法改革，创新橄榄型城市治理模式，形成市域社会治理现代化的"北京实践". 办公自动化，2020，25（5）.

9.3.2　北京市大数据中心数据治理

治理框架与要素

（1）治理目标维度。

大数据治理的目标决定了不同参与者和利益相关方共同参与的方向，使不同参与者能够发挥各自的优势和专长，为大数据治理目标实现相互合作。在目标机制上，北京市经济和信息化局在职能转变内容中，提出大数据中心应当强化大数据管理职责，加强顶层设计和统筹协调，推动政府信息系统和公共数据互联开放共享，推进数据汇集和发掘，深化大数据在各行业创新应用，促进大数据产业健康发展。完善法规制度和标准体系，科学规范利用大数据，切实保障数据安全。由此可见，北京市大数据中心在数据治理目标上，主要体现在两个维度的互联：第一是数据本身的治理目标，主要是通过数据治理来提高数据的质量，推动北京市政务数据和相关社会数据的汇聚、管理、共享、开放和评估。第二是数据价值实现的目标，主要包括深化大数据在各行业创新应用，促进大数据产业健康发展。

（2）治理主体维度。

北京市大数据中心作为隶属于北京市经济和信息化局的副局级公益类事业单位，在北京市信息资源管理中心、北京市民卡管理中心（北京市公共信息服务中心）、信息化项目评审中心三个中心基础上合并而成。

北京市大数据中心作为全市数据管理部门，下设 4 个综合性业务部门和 6 个专向性业务部门，具体为综合部、发展规划部、标准与安全部、数据管理部、平台管理部、数据应用部、数据开放部、信用信息部、运维保障部和项目评审部。中心职责包括负责研究提出本市大数据管理规范和技术标准建议；负责本市政务数据和相关社会数据的汇聚、管理、共享、开放和评估；负责市级政务云、大数据管理平台等数据基础设施的建设、运维和应用支撑；负责社会信用数据应用服务；承担社会信用体系建设辅助性、事务性工作；负责"互联网＋政务服务"信息化基础支撑平台的建设、运维和保障；承担政府投资信息化项目技术性审核的支撑服务工作；承担组织重大信息化项目技术论证和评估验收的支撑服务工作。

（3）治理路径维度。

大数据治理实现了政府部门组织架构的革新和业务流程的再造。通过政务数据收集、存储、清理、共享、开放、利用的生命周期管理，打破了数据孤岛，使跨区域、跨部门的协同成为可能。北京市出台的 DB 11/T 337 - 2021《政务数据资源目录体系规范》规范了"职责目录、数据目录、库表目录"三级目录体系的编制要求，北京市各委办局依据"三定"规定确定职责目录，依据职责目录确定相对应的数据资源和数据项的具体描述，并自行编制系统中存储数据的库表描述，具体实现数据目录。2020 年9 月，北京市在政务服务中心设立数据服务窗口，为社会提供数据开放咨询申请的新渠道，并制定了《北京市政务数据开放服务指南（试行）》，规定了数据开放的原则、数据开放服务的业务流程和数据源提供部门等主体的责任，倒逼政府数据开放工作。2021 年 1 月，北京市大数据工作小组正式印发实施的《北京市公共数据管理办法》明确了公共数据的定义范围，适用于全市行政区域内各级行政机关和法律、法规授权的具有公共管理和服务职能的事业单位，各级部门应建立健全公共数据管理工作机制，制定公共数据的采集、汇聚、共享、开放和监督考核等数据管理流程的规则和制度。

（4）治理客体维度。

2012 年 10 月，北京市经济和信息化局推出北京市公共数据开放平台，承办单位为北京市大数据中心。该平台致力于提供北京市政务部门可开放的各类数据的下载与服务，为企业和个人开展政务信息资源的社会化开发利用提供数据支撑，推动信息增值服务业的发展以及相关数据分析与研究工作的开展。北京市公共数据开放平台按照主题、机构、企业数据、地理空间、历史归档数据等维度组织数据。截至 2022 年 5 月 10日，通过多种开放形式，北京市公共数据开放平台及北京公共数据开放创新基地共计开放了 114 个单位、13 230 个公共数据集、563 279 个数据项（其中无条件开放共计557 560 个数据项，有条件开放共计 5 719 个数据项）、59.86 亿条公共数据。公共数据开放平台目前已经实现 20 类主题数据以接口形式与平台进行对接，数据形式都为结构化数据。

（5）治理工具与保障维度。

北京市大数据中心在实施大数据治理过程中，加快通信网络、集成电路、物联网等新一代信息基础设施和基础数据库建设，以及电子证照库、电子签章等信息化建设，完善云基础设施及政务网络，构建有利于大数据治理的技术基础。北京市在新基建方面一直走在全国前列。截至 2021 年 11 月，北京市累计开通 5G 基站 5.1 万个，实现5G 普遍覆盖，人员聚集区域和重点区域精准覆盖，双千兆网络基础设施实现全面覆盖，5G 终端用户达 1 430.4 万户。预计到 2025 年北京市将建成并开通 5G 基站 6.3 万个，基本实现对城市、乡镇、行政村和主要道路的连续覆盖。人才队伍建设是大数据价值实现的关键环节，北京市大数据中心加强大数据领军人才、信息化人才、数据治理人才等复合型专业人才队伍建设，制订人才人员培养培训计划及实施意见。

（6）治理应用与服务维度。

北京市大数据中心积极建设一体化大数据资源平台，实施大数据的开放、共享、分类、交换和利用规则，打造电子政务服务平台及政务云，使所有参与者和利益相关方都能按照规则行事，在融合现有功能的基础上，进行业务流程重塑和业务模式转变，为公众提供便利服务。通过政府决策、社会治理、民生服务和城市管理等大数据应用示范工程，整合应用多种大数据技术，推进大数据应用广泛发展。

北京市大数据中心领导建设了北京市大数据平台、一张图平台、领导驾驶舱、健康码、北京通等项目，并且形成了公共数据开放创新基地带动数据利用等创新模式，在数据汇聚、整合、开放、共享、管理、评估等环节上具有丰富经验，较好地挖掘了数据在疫情防控、民生服务、城市管理、经济运行等领域的价值。北京市大数据中心承担建设了一批共享平台和基础库，主要包括：1) 北京市政务信息资源共享交换平台。2006 年上线服务，截至 2021 年共接入了 83 个政务部门和区县，设置了 128 个交换节点；支撑了 1 301 类跨部门、跨层级信息的共享交换工作，数据交换累计超过 500 亿条，日均交换达 1 152 万条；支撑了小客车调控、限购房资格审核、出入境证件办理、低保申请审核、网约车资格审核、信用信息服务、应急指挥、城市运行监测、执法信息共享等重大应用。2）北京市政务地理空间信息资源共享服务平台。2006 年上线服务，统一存储管理了遥感影像、电子地图、地址、图层等基础地理空间信息，通过在线共享模式支撑了全市 54 个部门 190 多个业务应用系统，日均访问量达 70 万次，基本实现全市共用同一张"政务地理地图"，共享应用绩效显著。相关的建设理念、模式在国家部委、其他省市得到了普遍推广。3）北京市法人基础信息共享服务系统。2009 年上线服务，实时汇聚来自工商、质监、民政、编办的 36 个字段的法人信息，目前法人服务库总数据量为 210 多万条记录，为全市 48 家委办局/区提供共享服务。4）北京市公共信用信息统一管理服务平台。2016 年 9 月启动建设，目前归集收录本市信用信息数据 2.6 亿条（其中包括个人数据 1.8 亿条，法人数据 8 000 万条）、国家共享平台数据 7 200 万条。已为全市 60 多家委办局单位和 16 个区用户，实现了在政务外网环境下公共信用信息的在线查询和检索服务，启动了联合奖惩工作。5）北京市电子证照库共享服务系统。2016 年 6 月启动建设，已汇聚 70 类个人证照、41 类法人证照信息；启动了与市住建委和市政务服务办等试点单位对接工作。6）北京通、一证通。针对自然人、法人分别建设用于统一认证、授权、服务访问和办理的身份识别系统，即北京通、一证通。目前，发放北京通 1 700 万张、一证通 120 万张，有效支撑了网上审批、便民服务等事项的办理。7）北京市大数据平台。2018 年启动建设，按照"汇管用评"的业务需求，平台不断完善数据汇聚、存储、计算与分析、共性组件及人工智能等能力，目前 2.0 版已上线，支撑了领导驾驶舱、健康宝、疫情防控、复工复产、一网通办等诸多应用。

治理模型与机制

（1）多元主体联盟制度互信维度。

1）组织机制：实现政府部门内数据共享和社会机构间的协同，是政府推动数据治理的重要目标。北京市大数据中心着力破除各级政府部门之间的数据壁垒，主动加快推进政务数据共享共用，建立一体化政务平台，实现跨地区、跨部门、跨层级的协同，有力推动了整体政府的建设。

2）合作机制：2019 年 11 月，北京市经济和信息化局依托数字北京大厦建成北京公共数据开放创新基地，搭建了包括私有云资源、数据沙箱、竞赛系统、人工智能深度学习框架、安全系统在内的数据开放和产品创新环境，通过应用竞赛、授权开放等方式，面向合规正当的应用场景，在不转移数据所有权和控制权、清洗脱密脱敏和确保安全的情况下，为企业开发产品、创新应用提供无偿和精准的数据供给，推动公共数据安全、有序、可控地开发利用，助力本市大数据产业高质量发展。

3）协调机制：北京市公共数据开放平台定期举行公共数据开放社会调查需求征集活动，提供了政民交流沟通的渠道，方便了解公民对开放数据的行业领域、范围、时效、应用场景、开放方式、资源名称和描述、工具等方面的需求和建议，扩大了公民的参与，有利于北京市大数据中心制定的数据开放政策符合民众需求，提升数据可用性。

4）责任机制：北京市大数据中心的数据质量管理基于前端控制，贯穿数据生命周期。数据形成方负责数据形成、汇聚共享过程的数据质量监管，北京市大数据中心具有上链数据的质量监督权，利用区块链技术特性全过程监督数据质量。

（2）多维活动联通规则互认维度。

1）监督机制：北京市大数据中心通过目录区块链系统，考核监督各委办局的按时申请、响应速率等涉及合法合规的事项，系统实时更新各委办局业务系统的数据质量排名，且排名被纳入绩效考核体系，激励委办局进行数据质量管理。由于考核结果占比较重，各委办局对保障数据可及、可得的重视程度提高。

2）授权机制：北京市大数据中心作为北京政府部门数据共享的协调机构，梳理"职责、数据、库表"三级目录体系，依法依职规定各委办局数据共享范围，并以技术手段解决数据授权问题。目录区块链系统基于隐私计算模型、加密技术等特性，针对金融、交通等特殊领域，打造了数据专区，对特定数据进行有条件开放。数据专区的数据使用者不可以获取或访问到原始数据，只能通过部署模型并通过数据建模分析获得或访问统计结果数据和模型自身参数。数据专区模式实现了数据的可用不可见，减少了数据暴露的风险，保证了数据的安全可控。目录区块链系统利用智能合约等技术，控制部门间的数据授权和数据共享。"职责、数据、库表"目录存储到区块链系统时，库表目录的用户名和密码需要经过加密后再上链，其他内容可以明文上链。当某个政务部门申请有条件共享的数据时，系统通知合约查验申请业务的合法合规性，核实后依据申请部门的数据管理职责和数据使用范围，将所需数据通过探针从业务系统中取出，提供给申请部门数据链接地址。

3）安全保障机制：北京市大数据中心的数据治理整体方案提供了基于数据生命周期的数据全程安全管控能力，实现精细化控制用户访问权限、数据加密传输和跨业务隔离，以及访问操作全程监控。目录区块链系统对涉密字段进行分级加密，并结合数据分级分类标准精细化控制访问权限，全程监控访问操作，同时创新应用数据专区模式，保证数据可用不可见，减少数据泄露风险。

4）评估机制：北京市大数据平台利用 ETL 技术转化标准和清洗数据，采用全链路数据血缘技术，动态掌握数据的时效性、可追溯性等质量要素情况，并根据数据质量规则库，全程监控评估数据质量，对问题数据进行三副本存储，生成经过多重检验的数据质量评估报告，供业务系统下载，方便数据提供方整改质量问题，且基于数据质量评估结果进行跨部门的数据质量考核和单部门的数据质量变化分析。

5）应急机制：北京市大数据中心通过制定数据资源归集、治理、共享、开放、应用、安全等技术标准及管理办法，实现跨层级、跨部门、跨系统、跨业务的数据共享和交换，并同步规划信息安全保障，进一步加强信息安全测评认证体系、网络信任体系、信息安全监控体系及容灾备份体系建设，建立网络和信息安全监控预警、应急响应联动机制等。

6）反馈机制：北京市大数据平台依据可定制的数据质量稽核规则，对汇聚后的各业务系统的数据进行数据清洗，检测识别出质量问题，形成质量报告。针对具有质量问题的原始数据，北京市大数据平台不仅保留原始数据，还在原始数据下形成具体质量问题说明、质量评价规则及修改说明两条数据，将由多方多重检验的数据质量评估报告传输到业务系统，并反馈给数据形成方（业务部门），从源头修正数据质量问题。

7）风险控制机制：政府数据在北京市大数据平台进行流转时，其更新变化被全程留痕，形成数据血缘。系统的全过程质量监控机制保障了动态数据的可追溯性和在静态时点上的可信性，并记录了不同业务系统数据质量的提升过程。

8）智能服务机制：对各委办局来说，大数据平台提供多租户类共性组件。数据接入、数据清洗、融合分析等工具提供"拖拉拽"等便捷操作，便利工作人员利用数据进行可视化分析，平台开发的智能搜索等应用则方便工作人员快速准确查询到所需数据。对企业、公民来说，北京市大数据中心利用算法模型解析政策文本，提取申报条件等政策要素，在北京通 APP 上实现政策批量化自动精准推送。

（3）多级环境要素联结规范互通维度。

1）保障机制：在大数据治理实践中，北京市大数据中心严密跟踪数据生命周期，从数据来源、数据采集、归类、存储、数据形成维护、数据汇集、共享开放、交易流通、数据应用等方面进行标准化和规范化，确保数据质量，规范技术操作，以规则和制度保障数据过程规范与安全。DB 11/T 1919 - 2021《政务数据汇聚共享规范》对业务部门数据的可读性、完整性、准确性、一致性、时效性做出了具体要求。同时，北京市大数据中心制定的数据质量稽核规则也导入北京市大数据平台中。北京市没有制定专门政策法规保障数据质量，而是在《北京市大数据和云计算发展行动计划（2016—2020年）》等规划政策中提及规范使用数据的重要性。《北京市"十四五"时期智慧城市发展行动纲要》《北京市大数据和云计算发展行动计划（2016—2020年）》等政策对数据安全防护、数据访问安全机制、隐私保护等做出顶层设计。DB 11/T 1918‑2021《政务数据分级与安全保护规范》规定了数据安全保护的通用要求、技术要求和管理要求，并根据数据发生泄露、篡改、丢失或滥用后的影响对象、影响程度、影响范围等分级因素，将数据分成四级。该规范对数据共享开放的不同场景中的数据共享开放形态与对应等级做出示例说明，有利于防止个人隐私信息泄露和保护数据安全。北京市大数据中心则将数据分级结果嵌入目录区块链系统。

2）信息技术机制：在系统互操作性上，北京市大数据平台通过提供数据接口服务，实现各委办局的业务系统与大数据平台间的数据共享和交换。各委办局将职责目录和数据目录上链锁定，实现职责和数据的强关联。此外，北京市大数据平台基于关联文本推荐技术，根据语义相似度自动关联数据元标准到数据表的对应字段，完成数据表字段与标准数据元的关联关系配置。同时，公民、企业可以下载北京通等北京市大数据中心开发的应用程序。在技术互操作性上，北京市大数据中心采用全集约方式，在大数据平台上提供数据资源、工具和整体性解决方案，北京市大数据平台提供了多租户类共性组件，并基于Web可视化界面拖拉拽点击配置作业等关键技术和松耦合的功能模块集成技术，实现"后台模块化、组件化，前台傻瓜化、易用化"，促使数据利用功能可定制化和利用场景多元化。

9.3.3 北京市城市管理综合执法大数据平台

治理框架与要素

（1）治理目标维度。

北京市着眼城市治理全局，着力基层治理创新，统筹推进党建引领"街乡吹哨、部门报到"、"闻风而动、接诉即办"、综合执法改革，并将城市管理综合执法大数据平台建设作为支撑首都基层治理创新的重要数字化支撑。北京市城市管理综合执法大数据平台作为北京市大数据工作推进的首个项目、新型智慧城市建设的首个分项示范样本，以强化市区街三级一体化设计、建设和应用为目标，并通过与区级网格平台和街乡镇一体化管理平台的对接，对基于大数据新基建推进智慧城市建设意义重大。在北京市大数据治理的生态体系建设过程中，基于该平台建设扎实推进数据驱动的综合执法转型发展，赋能规范执法、智慧执法及基层治理创新，实现综合执法与管理、服务的协同，为综合执法改革和基层治理的生态建设提供了有效的着力点。

（2）治理路径维度。

北京市城市管理综合执法大数据平台遵循市区街一体化平台设计、建设和应用。北京市城市管理综合行政执法局（简称北京市城管执法局）重点打造了"一库一图一网一端"（综合执法信息库、执法动态图、执法协同网和移动执法终端APP）的市区街一体化综合执法大数据平台，实现整合、分析、服务、监管、指挥五项功能，实现综合执法数字化转型。1）"一库"汇聚融合。研究综合执法数据标准，与市司法局行政执法信息服务平台、市政务服务局12345市民服务热线平台等实现连通共享和业务协同，汇聚城市管理综合执法领域数据资产，实现数据"进得来、理得清、用得好、享得出"。2）"一图"指挥调度。基于综合执法"一张图"，实现市区街三级平台执法联动，落实执法"到人、到点、到事"，基于大数据进行综合评价、分析、预测，做到执法实时评估。3）"一网"协同联动。结合队伍管理体制创新变化，再造执法办案、指挥调度、协调联动、督察督办、综合考核等业务流程，实现综合执法全过程数字化转型，推进基于风险和先用的执法监管、执法督察一体化、社会共治等工作。4）"一端"智慧执法。执法任务一端处置，执法数据一处采集、全网应用，为基层减负。创建综合执法知识库，开发移动巡查、执法办案、法律法规识别、案由智能分析、裁量权自动适配、非现场执法等功能，赋能一线执法人员。

（3）治理路径协同维度。

北京市城市管理综合执法大数据平台建设内容主要包括应用工程、基础工程、标准规范工程三大工程19项任务。1）应用工程建设，包括综合执法大数据平台应用门户、综合执法移动终端APP、综合巡查系统、执法办案系统、督察督办系统、综合指挥调度系统、协调联动系统、分析评价系统、舆情监控系统、社会共治系统、标准管理及发布系统、市区街三级对接服务系统等内容。2）基础工程建设，包括大数据管理平台、应用服务支撑平台、安全服务平台、硬件设施平台等内容。3）标准规范工程建设，包括业务标准体系、数据标准体系、信息化运行及安全保障机制等内容。

（4）治理主体维度。

北京市城管执法局作为城市管理领域的核心业务部门，主要负责贯彻落实国家及北京市关于城市管理方面的法律、法规、规章及政策，依法开展治理和维护城市管理秩序的相关工作；组织起草北京市关于城市管理综合行政执法方面的地方性法规、政府规章草案，制定北京市城市管理综合行政执法工作发展规划、政策措施并组织实施，研究提出完善北京市城市管理综合行政执法体制的意见和建议；负责北京市城市管理综合行政执法工作的业务指导、统筹协调、指挥调度、督促检查，负责向市、区县政府或相关职能部门及时反映问题、通报情况；依法集中行使市政府赋予的城市管理领域的行政处罚权；负责跨区域、重大疑难案件的查处工作；负责北京市城市管理综合行政执法队伍建设、教育培训、监督考核工作；承办市政府交办的其他事项。

（5）治理客体维度。

平台通过"一库"汇聚融合多源异构数据，制定统一信息资源管理规范，拓宽数据获取渠道，构建一体化数据仓库，夯实智慧执法基础。目前平台已对接了五个方面的综合执法数据。1）整合历史执法数据、热线举报数据、专项执法工作数据、物联感知数据及社会共享数据，并通过北京市大数据平台共享相关市级部门管理、许可相关数据，内联外通辅助精细化执法。2）基于执法数据、共享数据和社会数据，构建全要素智慧城市治理数据模型，形成18大类、90小类城市治理基础单元数据，构建了大数据平台的基础数据底座。3）通过"巡查即录入、巡查即监察"的工作模式，实现执法人员通过巡查检查实时校对、更新辖区社会基础治理单元数据，并动态生成维护各类专项执法台账，支撑分类分级执法、挂销账管理等工作。4）建立大数据平台数据标准，开发平台数据共享对接标准数据接口，并落实执法数据资源上链，积极推进综合执法数据资源的融通共享。5）依托基础数据支撑分类分级执法工作，根据行政检查、行政处罚等执法信息，对执法检查对象进行了分类分级，推进向基于风险和信用的监管转型。

（6）治理工具和保障维度。

"一网"通过一网协同联动，联通共融培育综合执法新动能。推进综合执法系统市区街三级执法联动，提升综合执法系统协同效能；通过平台开展联合执法并探索前端发现取证、后端分流处置、过程结果反馈的线上案件移送流程，提升执法部门间的协同效率；通过执法与管理部门的数据共享、业务协同推进执法与管理部门之间的协同治理，对接北京市信用监管平台推进联合惩戒，并利用监管通知单统筹推进重点疑难问题解决；实现与供电、供热、燃气等专业公服企业之间的联动需求，推进执法与公共服务企业之间的协同；通过"我爱北京"市民城管通的政企互动创新设计与应用，推进执法与企业、商户、市民协同共治，积极探索体验、试验、检验"三验"众创机制，构建城域开放众创空间，推进社会各方参与城市众创共治。

（7）治理应用与服务维度。

"一端"通过一端智慧执法再造执法流程，为基层综合执法赋能增效。依托大数据平台建设全面升级执法城管通终端，新一代执法城管通实现了统一的用户管理、终端管理、权限管理，强化了统一登录、统一认证、统一安全管理；强化数据赋能一线，将61部法律法规、588项处罚权、45类执法文书、90类执法台账检查对象等数据全部嵌入式管理，提供菜单式服务，实现所有执法事项"掌上查""指尖办"；集成电子支付、非接触签字、证照识别、语音识别等技术，实现当事人核录智能识别、地理位置精准锁定、语音智能填报，检查对象基础台账、检查记录等信息智能推送，使执法工作各环节衔接更紧凑、流程更简单、操作更便捷；畅通12个任务处置渠道，利用AI技术智能识别重复问题进行合并派单，在掌端实现一次录入、全网使用、跨网共享，自动生成各类报表，提升执法效率，为基层减负赋能；通过数字化流程规范与再造，对案件办理控流程、控时限、控标准，并利用区块链技术存证固证，实现事件处置全过程记录、全过程追溯；完善执法城管通与市民城管通的基层城市治理数字协作闭环，进一步形成专兼结合、政府与社会协同的综合巡查监察数字化体系，为基层城市治理创新赋能增效。

治理模型与机制

（1）多元主体联盟制度互信维度。

1）组织机制。北京市城管执法局按照《北京市城市管理综合执法大数据平台建设方案》的要求，认真履行综合执法大数据平台建设专班办公室职责，推进平台建设工作。第一，项目实施工作团队。为加强项目实施组织管理工作，北京市城管执法局组建了项目实施工作小组，综合执法信息专班、执法保障中心、执法监督考核处、纪检办公室、装备财务处等部门组成综合组、技术组、监督组、纪检组、财务组，全面负责平台建设工作。同时，干部人事处、指挥中心、法制处、执法总队、执法协调处、督察总队、执法监督考核处、宣传处等业务部门及相关区街部门全程参与需求分析、系统试用、问题反馈、成果确认、推广应用等工作。第二，相关委办局协商团队。在平台建设过程中，北京市城管执法局多次与市发展改革委、北京市经信局、北京市城市管理委、北京市公安局等部门会商数据共享和业务衔接，全力推进平台建设应用工作。第三，行业专家指导团队。在平台建设过程中，北京市城管执法局多次组织专题评审、中期评审、详设评审、初验评审，邀请行业专家指导把关，听取专家意见，不断完善平台功能。第四，网络服务保障团队。组建专业服务保障团队，提供驻场运维服务和远程技术支持，具体包括应用系统运维服务保障团队，执法城管通硬件服务保障团队，云服务器、网络等基础环境服务保障团队。

2）合作、责任机制。该机制主要体现在政府机构内部的数据共享。北京市城管执法局借助大数据平台，深化综合执法大数据交换共享和创新运用，整合分散在各个部门的多源异构数据，推进市区街三级综合执法数据"纵向"有效对接以及与北京市大数据中心数据"横向"交换，形成优先级清晰、价值度量体系完整的数据资产。北京市大数据中心协调政府部门间的数据共享，便于北京市城管执法局从北京市大数据平台中获取公安、住建等部门的关键数据，并将其他委办局的相关数据共享到北京市城市管理综合执法大数据平台中，提供给一线管理和一线执法机构使用。

3）合作、协调机制。该机制主要体现在政企合作开放共享数据。受限于一线执法人员的时间、精力和能力，北京市城管执法局为获取企业的燃气安全、违法建设等执法对象的数据，提高服务企业的数字化能力，在北京城市管理综合执法大数据平台上开通数据和线索提供渠道，实现政企协同。此外，商户根据市民城管通 APP 上的检查项目进行自查自检，并上传图片等形式的检查结果，减少了北京市城管执法局获取企业数据的时间，提高了执法效率。

4）合作、激励机制。该机制主要体现在政民合作开放共享数据。公民可以在市民城管通 APP 上举报投诉咨询，并在 12345 市民服务热线上提供线索，政民协同为北京市城管执法局实现社会数据可及、可得，以及社会共治提供路径。同时，北京市城管执法局利用大数据技术识别公众了解不足和重点关注的政府数据，并主动向社会公众公开和定向投放数据集，提供相应 API 接口，鼓励公民挖掘数据价值。

（2）多维活动联通规则互认维度。

1）监督机制。平台从围绕城管事项的综合监管拓展为围绕城市问题的综合监管，更加注重依法治理、系统治理、源头治理，坚持以人民为中心，以 12345 市民服务热线反映需求为重点，动态梳理综合执法各相关部门权责清单，按照权责清单和重塑的执法流程开展巡查监察，同时整合政府各专业执法部门巡查监察力量及网格城管监督员、社管员等各类兼职、辅助巡查检查力量，以及社会巡查检查力量和社会监督资源，推动构建专兼结合、政府与社会协同的综合巡查监察数字化体系，督促政府、市场、社会各方依法履责，不断提升城市环境质量和人民群众满意度。

2）授权机制。平台面向综合执法市区街三级用户，配置用户权限，定制应用功能，实现大屏系统、个人电脑端和移动端为牵引的多种应用渠道，全面支撑巡查、执法、督察、协调联动、社会共治等执法业务运行。满足使用条件的用户通过申请授权可以使用各类数据资源，且平台拥有强大的资源管理与监控能力，能够有效避免数据资源的丢失或泄露，有效保障各类数据的安全。

3）评估、反馈机制。北京市城管执法局不仅依靠巡查录入的业务模式，实现数据的持续更新，保障数据质量的准确性、时效性，还将数据质量的评估反馈机制与业务结合，建立包含支撑业务率的指标体系，评估从北京市大数据平台中获取的数据的质量，并将质量问题反馈到相应责任部门。

4）应急、服务机制。平台按照"吹哨报到"、"接诉即办"、综合执法改革的要求，构建常态运行调度到扁平化应急指挥的一体化指挥体系，通过基于大数据支撑的上下联动、横向协同的联勤指挥调度支撑市区街三级综合执法平台在跨层级、跨部门的协同处置，全面支撑城市治理从"自上而下、压力导向"的科层任务驱动向"自下而上、需求导向"的解决问题驱动转变。此外，平台综合运用云计算、大数据及人工智能等技术，以综合执法相关数据为内容，建设具有数据汇聚、数据治理、数仓建设、数据分析挖掘、数据服务五项功能的大数据管理平台，整合数据资源，搭建执法主题库，提升数据质量，形成城市管理综合执法的数字化引擎。

5）审计、风险控制机制。在业务互操作上，北京市城管执法局制定了综合巡查流程、执法办案流程、综合监管流程、督查督办流程、指挥调度流程、综合协调流程六大核心业务流程标准，促使操作有规范、执行有标准、监管智能化、考核有依据、审计可追溯。通过对平台运行监控、管理以及风险分析，制定并执行相应的安全保障策略，从技术、管理、工程和人员等方面提出运行及安全保障要求，确保系统和数据的保密性、完整性和可用性，降低安全风险，保障平台正常运行。

6）安全保障机制。平台按照信息安全等级保护三级要求，推进"四个层面、一套制度、一套体系"安全建设。"四个层面"分别是基础环境安全、应用开发与数据安全、平台访问安全与终端使用安全。基础环境安全包括政务云安全与本地机房安全，平台依托北京市政务云提供安全服务，包括基础服务、扩展服务、密码安全服务，并利用防火墙、入侵防御、入侵监测、漏洞扫描、堡垒机、日志审计、WEB防护、VPN等安全产品构建本地安全环境，包括安全物理环境、安全通信网络、安全区域边界、安全计算环境、安全管理中心。应用开发与数据安全包括应用开发安全设计与数据分级分类管理。平台采用CA证书安全身份鉴别技术、应用系统访问加密传输、应用系统数据有效性检验、重要数据存储保护措施、数据备份策略、国密算法等技术措施，开展设计和建设。数据分级分类管理指的是对平台所涉及的内部数据、敏感数据、公开数据按不同等级进行安全管控，对执法人员、管理人员以及企业市民等用户按不同权限进行使用管控。平台访问安全是基于政务云提供的安全服务和本地机房安全环境，通过制定访问安全和审计安全策略，识别风险并预警，控制用户访问行为。终端使用安全指的是对 APP 安装、用户注册、登录权限、设备绑定进行后台管控，使用 VPN 设备和安全沙箱，保证执法城管通 APP 网络通道安全；隔离个人应用与执法应用，执法数据加密存储；执法城管通 APP 加载个人信息水印，实时提醒执法人员规范使用。"一套制度"即安全管理制度，建立并完善信息化运行及安全保障机制，明确决策、管理、执行部门及工作职责，细化运行及安全管理工作标准和流程，制定数据分级分类管理办法等工作规范。"一套体系"即安全运维体系，落实安全管理制度要求，依托技术团队专业力量，开展安全测评、密码应用评估、安全设备运维、安全风险监测与处置、流量威胁分析与应对、应急响应演练、攻防对抗演练等工作。

7）决策机制。城市管理综合执法大数据对高发时间、高发地点、高发违法形态的城管执法"三高数据"分析将演变为对综合执法跨领域、跨部门、汇聚融合政府和社会数据资源，并面向城市问题进行综合对比分析。依托平台建立不同业务场景应用的数据分析模型，实现多业务维度、跨专业领域的智能数据分析功能，分析评价更加科学精准，更能突出问题成因分析、发展趋势预测、警示信息提醒、精准施策。通过数据汇聚融合与智能分析，更好地支撑领导科学决策，支撑综合执法、各专业执法、部门监管及基层治理。

8）创新机制。平台大屏端基于动态实时的大数据，生成热力图等数据分析可视化形式，直观展示"人、点、事"数据，为指挥调度提供辅助决策的数据依据，提高指挥调度效率；平台小屏端录入法律法规、执法台账、处罚职权、执法检查单、执法文书，自动生成处置方案建议，降低一线执法检查人员的上岗门槛，提高执法队员执法能力，实现智能化执法。同时，平台全程监测办案流程，利用自动匹配等技术规范自由裁量权，避免同案不同罚，平衡了工具理性和价值理性。

（3）多级环境要素联结规范互通维度。

1）信息共享机制。平台采用北京市大数据平台申请、数据源单位直接获取、执法历史数据迁移等方式，探索管理与执法部门良性协作机制，实现领域内信息资源的开放共享和执法数据的互联互通，充分发挥优势，满足全市各类综合执法业务需求变化的扩展能力和可持续发展能力的要求。例如向北京市城市管理委推送建筑楼宇等数据，用于支持市生活垃圾分类示范楼宇创建工作；向北京市司法局、北京市政务服务管理局、北京市经信局推送执法检查及办案数据条；向北京市公安局提供违法相对人数据，同时对城管执法违法相对人数据进行核对完善；向北京市各区政府推送相关数据，助推区、街道开展未诉先办和信用体系等工作。

2）信息技术工具机制。平台依托物联网体系，探头、执法智能终端的传感部件等感知设备直接获取城市基础数据，汇聚形成城市感知数据库，增强数据可及、可得的感知力度。北京市城管执法局的中间共享库和数据元素标准，分别为本单位共享数据到目录区块链系统提供技术保障和数据开放共享标准规范保障。

3）政策保障机制。平台是北京市大数据工作推进的首个项目、新型智慧城市建设的首个分项示范样本，对于基于大数据新基建推进智慧城市建设十分重要。平台得到多个政策支持，包括《北京市政府〈关于搭建城市管理联合执法平台的方案〉》《北京市城市管理综合执法大数据平台建设方案》《北京市街道办事处条例》，并纳入了多项市级重点计划，如《中共中央关于坚持和完善中国特色社会主义制度 推进国家治理体系和治理能力现代化若干重大问题的决定》《2020年北京市政府工作报告重点工作分工方案》《北京市人民政府关于向街道办事处和乡镇人民政府下放部分行政执法职权并实行综合执法的决定》《北京市大数据行动计划2020年重点工作任务》《北京市"十四五"时期智慧城市发展行动纲要》《北京市智慧城市建设2021年重点工作任务》《关于加快培育壮大新业态新模式促进北京经济高质量发展的若干意见》等。

4）标准保障机制。在标准规范建设方面，主要包括平台的业务标准体系、数据标准体系和信息化运行及安全保障相关文档编制。业务标准体系：梳理综合巡查流程、执法办案流程、综合监管流程、督察督办流程、综合调度流程、综合协调流程等业务处置标准体系，支撑综合执法业务应用，推进综合执法业务标准体系规范化、标准化建设，提高行政执法效能。数据标准体系：参考国家标准以及北京市地方标准，结合综合执法业务需求，建立了核心元数据、数据目录、数据元素、代码集、数据交换规范、资源目录、数据标识规范、数据仓库等标准，促进数据资源跨部门、跨区域、跨层级、跨业务、跨系统共享共用，促进数据资源的共享和开放。信息化运行及安全保障机制：通过对平台运行监控、管理以及风险分析，制定并执行相应的安全保障策略，从技术、管理、工程和人员等方面提出运行及安全保障要求，确保系统和数据的保密性、完整性和可用性，降低安全风险，保障平台正常运行。

5）基础设施保障机制。平台的核心业务系统部署在政务云上，涉及大流量视频数据传输和图像显示的综合指挥调度系统和视频服务系统部署在本地机房，建设了指挥中心信息化系统、数据分析区、决策会商室、本地会议系统、视频指挥调度系统等，全面满足平台信息化设备和业务系统的安装部署。具体包括以下几个方面：第一，机房及存储设备。机房各项环境指标符合机房运行要求，机房电力及网络满足IT设备运行要求。存储设备接入视频监控平台、大数据平台的运行数据，设备运行稳定，存储功能和容量满足业务需求。第二，指挥中心信息化系统。回访系统、小广告警示系统、中控系统 7×24 小时不间断运行。第三，视频指挥调度系统。整体系统具备市区街三级城管系统接入能力，并提供全市城管系统视频指挥调度系统的服务能力，区局及街道购置会议接入终端的方式，实现视频指挥调度系统的推广。第四，视频监控平台。7×24小时不间断运行，实现对全市街面秩序、违法形态等进行巡查，并能够对重点点位进行收藏、历史数据回放、视频轮巡、视频截图等功能，满足指挥中心视频调度业务需求，支撑执法、督察日常视频巡查业务。第五，网络和安全系统。网络系统建设需要满足北京市城管执法局网络访问及支撑大数据平台的业务访问，安全系统需要满足部署在政务云的大数据平台安全防护、网络边界的安全防护、业务域之间的安全隔离要求等。第六，移动终端设备。具体包括综合执法移动打印机与人脸信息采集设备建设。

6）经费保障机制。2021 年 8 月，北京市发展改革委初设概算批复总投资 10 723 万元。2021 年 11 月，根据初步设计概算批复和实际建设实施情况，签订第一、二、三、四、七包招标采购合同的补充协议，签订合同总金额 10 715.406 512 万元。之后，北京市发展改革委累计安排项目经费 7 637 万元，按照合同约定和相关程序要求，已全部支出。此外，按照工作推进计划和合同约定，2022 年还需向北京市发展改革委申请项目资金 3 078.406 512 万元。

9.4　案例研究结果评析

本章对北京市大数据中心以及北京市城市管理综合执法大数据平台的大数据治理实践案例进行分析发现，从大数据治理框架和要素分析来看，两个实践案例的大数据治理框架在宏观、中观、微观层次上均有所体现，具体的治理要素也体现得较为充分；从治理机制来看，可以总结出基于业务管理视角的大数据治理以及基于平台技术视角的大数据治理两种类型。

具体而言，根据多项目标体系互联、多元主体联盟制度互信、多维活动联通规则互认、多级环境要素联结规范互通的综合治理模型及所涉及的机制，发现北京市大数据中心及北京市城市管理综合执法大数据平台的大数据治理实践都关注了多项目标体系互联层面的机制内容设计。治理目标是大数据治理活动开展的前提条件，目标的一致性与否直接影响了各方能形成什么样的协同机制，以及是否需要某一主体在其中扮演关键性角色（白献阳等，2019）。通过案例对比发现，两种视角下的大数据治理机制设计均呈现出不同的特点。

9.4.1 业务管理视角下的大数据治理机制分析

多项目标体系互联层面

大数据治理的目标决定了不同参与者和利益相关方共同参与的方向，也使不同参与者能够发挥各自的优势和专长，为大数据治理目标的实现相互合作。在目标机制上，北京市经济和信息化局提出：大数据中心应当强化大数据管理职责，加强顶层设计和统筹协调，推动政府信息系统和公共数据互联开放共享，推进数据汇集和发掘，深化大数据在各行业创新应用，促进大数据产业健康发展；完善法规制度和标准体系，科学规范利用大数据，切实保障数据安全。由此可见，北京市大数据中心在数据治理目标上主要体现了两个维度的互联：第一是数据本身的治理目标，主要是通过数据治理来提高数据的质量，推动北京市政务数据和相关社会数据的汇聚、管理、共享、开放和评估。第二是数据价值实现的目标，主要包括深化大数据在各行业创新应用，促进大数据产业健康发展。

多元主体联盟制度互信层面

大数据治理协同机制是多元治理主体共同参与、协同合作的治理机制，以多样化形式存在的参与主体是大数据治理研究的重点，参与者和利益相关方的多元化以及关系的维护直接决定了数据治理的效果和收益。案例数据反映了多元主体联盟互信维度的组织机制、合作机制、协调机制以及责任机制。

首先，政府大数据治理依赖多个参与者和利益相关方的参与，北京市大数据中心的数据治理主体协同可分为政府内部的协同和内外协同。政府内部协同参与主体为政府部门，可以分为同一级政府不同职能部门之间的横向协同和上下级政府之间的纵向协同；内外协同参与主体为政府部门、企业、社会组织、社会公众等，每个参与者都有不同的能力、参与责任和职能，可以形成一个良好的互补结构。其次，政府大数据治理的每个参与者都有明确的权力、责任和利益划分，具体来说，有数据计划决策者、数据生产者、数据运营商、数据保管者、数据用户等。政府在大数据治理中发挥的作用主要体现在统筹规划、打破数据资源孤岛、寻求与其他参与主体协同合作等方面。北京市大数据中心在数据治理过程中主要发挥了数据资源管理和推广应用、数据基础设施建设运营管理以及大数据管理规范和技术标准建议等作用；社会公众要求政府实现信息资源共享，使得信息资源在政府与公众之间得到优化分配，信息不对称的状况得到改变；企业主体在大数据治理中的主要作用就是提供其掌握的社会数据资源以及先进的大数据技术，并从专业角度为大数据治理提供意见和建议，参与政府决策。最后，维护不同参与者和利益相关方之间的关系主要体现在：行政权力的制约、契约、可持续的关系沟通机制。尤其要建立有效的沟通机制，政府部门一方面通过反馈了解需求，改善数据质量、发布过程和政策等；另一方面帮助企业、社会公众等理解和应用开放数据。

多维活动联通规则互认层面

就北京市大数据中心的数据治理实践来看，数据治理活动包括数据归集、数据共享、数据应用和安全监管等方面，主要涉及数据生产应用部门、数据资源主管部门、技术服务部门、各政务部门以及其他社会组织等，反映了多维活动联通规则互认层面的监督机制、授权机制、安全保障机制、评估机制、应急机制、反馈机制、风险控制机制、决策机制、服务机制。

在数据归集与共享环节，数据生产部门按照政务数据目录和相关标准规范归集本部门数据，并向北京市大数据中心完整归集。北京市大数据中心作为北京市政府部门数据共享的协调机构，梳理职责、数据、库表三级目录体系，依法依职规定各委办局数据共享范围，牵头建设主题、机构、企业数据、地理空间等基础数据资源库，并以技术手段解决数据授权问题，将包括党政机关、群团组织等在内的各类服务数据汇集互联和共享应用，使分散、孤立的数据成为汇集综合的数据，使管理的数据成为应用的数据。在数据应用与安全监管环节，北京市大数据中心积极推动技术融合、业务融合、数据融合，打通信息壁垒，形成覆盖全市、统筹利用、统一接入的数据共享大平台，构建全市数据资源共享体系。各政务部门在该平台开展政务数据智能化应用，鼓励公民、法人和其他组织在经济和社会活动领域中开发应用已开放的政务数据。北京市大数据中心的数据治理整体方案还提供了基于数据生命周期的数据全程安全管控能力，同时对本行政区域内各政务部门和各区数据管理工作进行评价。

多级环境要素联结规范互通层面

在大数据治理实践中，北京市大数据中心严密跟踪数据生命周期，从数据来源、数据采集、归类、存储、数据形成维护、数据汇集、共享开放、交易流通、数据应用等方面进行标准化和规范化，确保数据质量，规范技术操作，以规则和制度保障数据过程规范与安全，涉及多级环境要素联结规范互通层面的保障机制与信息技术机制。

技术支持是指政府大数据治理中不可或缺的硬件和软件。在实施大数据治理过程中，北京市大数据中心加快通信网络、集成电路、物联网等新一代信息基础设施和基础数据库建设，以及电子证照库、电子签章等信息化建设，完善云基础设施及政务网络，构建有利于大数据治理的技术基础。人才和相关人员参与到大数据治理的方方面面，人才队伍建设是大数据价值实现的关键环节，大数据中心加强大数据领军人才、信息化人才、数据治理人才等复合型专业人才队伍建设，制订人才人员培养培训计划及实施意见。北京市大数据中心通过制定数据资源归集、治理、共享、开放、应用、安全等技术标准及管理办法，实现跨层级、跨部门、跨系统、跨业务的数据共享和交换，并同步规划信息安全保障，进一步加强信息安全测评认证体系、网络信任体系、信息安全监控体系及容灾备份体系建设，建立网络和信息安全监控预警、应急响应联动机制等。北京市大数据中心还积极建设一体化大数据资源平台，制定大数据的开放、共享、分类、交换和利用规则，打造电子政务服务平台及政务云，使所有参与者和利益相关方都能按照规则行事，在融合现有功能的基础上进行业务流程重塑和业务模式转变，为公众提供便利服务。通过政府决策、社会治理、民生服务和城市管理等大数据应用示范工程，整合应用多种大数据技术，推进大数据应用广泛发展。

9.4.2　技术平台视角下的大数据治理机制分析

多项目标体系互联层面

北京市城市管理综合执法大数据平台符合北京市智慧城市"四梁八柱"总体框架布局，并具有以下数据治理目标：一是通过信息资源共享、智能算法研发和巡查、办案、督察、指挥等业务流程再造，实现市区街执法联动和委办局业务协同，推进综合执法数字化转型和创新"风险＋信用"执法勤务模式。二是创新性构建涵盖社会生产空间、社区生活空间及城市公共空间三类城市空间的 GBCP 城市治理数据模型，支持综合执法大数据建设应用实践，夯实城市治理基础单元数据，支撑城市管理部门、相关执法部门、公服企业、社会公众间的协同互动，为城市治理创新实践提供了广阔的发展空间。三是通过数据模型构建、业务流程再造、管理模式重塑，推进整合、分析、服务、监管、指挥"五位一体"智慧城管深化发展，为综合执法改革落地提供了重要的技术支撑平台，有利于进一步提升城市管理科学化、精细化、智能化水平。

多元主体联盟制度互信层面

北京市城市管理综合执法大数据平台在多元主体联盟制度互信层面，主要涉及组织机制、合作机制、责任机制、协调机制、激励机制。平台从围绕城管事项的综合监管拓展为围绕城市问题的综合监管，更加注重依法治理、系统治理、源头治理，坚持以人民为中心，以 12345 市民服务热线反映需求为重点，动态梳理综合执法各相关部门权责清单，按照权责清单和重塑的执法流程开展巡查监察，同时整合政府各专业执法部门巡查监察力量及网格城管监督员、社管员等各类兼职、辅助巡查检查力量，以及社会巡查检查力量和社会监督资源，推动构建专兼结合、政府与社会协同的综合巡查监察数字化体系，督促政府、市场、社会各方依法履责，不断提升城市环境质量和人民群众满意度。

多维活动联通规则互认层面

北京市城市管理综合执法大数据平台在多维活动联通规则互认层面，主要涉及该层面所包含的全部机制内容，具体表现为监督机制、授权机制、反馈机制、评估机制、应急机制、服务机制、审计机制、风险控制机制、安全保障机制、决策机制以及创新机制。北京市城管执法局借助大数据平台，深化综合执法大数据交换共享和创新运用，整合分散在各个部门的多源异构数据，推进市区街三级综合执法数据纵向有效对接以及与市大数据中心数据横向交换，形成优先级清晰、价值度量体系完整的数据资产。北京市城市管理综合执法大数据平台着力深化平台在科学决策、行业治理、民生服务等方面的创新应用，实时掌握综合执法运行状态，全面提升综合执法政策、规划、建设、管理以及监管与执法水平，不断强化政府为人民服务的属性。利用服务数据中台，用户可以结合本地数据和各类业界先进成熟的数据模型，挖掘分析出大数据背后所隐藏的知识。平台对特定的主题进行多维度分析，提供报表、图件等展示功能，提供数据统计分析功能，支持决策需求；提供数据挖掘功能，满足各类专业分析需求；提供相关辅助功能，满足各类特殊的综合执法业务需求。

多级环境要素联结规范互通层面

北京市城市管理综合执法大数据平台在多级环境要素联结规范互通层面，主要涉及保障机制、信息技术机制以及信息共享机制。北京市城管执法局把综合执法信息化能力建设纳入公共财政预算安排领域，拓宽资金保障渠道，加大资金投入力度。围绕数据规范和创新综合执法管理，以平台为基础，构建和完善服务于综合执法管理改革创新的信息化支撑系统，为数据统一共享提供更有力的技术支撑。平台依托物联网体系，探头、执法智能终端的传感部件等感知设备直接获取城市基础数据，汇聚形成城市感知数据库，增强了数据可及、可得的感知力度。平台基于业务流审批技术工具，为管理者提供以数据申请到数据调用的监控链，管理者可以随时掌握"数据足迹"，实现数据审批留痕、数据调用留痕、数据更新留痕，在大数据治理平台的赋能下，各类综合执法数据能够形成一股"流动有序，全时全域"的数据流。平台基于政务云提供24 小时在线的数据获取能力，即各类数据的获取不再受到地域和空间的限制，满足使用条件的用户能任意申请使用各类数据资源，且平台拥有强大的资源管理与监控能力，能够有效避免数据资源的丢失或泄露，有效保障各类数据的安全。

因此，由上述分析可以得出，北京市大数据中心作为业务管理部门，在大数据治理实践中更加体现业务管理视角，因此侧重于多元主体联盟制度互信和多维活动联通规则互认两个层面的机制内容，如目标引导机制、组织协调机制、责任机制、收益分配机制、信息共享机制以及制度保障机制等。北京市城市管理综合执法大数据平台在大数据治理实践中更加强调平台技术视角，更强调多维活动联通规则互认和多级环境要素联结规范互通层面的机制内容，具体包括授权机制、服务机制、信息共享机制、保障机制、信息技术机制、安全保障机制以及资源配置机制等。为了更好地实现大数据治理综合效果，建议实践部门在开展大数据治理中要兼顾业务管理视角和平台技术视角，通过制定综合性的管理目标，带动主体、活动、要素机制的互联互通，最终促进综合效应的产生。

9.5 小结

本章基于本书提出的大数据治理框架和要素以及运行模型与机制运用于北京市大数据中心治理实践和北京市城市管理综合执法大数据平台建设大数据治理实践的解读，发现实践中均较好地体现了宏观、中观、微观层次的治理框架和要素。但由于大数据治理的目标与基础的差异，体现出了两者基于业务管理视角和技术平台视角的治理差异。从案例分析结果来看，本书提出的大数据治理框架和要素以及运行机制可以作为大数据治理实践应用有效性的测评依据。

从信息资源管理协同创新视角来看，大数据治理的发展应用应该采用综合视角，使得"主体联盟、活动联通、要素联结"核心理念在围绕协同目标这一综合视角的前提下，实现协同创新的终极效应。

10 第10章 结论与建议

10.1 信息资源管理协同创新视角下的大数据治理

大数据治理是信息资源管理的数字转型，从数据化到数字化，逐渐走向数智化管理的新阶段；是人类社会进入数据时代和人工智能时代，人机协同和合作新场景下多元主体联盟共治共享共赢，多利益相关方权力、权利和权益维护和多样化需求满足的规划协同创新活动；是数据融合、技术融合、业务融合，多种活动互联互通的规制协同创新过程；是基于数据的多种资源联结，跨层级、跨领域、跨地域、跨系统、跨部门和跨业务互联互通、互信互认的规则和规范协同创新方式。

本书从信息资源管理学科与相关学科协同创新发展、学术共同体共识共建共享视角识别出了大数据治理的挑战、机遇与风险，以及与相关学科共建共同发展的路径；提出了信息资源管理协同创新视角下的大数据治理规划、规制、规则和规范构建思路；梳理了大数据治理政策、标准、技术等要素促进大数据治理生态体系建立健全的有效路径；总结了大数据治理理论发展及应用的综合治理模式及其运行模型、评估体系和评估方法；分析了大数据治理实践发展及应用的典型案例。

10.2 本书的主要贡献与未来研究方向

本书的主要研究贡献包括两方面，如表 10-1 和图 10-1 所示。

表 10-1　本书的研究内容、研究思考与研究贡献

章	研究内容	研究思考	研究贡献
第1章	绪论	信息资源管理协同创新视角下对大数据治理研究问题的思考	以数据价值最大化实现、数据要素市场需求满足为研究命题，提出基于数据资源观、数据要素观、数据赋能和数智服务观的多元价值实现路径；将大数据治理发展及应用纳入全球治理视域和标准治理研究动议
第2章	大数据治理的挑战、机遇和风险	信息资源管理协同创新视角下对大数据治理挑战、机遇和风险研究的思考	识别出大数据治理多要素、多维度和多样化的挑战和风险，提出全视域、全过程、全方位和多层次的大数据治理新认知、新需求和新创新模式
第3章	大数据治理的多学科视角	信息资源管理协同创新视角下对大数据治理研究视角的思考	采用国家标准和国际标准中关于概念及概念体系构建的方法论，对信息科学、计算机科学、公共管理等跨学科中的大数据治理概念进行分析、解构和比较
第4章	大数据治理的框架构成及要素关系	信息资源管理协同创新视角下对大数据治理框架研究的思考	提出构建覆盖全面认知、全视域、全过程、全要素和多层次的大数据治理框架体系的研究构想
第5章	大数据治理的政策要素	信息资源管理协同创新视角下对大数据治理政策要素研究的思考	从政策研究主体、政策文本、政策内容和政策执行四个方面分析政策文本研究现状，从政策框架、政策工具、政策内容等方面为大数据治理政策研究及体系建立健全提供参考和借鉴
第6章	大数据治理的标准化建设	信息资源管理协同创新视角下对大数据治理标准化研究的思考	分析了大数据治理标准化研究现状和建设现状，从制定主体协同创新、宣传联盟协同创新、内容跨领域协同创新、工作制度协同创新四个方面，提出保证主体协同、大力宣传推广、加强跨领域数据治理、引入标准联络官制度四大建议
第7章	大数据治理的技术赋能方法及其实现路径	信息资源管理协同创新视角下对大数据治理技术研究的思考	以政府大数据平台的特定场景为例，提出政府大数据平台、平台上的主体、平台上的数据在大数据治理中的赋能方法及实现路径

续表

章	研究内容	研究思考	研究贡献
第 8 章	大数据治理的应用及理论发展	信息资源管理协同创新视角下对大数据治理应用及理论发展研究的思考	提出多项目标体系互联、多元主体联盟制度互信、多维活动联通规则互认、多级环境要素联结规范互通的综合治理模型及其实现的 26 个机制、评估体系与评估方法
第 9 章	大数据治理的发展及应用实践	信息资源管理协同创新视角下对大数据治理发展及应用实践研究的思考	采用多案例研究方法将大数据治理发展及应用的理论构想与北京大数据治理实践路径相映射,梳理和提出理论落地的可操作化过程和有效应用的评测方法
第 10 章	结论与建议	对信息资源管理协同创新未来相关研究的思考	明确信息资源管理与大数据治理的关系,提出本书的研究贡献、研究局限及进一步研究计划
附录	大数据治理:术语制修订规则	对大数据治理概念及概念体系构建方法论和原则的建议	提出多学科视角下大数据治理核心概念构建的标准化原则和方法论,促进多学科大数据治理术语概念共识构建
	大数据治理:核心概念及术语规范(建议稿)	对大数据治理核心概念及术语和定义的建议	提出大数据治理核心概念及术语和定义的标准草案
	大数据治理:核心概念及术语分类表	大数据治理核心概念及术语的分类	提出大数据治理核心概念及术语分类表

第一,从信息资源管理协同创新视角,以数据价值最大化实现、数据要素市场需求满足为研究命题,提出数据是数字国家的战略资产、数字政府的业务资产要素、数字经济的生产要素、数字社会的基础设施要素的资源观;对大数据进行治理,将释放数据新动能,发挥数据作为市场要素的创新引擎作用,提升基于数据、数据驱动和数据赋能的国家数字治理能力现代化水平,提高数字基础设施的数智服务能力,拓展资源观理论的应用场景,丰富信息资源管理理论研究的内容。

第二,以信息资源管理学科与相关学科交叉融合,学术共同体协同创新发展为专业使命,以国家标准化发展战略为指导,将大数据治理发展及应用纳入全球治理视域和标准治理研究动议,为大数据治理体系规划、规制、规则和规范生态体系建立健全

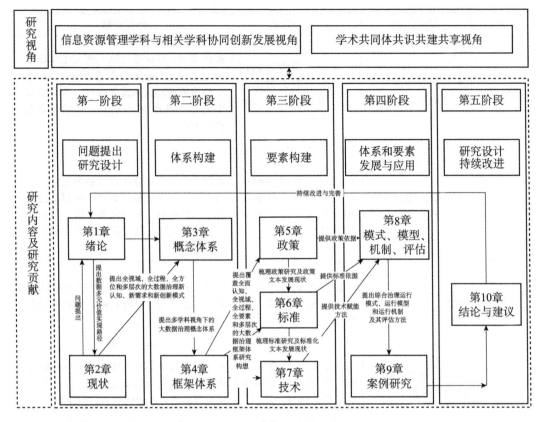

图 10-1　本书的研究视角和研究贡献

提供标准赋能的新路径，拓展信息资源管理实践研究的内容。

本书回答了第1章绪论提出的研究问题，并得到以下主要观点和未来研究方向：

（1）大数据治理的核心概念及关系、客体对象及特征、利益相关方需求、应用场景具有多样性特征，信息资源管理协同创新视角下大数据治理共识有待建立跨学科合作，附录提出了多学科视角下大数据治理核心概念构建的标准化原则和方法论，以及大数据治理核心概念及术语和定义的标准草案。

（2）大数据治理面临认知多样化视角挑战、目标可评可测可操作化挑战、治理过程复杂性挑战、技术实现瓶颈挑战、多元主体协同利益平衡挑战、支撑要素资源保障挑战等多样化的挑战，面临大数据治理目标、场景、主体、客体、过程、资源、技术、工具等多要素多维度，跨地域、跨层级、跨部门和跨场景，规划、规制、规则和规范统筹协调的挑战，面临不合理决策和大数据滥用及监管缺失的风险。但大数据治理也带来了从战略层、宏观层、顶层设计和高层管理对数据认知的变革，多学科视角下数据的资产管理、生命周期管理、安全管理、质量管理和风险管理标准化协同需求与日俱增，数据资源论、数据要素论、数据赋能和数智服务理论融合丰富了信息资源管理的研究内容，信息资源管理与大数据治理协同创新带来了理论创新、制度创新、技术创新、模式创新和应用创新的新机遇、新视域、新思路、新动力、新模式、新路径和新变革。

（3）大数据治理的框架构成及要素关系通常可归纳为宏观（治理目标、治理战略、治理方法论）、中观（治理活动、治理路径选择、治理路径协同）和微观（治理主体、客体、治理工具与保障、治理应用与服务）三个层次。不同学科视角下三个层次框架结构中的构成要素存在多样性诠释，呈现多视角、多动议、多层次、多用途、多路径、多维度趋势，本书提出了构建覆盖全面认知、全视域、全过程、全要素和多层次的大数据治理框架体系（如全面覆盖制度体系、质量体系、数据处理与管理体系、技术体系、安全体系、运行机制）的研究构想，但缺少跨场景和跨用例的大数据治理通用性结构和规范要素框架实证研究，缺少多案例研究和用例规范模板及实验和检验与示范的研究，大数据治理框架构成要素的互联、互通、互信、互认及其整体性、成套性和针对性应用评测、评估和报告的规范化过程及测试方法亟待研究。

（4）当前对大数据治理政策的研究多局限于高校和科研机构，局限于文献调查研究，文献中对大数据治理相关政策文本的研究局限于美国、英国、澳大利亚、中国、法国、欧盟，政策分析视角局限于政策工具维度、治理能力要素维度、治理体系框架构成要素维度、政策内容要点维度。政策文本涉及数据开放（可用）、数据安全和个人数据保护（善用）、数据再利用（有用和易用）、数据主权和跨境数据流动（易用和善用）等内容，政策实现涉及组织机构设置的规定和人员素质培养的规制和规范；从数据供给面（人力支持、基础设施支持、资金投入、技术支持）、环境面（目标规划、金融支持、税收优惠、法规管制、鼓励创新）、需求面（技术标准及应用、公共服务）提供各类支持；涉及宏观层（可信决策、创新管理理念和治理模式、体系框架）、中观层（平台系统、管理机制、成套性、计划部署、安全合规、隐私保护）、微观层（数据价值创造、数据质量、数据处理能力）。当前研究在信息资源管理学科与相关学科协同创新发展方面尚有研究的空间，在依法治理-数据可用制度保障、源头治理-数据有用质量保障、精准治理-数据易用技术保障、长效治理-数据善用安全保障等政策文本收集的广度及更新度，以及文本内容的分析深度和力度方面还有待完善。

（5）当前大数据治理标准化研究多局限于技术标准和安全标准的研究，基础性标准和管理性标准的研究有待丰富，当前研究多局限于特定场景、特定流程或专门领域，尚缺少标准制定机构间的合作研究和标准间的协同研究及多利益相关方共识构建的研究。当前国际标准和国家标准化文件的制定出自多个部门，存在各自为政、信息孤岛或标准化文件内容冲突或重复等问题，亟待开展大数据治理标准化协同战略及实现路径的研究、大数据治理标准体系建设的研究及其组织保障、制度保障、技术保障、人才保障和安全保障的研究。

（6）当前对大数据治理技术赋能方法及其实现路径的研究聚焦于大数据治理平台场景，大数据治理平台融合了跨地域、跨层级、跨部门、跨业务和跨系统的多种多样利益相关方的需求考虑，具有业务驱动、场景驱动、事件驱动以及多源异构数据融合、业务融合和系统融合的特征，是大数据治理的典型应用场景。但现有相关研究多限于技术主导、静态视角和微观层次，在系统性、整体性、协同性揭示大数据治理技术赋能问题方面尚有待增强社会性连接研究，未来应该加强在社会技术系统理论视角下的媒介场景营造研究、动态协作机制研究、宏观制度设计研究和数据连接方式研究，大数据技术赋能具体规则、内在机理、实现方式、应用场景和应用示范等方面的深入研究。

（7）当前大数据治理的应用及理论发展的研究涉及组织架构模式、运行模型、运行机制、评估体系和评估方法等内容。尚缺少覆盖多利益相关方需求、多层次结构关系、多要素配置、全闭环治理的综合性治理运行机制研究，在全视域、全过程、全要素、生命周期覆盖的大数据治理评估体系研究及其评测工具和评测方法研究方面尚待理论支持和实证研究。未来应该关注信息资源管理协同创新视角下的多项目标体系规划互联、多主体联盟规制互信、多维活动联通规则互认、多类场景要素连接规范互通的大数据治理生态体系构建理论发展研究及其应用实践研究。

（8）当前大数据治理发展及应用实践尚缺少理论落地的可操作化过程和有效应用的评测方法研究，缺少实现理论创新、制度创新、技术创新、模式创新、运行机制创新和应用创新的标准化协同路径和方法研究。本书采用多案例研究方法将大数据治理发展及应用的理论构想与北京市大数据中心和北京市城管执法局科技信息中心的大数据治理实践路径相映射，旨在梳理和提出理论落地的可操作化过程和有效应用的评测方法。局限于案例的数量及其场景和调查时间，未来大数据治理理论落地的可操作化过程和有效应用的评测方法及规范均需要更多场景和更多数量的案例研究。

10.3 本书的主要局限与未来研究建议

本书存在两个方面的研究局限，有待进一步改进和完善。本书局限于基础性、前沿性和战略性信息资源管理研究议题，关于大数据治理的核心概念及概念特征的界定基于 ISO 704：2009；大数据治理的多学科研究视角及其共识构建未来将迭代改进，大数据治理框架体系构成要素建构与发展规律的研究未来将持续改进，信息资源管理协同创新视角下大数据治理理论发展和应用的综合治理模式、运行模型、评估体系与评估方法未来将在前期项目典型案例研究的基础上开展更多案例研究和用例规范及示范研究。本书中信息资源管理学科在大数据治理前沿领域面临的机遇和挑战，在大数据治理学术前沿领域的引领方向和在面向国家战略发展需求与多利益相关方实践需求方面均受限于文献调查的时间和社会调查的场景及研究者的学科视角，未来将持续跟踪并更新国内外政策文件、标准化文件和期刊文献的研究，开展更广泛、深入和系统的调查研究。

本书局限于信息科学、公共管理、计算机科学与信息资源管理协同创新研究视角，未来研究将持续拓展更多学科与信息资源管理学科的协同创新发展，丰富基于信息资源管理协同创新理论的大数据治理前沿理论，深入研究基于信息资源观的大数据治理前沿实践，深入调查信息资源管理在大数据治理社会建构和技术建构中的作用及在大数据治理规划、规制、规则和规范生态体系建立健全中的协同作用，如复杂系统场景下智慧城市大数据治理与利用的标准化协同研究，全面提升大数据依法治理-数据可用制度保障能力、源头治理-数据有用质量保障能力、精准治理-数据易用技术保障能力和长效治理-数据善用安全保障能力，为最大化实现大数据资源的价值作出积极贡献。

附录

大数据治理：术语制修订规则

1. 范围

本文件确立了大数据治理核心概念构建的系统方法和框架，规定了相关术语及定义制修订的规则和原则，为概念及概念关系构建提供了指南。

2. 规范性引用文件

无。

3. 术语与定义

见《大数据治理：核心概念及术语规范（建议稿）》。

4. 选词规则和原则

识别和选择与大数据治理概念相关的术语和定义需要尽可能符合当前已有的使用方法，但如果由于场景或语境的变化而导致术语和定义的使用出现不一致，可以通过修改定义或者直接创新定义来适应当前该术语使用的新场景或新语境。由于需要获得来自跨领域专家的共识，因此与大数据治理概念相关的术语和定义的识别和选择也是一个迭代更新和共识达成的过程。大数据治理概念体系构建中术语和定义的选择需要符合以下原则：

（1）与数据、数字或系统领域的范围和定位高度相关，在跨领域和跨组织的数据生命周期治理框架和应用方面具有广泛和清晰的共识；

（2）在国家标准和在线术语以及国际标准化组织、国际电工委员会和国际电信联盟电信标准化部门等标准组织现行文件中经常使用；

（3）与信息资源管理和基于信息资源的管理相关，并需要明确和达成共识；

（4）与数据治理、大数据治理、数据处理与管理高度相关；

（5）满足大数据、数据治理等概念特征。

ISO/IEC 16500 - 8：1999 中把方法论定义为一套连贯的、综合的方法，其中一个连贯的子集可用于特定的应用。大数据治理的概念体系构建涉及多维度、生命周期、数据多样化利用目的和价值实现等数据管理与管理相关领域和要素。

根据 ISO 704：2009，对现有的标准中与大数据治理相关的概念和定义进行收集和分析，大数据治理概念体系包含数据治理、数据处理与管理活动、数据利用和数据赋能 4 个部分。

5. 数据治理概念及概念关系

数据治理是组织为实现数据资产价值而对数据管理活动开展的评价、指导和监控的战略协同活动，包含数据相关政策的制定与实施、确立数据所有权、明确数据管理责任等宏观层次的统筹规划（胡菊芳等，2021）。因此，数据治理核心概念主要涉及顶层管理、数据资产管理以及信息技术治理（见图 A - 1）。

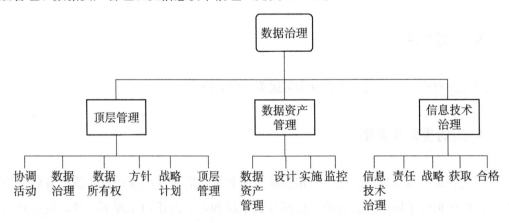

图 A - 1　数据治理概念及概念关系

数据治理是数据在组织层面的治理。在顶层管理上，数据治理是协调活动和战略计划，具体体现为制定与实施数据相关政策方针、确立数据所有权、明确数据管理责任。数据治理需要把数据纳入资产管理计划中并进行设计、具体实施和有效监控。数据治理在信息技术治理上需要遵循4个重要原则：责任构建、战略规划、数据获取和数据合格。

6. 数据处理与管理概念及概念关系

数据治理是治理主体在组织内进行数据处理与利用的评价、指导和监控的活动（ISO/IEC 38505-1：2017）。数据处理与管理是更加微观的数据治理，包括数据质量管理和数据过程管理（见图A-2）。

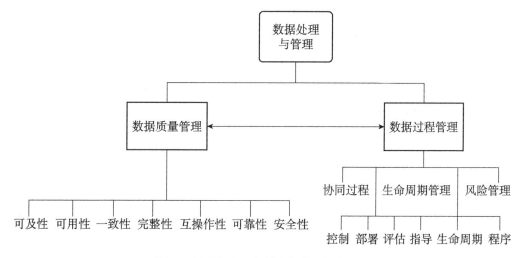

图A-2　数据处理与管理概念及概念关系

数据质量管理包括对数据质量的可及性、可用性、一致性、完整性、互操作性、可靠性、安全性进行管理。数据过程管理则涉及协同过程、生命周期管理和风险管理。数据处理与管理的基本要素包括控制、部署、评估、指导、生命周期、程序。

7. 数据利用概念及概念关系

数据利用核心概念体系包含数据利用价值观、利用主体、利用过程、数据对象、利用场景和保障条件等6方面的丰富内涵（黄婕等，2021）。数据利用主要涉及4个维度：数据资源、数据利用利益相关方、数据利用保障和数据利用过程（见图A-3）。

不同来源、不同类型的数据资源都是数据利用的对象，且每种数据具有自身的特

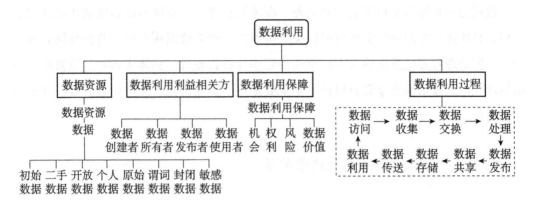

图 A-3 数据利用概念及概念关系

征。数据资源主要包括封闭数据、开放数据、个人数据、谓词数据、初始数据、原始数据、二手数据、敏感数据。数据利用利益相关方包括数据创建者、数据所有者、数据发布者和数据使用者等不同类型的角色。数据利用保障不仅涉及数据利用与权利、机会的相关性，而且与数据利用过程中的风险有关。数据利用明显具有导向性和目的性，数据利用的目的是实现数据价值。数据利用过程是数据利用的重要理论模型，包括数据访问、数据收集、数据交换、数据处理、数据发布、数据共享、数据存储、数据传送、数据利用等环节。

8. 数据赋能概念及概念关系

在新时代背景下，大数据治理处在融合提升和创新发展的重要阶段，因此，数据赋能需要从数据化向数智化方向发展（陈国青等，2022）。大数据治理的数据赋能涉及数据处理与管理目标、数据治理能力、数智处理与管理能力（见图 A-4）。

数据赋能的主要目标是绩效改进，包括质量、有效性和成本等方面；运行改进包括服务和效率；可持续性改进包括低碳排放和生活质量。另外，数据治理能力主要涉及能力、目标、隐私保护、场景、可信。数智处理与管理能力则体现在数据在智能化上的自适应性，所涉及的能力包括推理、整合、协同和决策以及对系统包括数字系统、社会系统、物理系统和技术系统的适应能力和调节能力。而自适应能力体现在对不同场景下的期望变化和非期望变化的快速适应力和反应，具体涉及韧性、敏捷性、鲁棒性和灵活性。

9. 大数据治理概念体系

综合以上大数据治理相关概念及概念关系，大数据治理概念体系构建涉及多维度

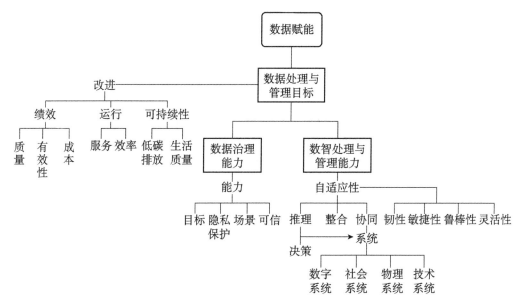

图 A－4　数据赋能概念及概念关系

可观察的数据治理、生命周期可追溯的数据处理与管理活动、数据目的价值可实现的数据利用和结果可测可控的数据赋能（见图 A－5）。

参考文献

［1］安小米，黄婕，胡菊芳，等．国际标准中的数据治理：概念、视角及其标准化协同路径．中国图书馆学报，2021，47（5）．

［2］陈国青，任明，卫强，等．数智赋能：信息系统研究的新跃迁．管理世界，2022，38（1）．

［3］黄婕，安小米，许济沧，等．基于国际标准的"数据利用"核心概念及概念体系研究．图书情报知识，2021，38（5）．

［4］ISO/IEC 16500－8：1999，Information technology — Generic digital audio-visual systems — Part 8：Management architecture and protocols，Switzerland，1999．

［5］ISO/IEC 38505－1：2017，Information technology — Governance of IT — Governance of data — Part 1：Application of ISO/IEC 38500 to the governance of data，Switzerland，2017．

［6］ISO 704：2009，Terminology work — Principles and methods，Switzerland，2009．

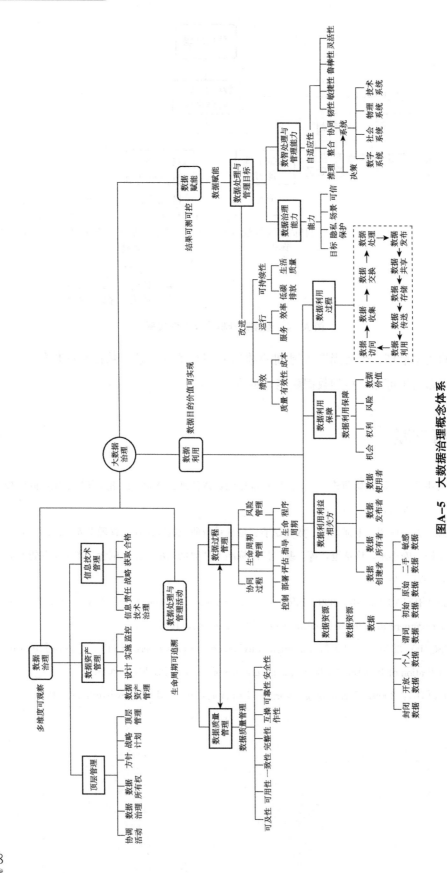

图A-5 大数据治理概念体系

大数据治理：核心概念及术语规范 （建议稿）

1. 范围

本文件界定了大数据治理活动中常用的术语和定义。

2. 规范性引用文件

无。

3. 术语和定义

下列术语和定义适用于本文件。

3.1 数据治理

3.1.1　顶层管理

3.1.1.1　协调活动（coordinated activity）

包括识别和吸引利益相关方、调解、沟通以及其他计划的支持。

［来源：ISO/IEC 29147：2018，3.3，有修改］

3.1.1.2　数据治理（data governance）

基于数据生命周期，进行数据全面质量管理、资产管理、风险管理等统筹与协调管控的过程。

注1：多学科视角下，数据治理需要解决数据权属关系问题，明确数据利益相关方的角色、权利和权益及其责任关系和工作任务，避免数据风险，提高数据质量，确保数据资产能长期有序地、可持续地得到管理和利用。

注2：信息技术视角下，数据治理指对数据进行管控、处置、格式化和规范化的过程。数据治理是数据和数据系统管理的基本要素。数据治理涉及数据生命周期管理，无论数据是处于静态、动态、未完成状态还是交易状态。

［来源：GB/T 37043－2018，2.3.1］

3.1.1.3　数据所有权（data ownership）

数据占有的合法权，包括数据的处置权，同时包含分担所有权权益程度相当的所有风险和获利，通过对所有权约定的实质而非形式的审查来说明。

［来源：ISO 10845‐5：2011，2.12，有修改］

3.1.1.4 方针（policy）

由最高管理者正式发布的组织的宗旨和方向。

注：此概念是 2021 版《ISO/IEC 导则 第1部分 ISO 补充部分‐ISO 专用程序》规范性附录 SL 管理体系融合方法中的核心术语和定义。

3.1.1.5 战略计划（strategic plan）

确定组织在长时间内的追求目标来支持其使命和符合其价值观的文件。

［来源：ISO 24513：2019，3.1.16］

3.1.1.6 顶层管理（top management）

在最高级别上指挥和控制一个组织的人或群体。

注1：顶层管理在组织范围内有授权和提供资源的权力。

注2：如果管理体系的范围仅仅涵盖组织的部分，则顶层管理是指那些指挥和控制组织这部分的人或群体。

［来源：ISO 9000：2015，3.1.1］

3.1.2 数据资产管理

3.1.2.1 数据资产管理（data asset management）

一个组织实现数据资产价值的协调活动。

注1：价值实现将通常涉及成本、风险、机会和绩效的一种平衡。

注2：活动也可以指资产管理系统要素的应用。

注3：活动有着广泛的意思并且可以包含诸如方法、规划、计划及其实施。

［来源：ISO/IEC 19770‐1：2017，3.3，有修改］

3.1.2.2 设计（design）

将需求或创新变成产品、工艺或服务，以满足企业和顾客期望的过程。设计将一组功能需求转换成可工作的产品、过程或服务。

［来源：《管理科学技术名词》（2016）］

3.1.2.3 实施（implementation）

设计方案的实现。

［来源：ISO/TR 23262：2021，3.8，有修改］

3.1.2.4 监控（monitoring）

持续或反复检查、监督、严格观察、测量或者确认体系或系统的状况，以识别与预期性能水平或基线的差异，旨在控制特定体系或系统。

［来源：ISO/TS 23565：2021，3.12］

3.1.3　信息技术治理

3.1.3.1　信息技术治理（IT governance）

被现有或者未来信息技术使用指导和控制的系统。

注 1：信息技术治理是组织治理的一个部分或者子集。

注 2：信息技术治理等同于公司信息技术治理、企业信息技术治理和组织信息技术治理。

［来源：ISO/IEC 38500：2015，2.10］

3.1.3.2　责任（responsibility）

通过采取行动和作出决定实现所要求的成果的义务。

［来源：IWA 30‐2：2019，3.4］

3.1.3.3　战略（strategy）

实现长期或者总体目标的方法。

［来源：ISO 22886：2020，3.5.12］

3.1.3.4　获取（acquisition）

数据收集和采集的过程。

［来源：ISO/IEC 2382：2015，2122168］

3.1.3.5　合格（conformity）

某个要求的完成。

［来源：ISO 9000：2015，3.6.11］

3.2　数据处理与管理

3.2.1　数据质量管理

3.2.1.1　可及性（accessibility）

在最大范围内数据被人们使用的能力。

［来源：ISO 5127：2017，3.11.1.02，有修改］

3.2.1.2　可用性（availability）

根据授权对象的需求数据可获取和可使用的属性。

［来源：ISO 37166：2022，3.2］

3.2.1.3　一致性（consistency）

系统或组件的文件或部分之间的统一性、标准化和无矛盾的程度。

［来源：ISO/IEC 21827：2008，3.14］

3.2.1.4　数据质量管理（data quality management）

指导和控制组织在数据质量方面的协调活动。

［来源：ISO 8000－2：2020，3.8.2］

3.2.1.5　完整性（integrity）

数据准确和完整的属性。

［来源：ISO/IEC 27000：2018，3.36，有修改］

3.2.1.6　互操作性（interoperability）

允许不同系统或者组件为特定目的合作工作的属性。

［来源：IEC 60050－831：CDV，831－01－11］

3.2.1.7　可靠性（reliability）

为了使用的目的，数据元素呈现出的准确性、完整性、真实性、稳定性、可重复性和精确性。

［来源：ISO/TS 21089：2018，3.47］

3.2.1.8　安全性（security）

建立和维护保护措施以确保不受不利行为侵犯或影响的条件。

［来源：IEC Guide 120：2018，3.13］

3.2.2　数据过程管理

3.2.2.1　协同过程（collaborative process）

显示协同中的数据作用的透明过程。

［来源：ISO/TS 22272：2021，3.13，有修改］

3.2.2.2　控制（control）

有目的的行动或者满足特定目标的过程。

注：行动包括测量、计算、监控、标识、提醒、记录、管控、评估、优化、干预和通过手工、安全防护、结构、配置、参数和自动化方式的管控。

［来源：ISO 10209：2022，3.1.95］

3.2.2.3　部署（deployment）

将一项活动、过程或系统引入应用领域的有条不紊的过程。

［来源：ISO 6707－4：2021，3.5.7］

3.2.2.4　评估（evaluation）

评价一项服务和设施的有效性、效率、有用性和相关性的过程。

［来源：ISO 16439：2014，3.21]

3.2.2.5　指导（guidance）

在标准或其他文档范围内匹配成套用户需求的要求或建议。

［来源：ISO/IEC TR 29138－3：2009，5.1]

3.2.2.6　生命周期（life cycle）

一个项目从构思到处置的一系列可识别的阶段。

示例：典型的系统生命周期包括概念和定义、设计和开发、施工、安装和调试、运行和维护、中期升级或寿命延长以及退役和销毁。

注 1：所确定的阶段将因应用而异。

注 2：生命周期的各个阶段有时会重叠或并行运行。

［来源：IEV 192－01－09，有修改]

3.2.2.7　生命周期管理（life cycle management）

根据适用的信息法要求，从创建到最终处置（包括消除），治理在个人控制下的已记录的信息集的管理及其电子数据交换的一系列行动和规则。

［来源：ISO/IEC 15944－12：2020，3.58，有修改]

3.2.2.8　程序（procedure）

某一活动或过程的规定方式。

［来源：ISO 30000：2009，3.12]

3.2.2.9　风险管理（risk management）

将管理方针、程序和实践系统地应用于分析、评估、控制和监控风险的任务。

［来源：ISO/IEC Guide 63：2019，3.15]

3.3　数据利用

3.3.1　数据资源

3.3.1.1　封闭数据（closed data）

受访问控制披露的数据。

［来源：ITU－T FG－DPM D 0.1：2019，3.2.1]

3.3.1.2　数据（data）

以形式化的方式对客观现实的事实进行的呈现。

示例：数据可以是信号和符号，也可以是以模拟形式或数字形式或两者同时形式并存。

注：数据可以被人或者自动化手段用来沟通、解释和处理。

［来源：IEC 60050 - 831：CDV，831 - 02 - 02］

3.3.1.3　数据资源（data resource）

对人类知识有贡献的物理或者数字形式的文档或事项。

［来源：ISO 37166：2022，3.8，有修改］

3.3.1.4　开放数据（open data）

无论访问或使用情况如何，不受版权、专利或其他控制和成本限制的可用数据。

注：不受限制不意味着数据没有版权、专利或所有权，数据的用户能在明确表明没有使用限制的许可条款下使用数据，而不是潜在的对数据源属性的要求。

［来源：ISO 37110：2021，3.1］

3.3.1.5　个人数据（personal data）

与一个可以被识别身份的自然人相关的数据。

［来源：PAS 185：2017，3.1.34，有修改］

3.3.1.6　谓词数据（predicate data）

描述客体的一种属性和语义关系的数据。

［来源：《计算机科学技术名词》（第三版）］

3.3.1.7　初始数据（primary data）

从直接测量或基于原始来源的直接测量的计算中获得的单元过程或活动的量化值。

［来源：ISO 14050：2020，3.6.34］

3.3.1.8　原始数据（raw data）

未经处理提供使用的数据。

［来源：PAS 185：2017，3.1.39］

3.3.1.9　二手数据（secondary data）

初始数据之外的方法获取的数据。

［来源：ISO 14033：2019，3.1.6］

3.3.1.10　敏感数据（sensitive data）

在披露或滥用的情况下具有潜在有害影响的数据。

［来源：ITU - T X. 1040 (10/2017)，3.1.11］

3.3.2　数据利用利益相关方

3.3.2.1　数据创建者（data creator）

为特定任务创建、捕获、收集或改变数据的组织。

［来源：ISO 37156：2020，3.3.2，有修改］

3.3.2.2 数据所有者（data owner）

特指维护与特定任务相关的数据的人。

［来源：ISO 37156：2020，3.3.3，有修改］

3.3.2.3 数据发布者（data publisher）

发布数据的组织。

［来源：ISO 37156：2020，3.3.4，有修改］

3.3.2.4 数据使用者（data user）

被授权使用数据的人或者组织。

［来源：ISO 5127：2017，3.13.4.04］

3.3.3 数据利用保障

3.3.3.1 数据利用保障（data use safeguard）

采取预防措施来保护和减少在数据使用方面错误的影响。

［来源：ISO/IEC Guide 76：2020，3.13，有修改］

3.3.3.2 机会（opportunity）

预期有利于目标的情况组合。

注1：机会是一种积极的情况，在这种情况下，有可能获得收益，并且对此有相当程度的控制。

注2：有机会的一方也许会暴露出对另一方的威胁。

注3：抓住或者放弃机会都是风险的来源。

［来源：ISO 31073：2022，3.3.23］

3.3.3.3 权利（right）

在资源影响长期保存的情况下，有关影响资源的所有权、控制、访问或使用的合法、合规或合同规定的信息。

示例：知识产权、版权、隐私等。

注：在资源保护中的行动或者事件需要尊重权利。

［来源：ISO/IEC 23000-15：2016，3.4.8］

3.3.3.4 风险（risk）

危害发生概率和危害严重程度的组合。

注：发生概率包括暴露在危险的环境中、危机事件的发生以及避免或限制危害的概率。

［来源：ISO/IEC Guide 51：2014，3.9］

3.3.3.5 数据价值（data value）

利益相关方对数据的重视程度，这与对实际或潜在利益的感知有关。

注：货币价值也可以包括在内。

［来源：ISO 16439：2014，3.75，有修改］

3.3.4 数据利用过程

3.3.4.1 数据访问（data access）

查找、使用或检索数据的权利、机会和手段。

［来源：ISO 37156：2020，3.3.1］

3.3.4.2 数据收集（data collection）

通过不同方式收集信息的过程。

注：包括网络监控等活动。

［来源：ISO 19731：2017，3.14］

3.3.4.3 数据交换（data exchange）

访问、传输和归档数据。

［来源：ISO 37156：2020，3.3.5］

3.3.4.4 数据处理（data processing）

数据操作的系统执行。

［来源：ISO/IEC 23751：2022，3.8］

3.3.4.5 数据发布（data publishing）

对数据进行评估以确定是否应由存储库获取的过程；随后是严格的获取和接收过程，从而使产品公开可用并由该存储库长期支持。

［来源：ISO 5127：2017，3.1.11.26］

3.3.4.6 数据共享（data sharing）

提供可共享、可交换和可扩展的数据来赋能特定任务实现。

［来源：ISO 37156：2020，3.3.6，有修改］

3.3.4.7 数据存储（data storage）

用于存储信息的手段，由此数据得以交付或者得以被交付机构存放数据。

［来源：ISO/IEC TS 20748-3：2020，3.7］

3.3.4.8 数据传送（data transfer）

将数据从一个系统复制或移动到另一个系统。

［来源：ISO/IEC 22624：2020，3.6］

3.3.4.9 数据利用（data use）

为特定目的对数据进行处理和管理，使数据增加价值以实现其目的的行为过程、方法、手段和服务的能力。

［来源：ISO/TS 14265：2011，2.11，有修改］

3.4 数据赋能

3.4.1 数据处理与管理目标

3.4.1.1 成本（cost）

消耗资源来执行活动的货币价值。

［来源：ISO 14050：2020，3.12.29］

3.4.1.2 数据赋能（data enabling）

将特定任务和预期功能变成可能的数据能力。

［来源：ISO 14617-2：2002，3.7，有修改］

3.4.1.3 有效性（effectiveness）

计划活动得以实现的程度和计划结果得以达成的程度。

［来源：ISO 9000：2015，3.7.11］

3.4.1.4 效率（efficiency）

成果取得和资源使用之间的关系。

［来源：ISO 9000：2015，3.7.10］

3.4.1.5 改进（improvement）

提高绩效的活动。

注：活动可以是重复的或单一的。

［来源：ISO 22886：2020，3.3.1］

3.4.1.6 低碳排放（low greenhouse gas emission）

减少温室气体向大气中排放。

［来源：ISO 22948：2020，3.4.2，有修改］

3.4.1.7 运行（operation）

可以被应用于客体的功能或者转变。

［来源：ISO/IEEE 11073-10201：2020，3.1.46，有修改］

3.4.1.8 绩效（performance）

个人、群体或组织执行、完成和履行其重要职能和过程的方式，通常与有效性有关。

［来源：ISO/IEC TR 4339：2022，3.2］

3.4.1.9 质量（quality）

客体的一组固有特性满足要求的程度。

注 1：术语"质量"可使用形容词来修饰，如差、好或优秀。

注 2："固有"（其对应的是"赋予"）是指存在于客体中。

［来源：GB/T 19000－2016，3.6.2］

3.4.1.10 生活质量（quality of life）

影响人类和社会发展的社会、健康、经济和环境条件之间平衡的产物。

注：这是一个范围广泛的概念，包括一个人的身体健康、心理状态、独立程度、社会关系、个人信仰以及与环境中显著特征的关系。

［来源：ISO/IWA 18：2016，2.22］

3.4.1.11 服务（service）

在使用时能提供特定价值的系统的一个或者多个能力的组合。

［来源：IEC 60050－831：CDV，831－01－18］

3.4.1.12 可持续性（sustainability）

全球体系的状况，包括环境、社会、经济方面，在这些方面既满足了当代人的需求，同时又不损害后代满足其自身需求的能力。

注 1：环境、社会、经济方面相互作用，相互独立，通常被称为可持续性的三个维度。

注 2：可持续性是可持续发展的目标。

［来源：ISO Guide 82：2019，3.1，有修改］

3.4.2 数据治理能力

3.4.2.1 能力（capability）

实体在协商一致的绩效水平上做某事的能力。

［来源：IEC 60050－831：CDV，831－01－02］

3.4.2.2 目标（goal）

用户与特定过程或服务交互的预期结果。

［来源：ISO/IEC 19763－5：2015，3.1.6］

3.4.2.3 隐私保护（privacy protection）

确保数据安全性和机密性，保护数据免受可能导致任何人严重尴尬、伤害、不便或不公平的威胁或危害，而采取的适宜安全保障措施及实施。

［来源：ISO/TS 21547：2010，3.1.21，有修改］

3.4.2.4　场景（scenario）

对系统功能实现的特定的潜在或实际的配置的呈现。

注：不同的场景允许执行不同的假设分析。

［来源：ISO 20534：2018，3.52］

3.4.2.5　可信（trust）

一方实体相信另一方实体将以明确定义的方式行事，不违反身份管理系统的商定规则、政策或法律条款。

［来源：ITU－T X.1252（04/2021），6.87］

3.4.3　数智处理与管理能力

3.4.3.1　自适应性（adaptability）

系统对其环境变化作出反应以继续满足功能性和非功能性需求的能力。

［来源：ISO/IEC TR 29119－11：2020，3.1.5］

3.4.3.2　敏捷性（agility）

以智能的方式快速改变和移动的能力。

3.4.3.3　协同（collaboration）

为达成跨边界的共同目标而共同工作的深思熟虑的方法。

注：跨边界可以是功能的、组织的、地理的，或组织之间的。协同通常依赖于健康的知识管理文化，以促进参与协同的各方之间的知识交流和共同创造。

［来源：ISO 30401：2018，3.23］

3.4.3.4　决策（decision making）

项目计划的通过和授权。

［来源：ISO/TR 21245：2018，3.6］

3.4.3.5　数字系统（digital system）

由硬件、软件和可能的网络组件组成的系统，用于生成/或使用数据来完成一项或多项特定功能。

［来源：IEC 60050－831，CDV，831－02－03，有修改］

3.4.3.6　灵活性（flexibility）

系统在其初始规范之外的环境中工作的能力。

［来源：ISO/IEC TR 29119－11：2020，3.1.37］

3.4.3.7　推理（inference）

从已知前提中得出结论的逻辑推理能力。

注1：在人工智能中，前提或者是事实，或者是规则。

注2：推断既指过程也指结果。

［来源：ISO/IEC 2382：2015，2123828，有修改］

3.4.3.8　整合（integration）

系统条件或活动，以实现系统组件被组织起来进行协作、协调和互操作的条件，同时根据需要交换项目以执行系统的任务。

［来源：ISO 18435-1：2009，3.9］

3.4.3.9　物理系统（physical system）

为实现一个或多个特定功能而协同工作的一组物理对象和过程。

［来源：IEC 60050-831：2023，CDV，831-03-03，有修改］

3.4.3.10　韧性（resilience）

一个组织在复杂多变的环境中的适应能力。

［来源：ISO Guide 73：2009，3.8.1.7］

3.4.3.11　鲁棒性（robustness）

系统抵抗虚拟或物理、内部或外部攻击的能力。

注1：特别是抵抗试图模仿、复制、入侵或绕过的能力。

注2：结构承受不利和不可预见的事件或人为错误的后果而不会损坏到与原始原因不相称的程度的能力。

［来源：ISO 22300：2021，3.1.233，有修改］

3.4.3.12　系统（system）

为实现一个或多个既定目的而组织在一起的相互作用的元素的组合。

［来源：ISO/IEC/IEEE 21840：2019，3.1.8］

3.4.3.13　社会系统（social system）

个人、群体和机构之间存在的一系列模式化的联动关系，同时也是一个连贯的有机整体。

示例：社会系统包括核心家庭单位、社区、城市、国家、大学校园、公司和行业。

注1：一个人可能同时属于多个社会系统。

注2：社会系统内群体的组织和定义取决于各种共享属性，例如位置、社会经济地位、种族、宗教、社会功能或其他可区分的特征。

［来源：IEC 60050-831，CDV，831-04-03］

3.4.3.14 技术系统（technical system）

具有特定特征的对象，特征主要体现在具有固有功能的连贯技术解决方案。

［来源：ISO 81346-12：2018，3.21］

参考文献

［1］IEC 60050-831：2023，International Electrotechnical Vocabulary（IEV）—Part 831：Smart city systems，Switzerland，2023.

［2］IEC Guide 120：2018，Security aspects — Guidelines for their inclusion in publications，Switzerland，2018.

［3］IEV 192-01-09，Dependability/Basic concepts，Switzerland，2015.

［4］ISO 10209：2022，Technical product documentation — Vocabulary — Terms relating to technical drawings，product definition and related documentation，Switzerland，2022.

［5］ISO 10845-5：2011，Construction procurement — Part 5：Participation of targeted enterprises in contracts，Switzerland，2011.

［6］ISO 14033：2019，Environmental management — Quantitative environmental information — Guidelines and examples，Switzerland，2019.

［7］ISO 14050：2020，Environmental management — Vocabulary，Switzerland，2020.

［8］ISO 14617-2：2002，Graphical symbols for diagrams — Part 2：Symbols having general application，Switzerland，2002.

［9］ISO 16439：2014，Information and documentation — Methods and procedures for assessing the impact of libraries，Switzerland，2014.

［10］ISO 18435-1：2009，Industrial automation systems and integration — Diagnostics，capability assessment and maintenance applications integration — Part 1：Overview and general requirements，Switzerland，2009.

［11］ISO 19731：2017，Digital analytics and web analyses for purposes of market，opinion and social research — Vocabulary and service requirements，Switzerland，2017.

［12］ISO 20534：2018，Industrial automation systems and integration — Formal semantic models for the configuration of global production networks，Switzerland，2018.

［13］ISO 22300：2021，Security and resilience — Vocabulary，Switzerland，2021.

［14］ISO 22886：2020，Healthcare organization management — Vocabulary，Switzerland，2020.

［15］ISO 22948：2020，Carbon footprint for seafood — Product category rules（CFP-PCR）for finfish，Switzerland，2020.

［16］ISO 24513：2019，Service activities relating to drinking water supply，wastewater and stormwater systems — Vocabulary, Switzerland, 2019.

[17] ISO 30000：2009, Ships and marine technology — Ship recycling management systems — Specifications for management systems for safe and environmentally sound ship recycling facilities, Switzerland, 2009.

[18] ISO 30401：2018, Knowledge management systems — Requirements, Switzerland, 2018.

[19] ISO 31073：2022, Risk management — Vocabulary, Switzerland, 2022.

[20] ISO 37166：2022, Smart community infrastructures — Urban data integration framework for smart city planning (SCP), Switzerland, 2022.

[21] ISO 5127：2017, Information and documentation — Foundation and vocabulary, Switzerland, 2017.

[22] ISO 8000 - 2：2020, Data quality — Part 2：Vocabulary, Switzerland, 2020.

[23] ISO 81346 - 12：2018, Industrial systems, installations and equipment and industrial products — Structuring principles and reference designations — Part 12：Construction works and building services, Switzerland, 2018.

[24] ISO 9000：2015, Quality management systems — Fundamentals and vocabulary, Switzerland, 2015.

[25] ISO FDIS 37110：2021, Sustainable cities and communities — Management requirements and recommendations for open data for smart cities and communities — Overview and general principles, Switzerland, 2021.

[26] ISO Guide 73：2009, Risk management — Vocabulary, Switzerland, 2009.

[27] ISO Guide 82：2019, Guidelines for addressing sustainability in standards, Switzerland, 2019.

[28] ISO/IEC 15944 - 12：2020, Information technology — Business operational view — Part 12：Privacy protection requirements (PPR) on information life cycle management (ILCM) and EDI of personal information (PI), Switzerland, 2020.

[29] ISO/IEC 19763 - 5：2015, Information technology — Metamodel framework for interoperability (MFI) — Part 5：Metamodel for process model registration, Switzerland, 2015.

[30] ISO/IEC 21827：2008, Information technology — Security techniques — Systems Security Engineering — Capability Maturity Model© (SSE-CMM©), Switzerland, 2008.

[31] ISO/IEC 22624：2020, Information technology — Cloud computing — Taxonomy based data handling for cloud services, Switzerland, 2020.

[32] ISO/IEC 23000 - 15：2016, Information technology — Multimedia application format (MPEG-A) — Part 15：Multimedia preservation application format, Switzerland, 2016.

[33] ISO/IEC 23751：2022, Information technology — Cloud computing and distributed platforms —

Data sharing agreement (DSA) framework, Switzerland, 2022.

[34] ISO/IEC 2382：2015, Information technology — Vocabulary, Switzerland, 2015.

[35] ISO/IEC 27000：2018, Information technology — Security techniques — Information security management systems — Overview and vocabulary, Switzerland, 2018.

[36] ISO/IEC 29147：2018, Information technology — Security techniques — Vulnerability disclosure, Switzerland, 2018.

[37] ISO/IEC 38500：2015, Information technology — Governance of IT for the organization, Switzerland, 2015.

[38] ISO/IEC Guide 51：2014, Safety aspects — Guidelines for their inclusion in standards, Switzerland, 2014.

[39] ISO/IEC Guide 63：2019, Guide to the development and inclusion of aspects of safety in International Standards for medical devices, Switzerland, 2019.

[40] ISO/IEC Guide 76：2020, Development of service standards — Recommendations for addressing consumer issues, Switzerland, 2020.

[41] ISO/IEC TR 29119 - 11：2020, Software and systems engineering — Software testing — Part 11：Guidelines on the testing of AI-based systems, Switzerland, 2020.

[42] ISO/IEC TR 29138 - 3：2009, Information technology — Accessibility considerations for people with disabilities — Part 3：Guidance on user needs mapping, Switzerland, 2009.

[43] ISO/IEC TR 4339：2022, Information technology for learning, education and training — Reference model for information and communications technology (ICT) evaluation in education, Switzerland, 2022.

[44] ISO/IEC TS 20748 - 3：2020, Information technology for learning, education and training — Learning analytics interoperability — Part 3：Guidelines for data interoperability, Switzerland, 2020.

[45] ISO/IEC/IEEE 21840：2019, Systems and software engineering — Guidelines for the utilization of ISO/IEC/IEEE 15288 in the context of system of systems (SoS), Switzerland, 2019.

[46] ISO/IEEE 11073 - 10201：2020, Health informatics — Device interoperability — Part 10201：Point-of-care medical device communication — Domain information model, Switzerland, 2020.

[47] ISO/IWA 18：2016, Framework for integrated community-based life-long health and care services in aged societies, Switzerland, 2016.

[48] ISO/TR 21245：2018, Railway applications — Railway project planning process — Guidance on railway project planning, Switzerland, 2018.

[49] ISO/TR 23262：2021, GIS (geospatial) / BIM interoperability, Switzerland, 2021.

[50] ISO/TS 14265：2011, Health Informatics — Classification of purposes for processing personal health information, Switzerland, 2011.

［51］ISO/TS 21089：2018，Health informatics — Trusted end-to-end information flows，Switzerland，2018.

［52］ISO/TS 21547：2010，Health informatics — Security requirements for archiving of electronic health records — Principles，Switzerland，2010.

［53］ISO/TS 22272：2021，Health Informatics — Methodology for analysis of business and information needs of health enterprises to support standards based architectures，Switzerland，2021.

［54］ISO/TS 23565：2021，Biotechnology — Bioprocessing — General requirements and considerations for equipment systems used in the manufacturing of cells for therapeutic use，Switzerland，2021.

［55］ITU-T FG-DPM Technical Specifications D 0.1：2019，Data Processing and Management for IoT and Smart Cities and Communities：Vocabulary，Switzerland，2019.

［56］ITU-T X.1040 (10/2017)：Security reference architecture for lifecycle management of e-commerce business data，Switzerland，2017.

［57］ITU-T X.1252 (04/2021)：Baseline identity management terms and definitions，Switzerland，2021.

［58］IWA 30-2：2019，Competence of standards professionals — Part 2：In standards-related organizations，Switzerland，2019.

［59］Oxford learners dictionaries. (2022-05-02). https：//www.oxfordlearnersdictionaries.com/definition/english/agility? q=agility.

［60］PAS 185：2017，Smart cities — Specification for establishing and implementing a security-minded approach. Switzerland，2017.

［61］GB/T 37043-2018，智慧城市 术语. 北京：中国标准出版社，2018.

［62］管理科学技术名词. (2016-06). https：//www.termonline.cn/search? k=％E8％AE％BE％E8％AE％A1&r=1651506683597.

大数据治理：核心概念及术语分类表

一级编码	一级术语	二级编码	二级术语	三级编码	三级术语
3.1	数据治理	3.1.1	顶层管理	3.1.1.1	协调活动（coordinated activity）
				3.1.1.2	数据治理（data governance）
				3.1.1.3	数据所有权（data ownership）
				3.1.1.4	方针（policy）
				3.1.1.5	战略计划（strategic plan）
				3.1.1.6	顶层管理（top management）
		3.1.2	数据资产管理	3.1.2.1	数据资产管理（data asset management）
				3.1.2.2	设计（design）
				3.1.2.3	实施（implementation）
				3.1.2.4	监控（monitoring）
		3.1.3	信息技术治理	3.1.3.1	信息技术治理（IT governance）
				3.1.3.2	责任（responsibility）
				3.1.3.3	战略（strategy）
				3.1.3.4	获取（acquisition）
				3.1.3.5	合格（conformance）
3.2	数据处理与管理	3.2.1	数据质量管理	3.2.1.1	可及性（accessibility）
				3.2.1.2	可用性（availability）
				3.2.1.3	一致性（consistency）
				3.2.1.4	数据质量管理（data quality management）
				3.2.1.5	完整性（integrity）
				3.2.1.6	互操作性（interoperability）
				3.2.1.7	可靠性（reliability）
				3.2.1.8	安全性（security）
		3.2.2	数据过程管理	3.2.2.1	协同过程（collaborative information）
				3.2.2.2	控制（control）
				3.2.2.3	部署（deployment）
				3.2.2.4	评估（evaluation）
				3.2.2.5	指导（guidance）
				3.2.2.6	生命周期（life cycle）
				3.2.2.7	生命周期管理（life cycle management）
				3.2.2.8	程序（procedure）
				3.2.2.9	风险管理（risk management）

续表

一级编码	一级术语	二级编码	二级术语	三级编码	三级术语
3.3	数据利用	3.3.3	数据利用保障	3.3.3.3	权利（right）
				3.3.3.4	风险（risk）
				3.3.3.5	数据价值（data value）
		3.3.4	数据利用过程	3.3.4.1	数据访问（data access）
				3.3.4.2	数据收集（data collection）
				3.3.4.3	数据交换（data exchange）
				3.3.4.4	数据处理（data processing）
				3.3.4.5	数据发布（data publishing）
				3.3.4.6	数据共享（data sharing）
				3.3.4.7	数据存储（data storage）
				3.3.4.8	数据传送（data transfer）
				3.3.4.9	数据利用（data use）
3.4	数据赋能	3.4.1	数据处理与管理目标	3.4.1.1	成本（cost）
				3.4.1.2	数据赋能（data enabling）
				3.4.1.3	有效性（effectiveness）
				3.4.1.4	效率（efficiency）
				3.4.1.5	改进（improvement）
				3.4.1.6	低碳排放（low greenhouse gas emission）
				3.4.1.7	运行（operation）
				3.4.1.8	绩效（performance）
				3.4.1.9	质量（quality）
				3.4.1.10	生活质量（quality of life）
				3.4.1.11	服务（service）
				3.4.1.12	可持续性（sustainability）
		3.4.2	数据治理能力	3.4.2.1	能力（capability）
				3.4.2.2	目标（goal）
				3.4.2.3	隐私保护（privacy protection）
				3.4.2.4	场景（scenario）
				3.4.2.5	可信（trust）
		3.4.3	数智处理与管理能力	3.4.3.1	自适应性（adaptability）
				3.4.3.2	敏捷性（agility）
				3.4.3.3	协同（collaboration）
				3.4.3.4	决策（decision making）

续表

一级 编码	一级 术语	二级 编码	二级 术语	三级 编码	三级术语
3.4	数据 赋能	3.4.3	数智处理与 管理能力	3.4.3.5	数字系统（digital system）
				3.4.3.6	灵活性（flexibility）
				3.4.3.7	推理（inference）
				3.4.3.8	整合（integration）
				3.4.3.9	物理系统（physical system）
				3.4.3.10	韧性（resilience）
				3.4.3.11	鲁棒性（robustness）
				3.4.3.12	系统（system）
				3.4.3.13	社会系统（social system）
				3.4.3.14	技术系统（technical system）

图书在版编目（CIP）数据

大数据治理前沿：理论与实践/安小米等著. --
北京：中国人民大学出版社，2023.10
（数字时代信息资源管理丛书/刘越男总主编）
ISBN 978-7-300-32166-0

Ⅰ.①大… Ⅱ.①安… Ⅲ.①数据管理—研究 Ⅳ.
①TP274

中国国家版本馆 CIP 数据核字（2023）第 172478 号

内容提要

本书以公共价值理论、数字连续性理论、利益相关者理论和协同创新理论为主要理论支持，从大数据治理目标、主体、治理客体、治理活动、治理环境等多个维度，分析了大数据治理的政策、标准、技术现状、发展方向，面临的挑战、机遇、焦点议题，研究的视角、立场、代表性观点，提出了大数据治理发展应用的综合治理模式、运行模型、评估体系、评估方法等，并基于案例研究提出了大数据治理发展与应用的实践路径。此外，本书从信息资源管理协同创新视角构建了基于 ISO 704：2009 的大数据治理概念体系，为大数据治理理论与实践提供了连贯一致的核心概念、术语及定义。

数字时代信息资源管理丛书
总主编 刘越男
大数据治理前沿：理论与实践
安小米 等 著
Dashuju Zhili Qianyan：Lilun yu Shijian

出版发行	中国人民大学出版社			
社　址	北京中关村大街 31 号		**邮政编码**	100080
电　话	010 - 62511242（总编室）		010 - 62511770（质管部）	
	010 - 82501766（邮购部）		010 - 62514148（门市部）	
	010 - 62515195（发行公司）		010 - 62515275（盗版举报）	
网　址	http://www.crup.com.cn			
经　销	新华书店			
印　刷	固安县铭成印刷有限公司			
开　本	787 mm×1092 mm　1/16		**版　次**	2023 年 10 月第 1 版
印　张	17.75 插页 1		**印　次**	2024 年 7 月第 3 次印刷
字　数	318 000		**定　价**	79.00 元